水产病原微生物与免疫

舒 琥 冯 娟 主编

海洋出版社

2022年·北京

图书在版编目(CIP)数据

水产病原微生物与免疫 / 舒琥, 冯娟主编. —北京:
海洋出版社, 2022.8
ISBN 978-7-5210-0978-1

Ⅰ. ①水… Ⅱ. ①舒… ②冯… Ⅲ. ①水生动物－动
物疾病－病原微生物②水生动物－免疫学 Ⅳ. ①S94

中国版本图书馆CIP数据核字(2022)第118457号

责任编辑：杨 明
责任印制：安 淼

海洋出版社 出版发行
http://www.oceanpress.com.cn
北京市海淀区大慧寺路 8 号 邮编：100081
鸿博昊天科技有限公司印刷 新华书店北京发行所经销
2022年8月第1版 2023年3月第2次印刷
开本：787mm × 1092mm 1 / 16 印张：14.75
字数：240千字 定价：68.00元
发行部：010-62100090 邮购部：010-62100072 总编室：010-62100034

《水产病原微生物与免疫》主要编著人员

舒　琥　冯　娟　王江勇　王瑞旋

苏友禄　郭志勋　邓益琴　马红玲

卢　洁　徐力文　程长洪

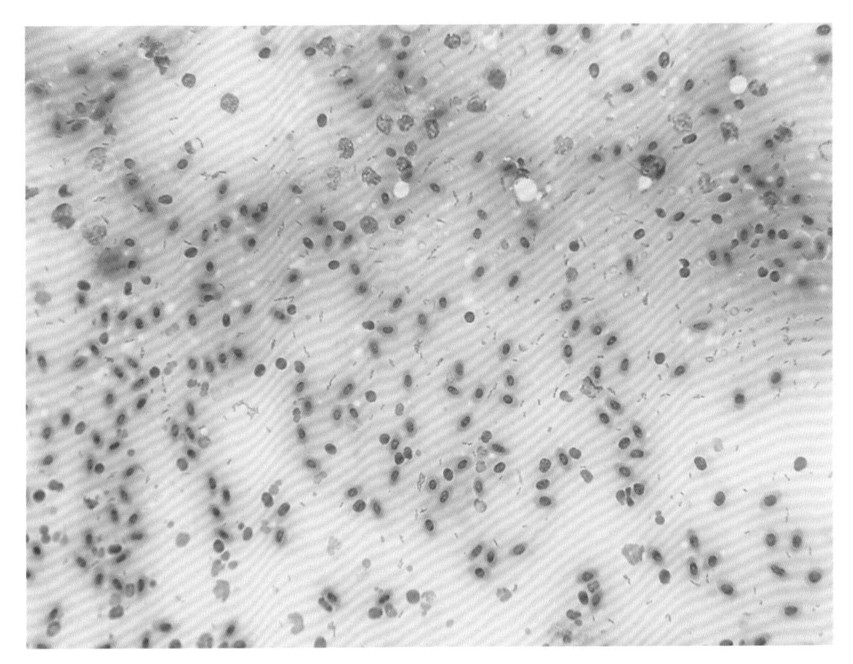

图1　患维氏气单胞菌病的台湾泥鳅内脏涂片

图2　加州鲈烂尾分离的柱状黄杆菌菌落

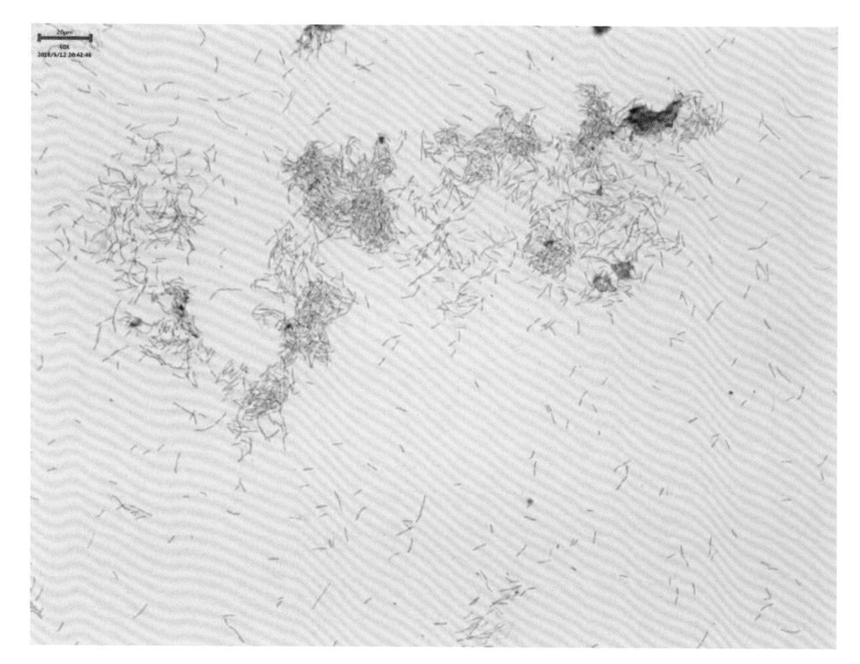

图3　革兰氏染色的柱状黄杆菌

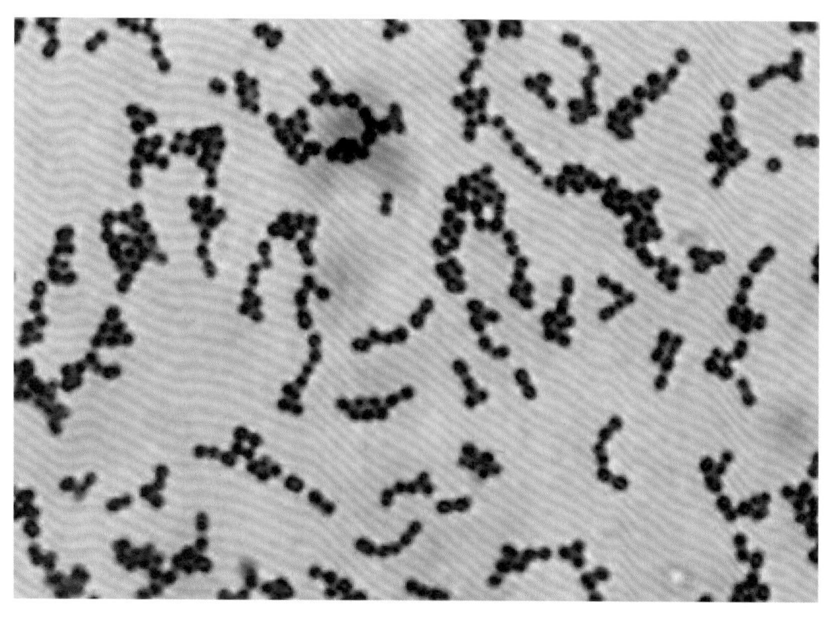

图4　链球菌革兰氏染色

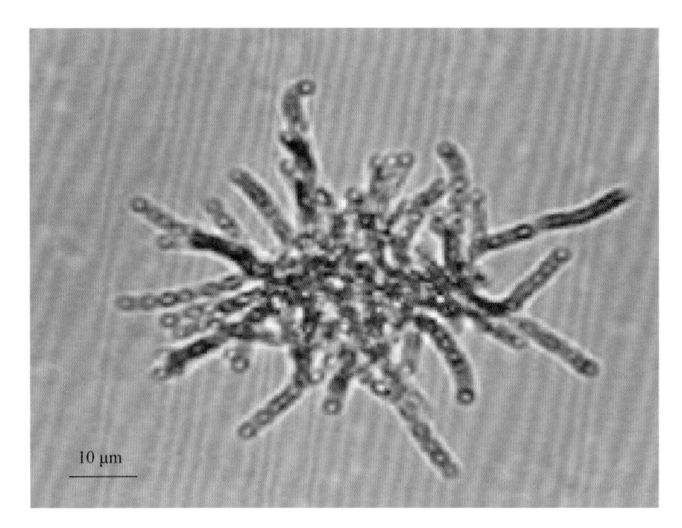

图5　鰤鱼诺卡氏菌菌丝体

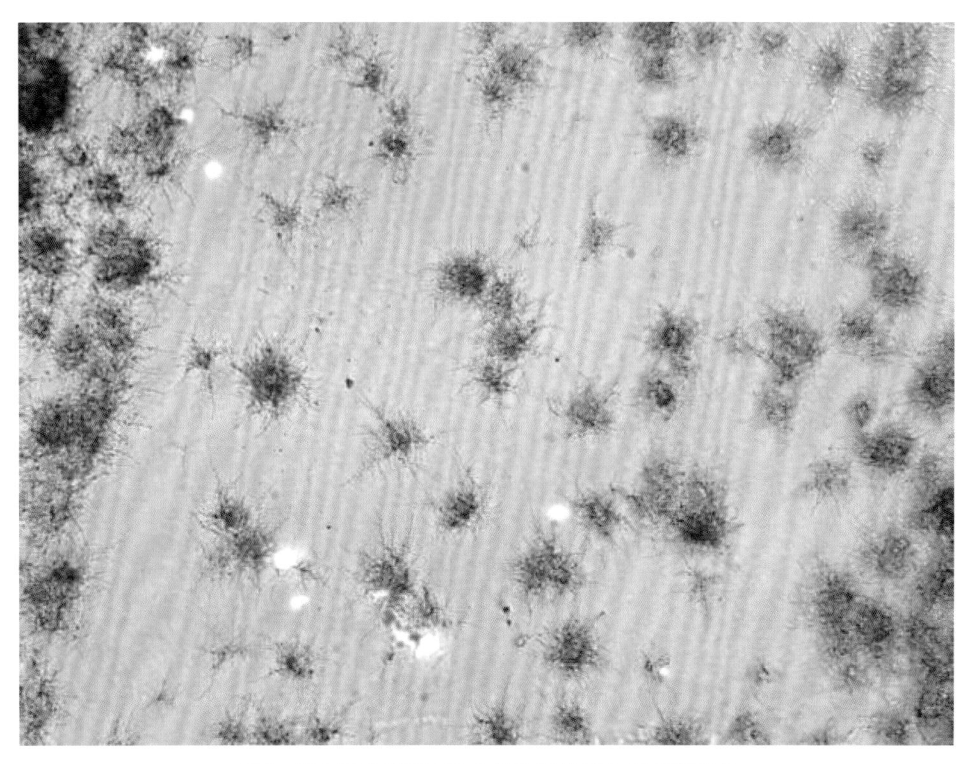

图6　鰤鱼诺卡氏菌在脑心浸汁培养基上的菌落形态

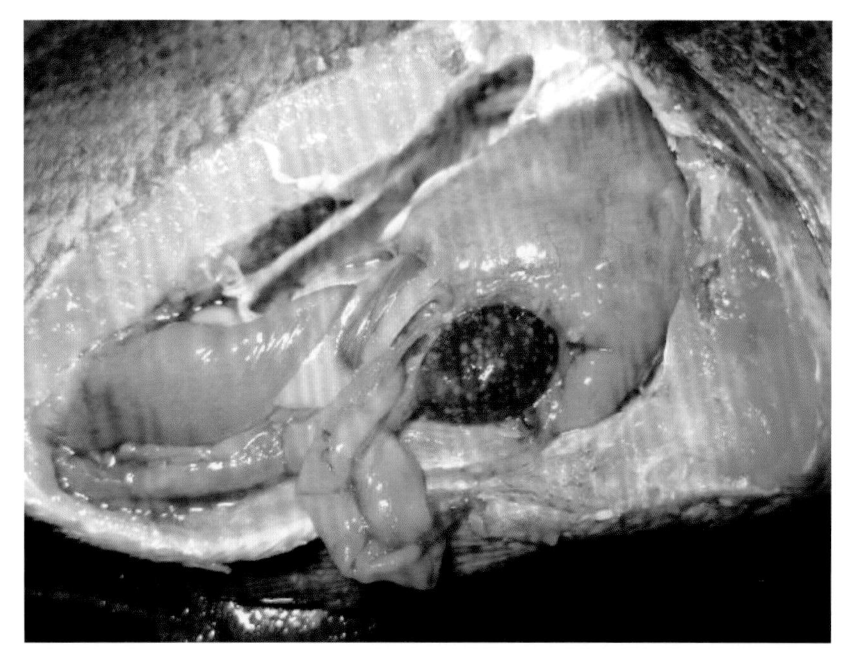

图7　斜带髭鲷诺卡氏菌病-内脏白点

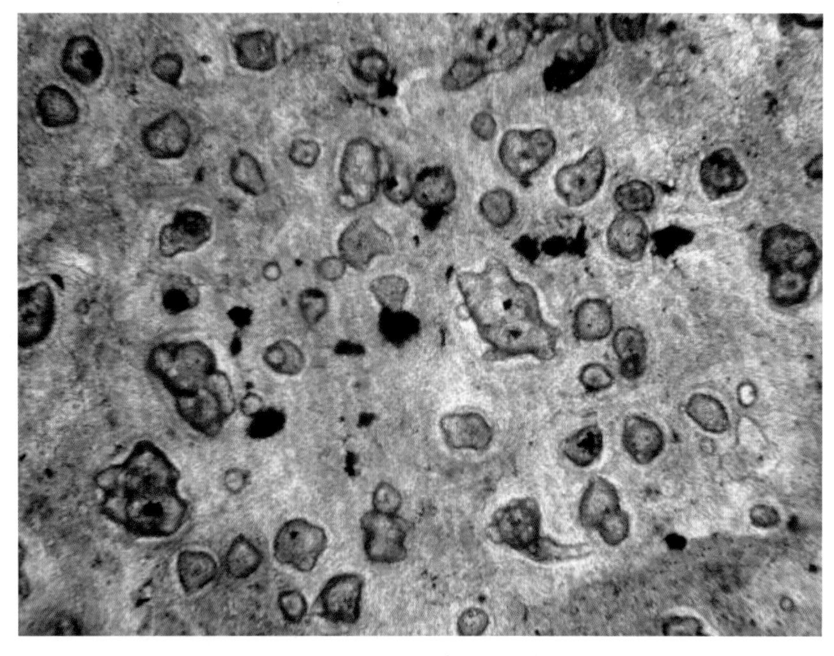

图8　卵形鲳鲹诺卡氏菌病内脏结节

前　言

21世纪水产养殖业得到快速发展，我国渔业率先达成了水产养殖产量超捕捞产量的成就，实现了从自然资源到可再生资源的转变。在养殖过程中水产疾病造成的损失是非常惨重的，幸运的是，相比自然灾害而言，水产疾病是可控的。水产病原微生物与免疫就是在此基础上发展起来的，将病原微生物学与免疫学为主的理论和技术应用于水产养殖业的一门学科。

本书编者是长期从事水产动物疫病防控研究和应用的团队，在水产病原微生物与免疫研究和应用推广等方面具有扎实的基础。2009年至今，广州大学生命科学学院与中国水产科学研究院南海水产研究所（以下简称“南海所”）开展校所协同育人，生物技术、生物科学等专业的学生在本团队实验室进行教学科研实践，学生参与团队科研课题研究，学校教师与南海所相关实验室、研究基地校外导师共同指导生命科学学院学生本科毕业论文。在此基础上，2016年开始本团队承担了“广州大学 - 南海所校企协同育人实验班”建设项目，实验班采用“3+1”培养模式，广州大学协同南海水产研究所科研团队，遵循创新实践和应用型人才培养规律，以课堂教学（包括专业实习、本科毕业论文和由基地导师开设海洋水产专业核心课程等）、学生参与基地研究课题、创新创业研究等为途径，培养大学生实践能力和创新意识为重点，充分发挥协同育人企业的优势，拓展高校育人的课堂，努力探索学校与研究所、企业联合培养创新应用型人才的模式，提高创新与应用型人才培养水平。南海所水产动物疾病防控研究团队承担了水产病原微生物与免疫的教学与实践任务。本书是在授课老师长期研究成果和教学总结的基础上，参考国内外大量文献、教材和专著后整理撰写而成。

本书主要介绍水产病原微生物与免疫的原理、方法及在水产养殖领域的应用，包括了病原微生物及其致病机制和检测方法、宿主的免疫机制、新技术在疾病研究中的应用以及免疫和微生物技术在水产养殖中的应用等内容。本书共8章，第一章绪论，第五章第三、四节，第六章，第八章第2节由南海所冯娟编写；第二章由仲恺农业工程学院苏友禄编写；第三章第一节，第五章第二节由南海所马红玲编写；第三章第二节，第七章第三节由南海所邓益琴编写；第三章第三节由南海所徐力文编写，第四章第一节由南海所徐力文、程长洪编写；第四章第二节由惠州学院王江勇编写；第四章第三节由南海所郭志勋、程长洪编写；第五章第一节，第七章第一节，第八章第四节由韩山师范学院王瑞旋编写；第七章第二节由南海所卢洁编写；第八章第一节、第三节由广州大学舒琥编写，全书由舒琥、冯娟统稿。本书适合高等院校水产养殖及相关专业的师生、科研人员及相关企业和水产养殖从业人员参考使用。

本书是教育部新农科项目“学研产科创五位一体”水产生物技术校企协同育人实践基地群建设、广东省教育厅质量工程项目“广州大学——基于学研产科创一体的生命科学校企协同育人实践教学基地群”和“广州大学校企协同育人实验班”的重要建设内容之一，即校企协同育人核心课程教材建设，并得到新农科项目经费的支持。在本书编写过程中，参考和引用了国内外大量文献资料和书籍的内容，限于篇幅，未能全数列出，在此对原作者表示诚挚的感谢！

由于编写时间紧迫、编者学术水平有限，不妥和错漏之处在所难免，敬请同行专家和读者朋友批评指正。

编　者

2022年1月

目　录

第一章
绪　论

微生物学是生物学的一个分支，是研究微生物在一定条件下的形态、结构、生命活动、进化、分类，以及与人类及其他生物的关系及在自然界的作用等问题的一门科学。微生物在自然界分布广泛，数量极大，种类繁多，对自然界的生态平衡起着重要作用。其中细菌被研究得较早、较深入，亦是首先被确认与疾病有关的一类微生物。19 世纪 50 年代以前，几乎研究微生物的著作都称为细菌学，后来发现了细菌以外的其他微生物，如病毒、立克次氏体等，若以细菌来概括微生物很不恰当，所以改称为微生物学。

免疫学起源于微生物学，是人们在预防和控制病原微生物和病毒中逐渐形成的现已成为当前生命科学领域中发展最快、影响最大的学科之一。由于免疫学已从个体水平、细胞水平发展到分子水平和蛋白质水平，乃至当今的各类组学水平，并由于其中许多基本理论问题有了突破，因此衍生出大量新的分支学科、边缘学科和应用学科。任何微生物学工作者，都必须具备一定的现代免疫学基础知识和实验技术。

第一节　微生物与免疫概述

一、微生物

微生物的形态观察是从安东尼·列文虎克开始的，1674 年他利用能放大 50 ~ 300 倍的显微镜，清楚地看见了细菌和原生动物，这个发现和描述首次揭示了一个崭新的生物世界——微生物世界，在微生物学的发展史上具有划时代的意义。继列文虎克发现微生物世界以后的 200 年间，微生物学的研究基本上停留在形态描述和分门别类阶段。直到 19 世纪中期，以法国的巴斯德和德国的柯赫为代表的科学家才将微生物的研究从形态描述推进到生理学研究阶段，揭露了微生物是造成腐败发酵和人畜疾病的原因，并建立了分离、培养、接种和灭菌等一系列独特的微生物技术，从而奠定了微生物学的基础，同时开辟了医学和工业微生物等分支学科。

（一）微生物及其分类

微生物（microorganism）是存在于自然界中的个体微小、结构简单，必须借助工具才能观察清楚的一类微小生物的统称。微生物不是分类学上的概念，其包括了病毒、细菌、真菌和微型原生动植物，分布非常广泛，在自然界中占据重要位置。

微生物根据其结构和组成，一般可分为三类：

1.非细胞型微生物

该类微生物以病毒为主，还包括类病毒和朊病毒，其主要特征就是没有细胞结构，极其微小，无产能酶系、无蛋白质合成系统，不能独立自我繁殖，是一类非细胞生命形态，离体即为化学大分子，但具有感染性。

2.原核细胞型微生物

该类微生物包括细菌、放线菌、支原体、衣原体、立克次氏体、螺旋体、蓝细菌（蓝藻）等，其特征是具有细胞的形态和结构，但无细胞核结构，只有核区，染色质外无核膜包裹，细胞器不完善。

3.真核细胞型微生物

真核细胞型微生物是指具有真正细胞核（即核质和细胞质之间存在明显核膜）

的细胞型微生物。真核细胞型微生物包括了真菌、真核藻类和原生动物。真菌细胞中没有光合色素，不能进行光合作用。

（二）微生物主要特征

微生物的分类地位不同，其形态特征和生物学性状存在较大差异，而共性特征主要有：

1.个体微小，结构简单

微生物是个体最微小的生命形式，其大小通常用微米（μm）或是纳米（nm）表示，如细菌大小一般是 0.25 ～ 5 μm，病毒大多在 100 nm 上下，迄今为止发现的最小的病毒颗粒的直径仅有 7 ～ 8 nm。微生物的结构都很简单，除了部分真菌外，大都为单细胞生物，病毒甚至不具备细胞结构。

2. 种类繁多，分布广泛

人类发现微生物的时间较短，现已比较肯定的微生物约有 20 万种，其中包括原核微生物 3500 种、病毒 4000 种、真菌 9 万种、原生生物和藻类 10 万余种。微生物因个体小、重量轻，不仅可主动运动，而且可随水和空气的流动或物体移动而四处传播，无处不在。地球上除火山的中心区域外，从土壤圈、水圈、大气圈直至岩石圈都有微生物的存在。在动物体外、植物表面、高空、深海、冰川、海底淤泥、盐湖、沙漠、底层下、酸性矿泉水以及有氧或无氧的自然极端环境中，都有与环境相适应微生物的存在。其中土壤环境较恒定，是微生物存在的第一大天然场所，而由于水域面积大于陆地面积，水域是微生物生物量最多的场所。

3. 生长周期短，适应能力强

微生物的繁殖速度超过任何生物，一般细菌约每 20 min 可分裂一次（一代），按此速度计算，24 h 可繁殖 72 代，后代菌数约为 4.7×10^{21} 个，总重量约 4722 t，48 h 的总重量相当于 4000 个地球的重量。微生物对环境有强大的适应能力，这是它们有许多灵活的代谢调控机制和诱导酶较多的缘故。微生物的非凡适应力是任何生物都无法比拟的，了解这一特性对于微生物的保种、改良、改造菌种和防治微生物引起的疾病等都有重要意义。

4. 生态地位重要

在各个不同的环境中，往往同时有大量不同种类的微生物生长繁殖，构成该环境微生物群落或区系，它们与动物、植物共同组成一个生态系统中的生物群落。它们内部和彼此之间互相作用，或共生或协同，或竞争或拮抗或寄生，维持着生态平衡。

（三）微生物的主要作用

1. 推动物质循环和能量流动

微生物是物质循环中的重要一环，作为分解者存在，承担了大部分的将大分子有机物分解成小分子有机物或无机物，促使物质重新进入物质循环和能量流动的功能。微生物有着强大的生物酶活性，具有极其高效的生物化学转化能力。据研究，乳糖菌在 1 个小时之内能够分解其自身重量 1000 ～ 10000 倍的乳糖，产朊假丝酵母菌的蛋白合成能力是大豆的蛋白合成能力的 100 倍。

2. 保持局部微生态平衡

由于微生物的种类和数量庞大，不同微生物类群各司其职，影响着自然界各处的元素平衡，无论在任何环境，总有相应的微生物类群得以大量生长，从而消耗 / 促进物质的分解 / 合成，使得平衡状态得以延续。微生物的分布区域和环境都极其广泛，生理代谢类型多，代谢产物种类多。任何有其他生物生存的环境中，都能找到微生物，而在其他生物不可能生存的极端环境中也有微生物存在，这就使得微生物在局部微生态平衡中发挥着更重要的作用。在局部或个体中的微生物一般可分为 3 类，一类是对局部环境或个体生物有益的菌称为益生菌或有益菌，发挥着维持局部环境稳定，保障个体生物健康的作用；一类是对局部环境不适合，或对个体生物有害的菌一般称为病原菌或有害菌；还有一类其存在与否对环境和个体的影响都不大。在水产养殖过程中，有益微生物常用来促进环境稳定和养殖生物的生长，而病原微生物则是杀灭或控制的对象。

3. 可用于工业生产

微生物被用来发酵做酒、面包、咸菜等的历史非常悠久，在发现微生物前人们就有保留酒种、曲种来进行酿酒和发面了。弗莱明 1929 年发现了青霉素和瓦克斯曼对土壤中放线菌的研究成果，导致了抗生素科学的出现，这也是工业微生物学的一个重要领域。微生物能用于工业生产，关键是在于微生物的生理代谢类型多、代谢产物种类多，其有活性的代谢产物对于医疗、化工等行业有很大的促进作用。20世纪中叶，微生物已在人类的生活和生产实践中得到广泛的应用，并形成了继动、植物两大生物产业后的第三大产业。这是以微生物的代谢产物和菌体本身为生产对象的生物产业，所用的微生物主要是从自然界筛选或选育的自然菌种。微生物产业除了广泛的利用和挖掘不同生境（包括极端环境）的自然资源微生物外，基因工程菌形成了另一批强大的工业生产菌，在生产外源基因表达的产物，特别是药物的生产出现了前所未有的新局面。基因工程菌结合基因组学在药物设计上的新策略出现以核酸（DNA或RNA）为靶标的新药物（如反义寡核苷酸、肽核酸、DNA疫苗等）。

为了充分开发微生物（特别是细菌）资源，1994年美国发起了微生物基因组研究计划（MGP）。通过研究完整的基因组信息，开发和利用微生物重要的功能基因，不仅能够加深对微生物的致病机制、重要代谢和调控机制的认识，更能在此基础上发展一系列与我们的生活密切相关的基因工程产品，包括：接种用的疫苗、治疗用的新药、诊断试剂和应用于工农业生产的各种酶制剂等。通过基因工程技术的改造，加速新型菌株的构建和传统菌株的改造，全面促进微生物工业时代的来临。

4. 生物工程学研究工具

微生物由于个体微小而且生长快速，是生命研究的重要素材，同时由于其基因组较小、生命活动完整、易于加工的特性，使得其也成为生物工程学研究的重要工具。1941年，比德尔和塔特姆用X射线和紫外线照射链孢霉，使其产生变异，获得营养缺陷型，对营养缺陷型的研究不仅可以进一步了解基因的作用和本质，而且为分子遗传学打下了基础。1944年，埃弗里第一次证实了引起肺炎球菌形成荚膜遗传性状转化的物质是脱氧核糖核酸（DNA）。富兰克尔－康拉特等在1955年通过烟草花叶病毒重组试验，证明核糖核酸（RNA）是遗传信息的载体，为奠定分子生物学基础起了重要作用。1957年科恩伯格等成功地进行了DNA的体外组合和操纵。原核微生物基因重组的研究不断获得进展，从热泉分离的嗜热菌中获得的Taq酶促进了PCR技术的建立，推动了分子生物学体外扩增和研究的步伐。而近几年来热门的CRISP-Cas9的基因编辑技术，其核心酶也是来自细菌。更别说现在常用的克隆、重组表达、基因敲除、蛋白互作系统等的生物载体都是微生物。

二、免疫

（一）免疫及免疫学

免疫（immune）由免除税赋、免除疫患引申而来，是指机体免疫系统识别自身与非己物质，并通过免疫应答排除抗原性异物，以维持机体生理平衡的功能。

免疫具有3个基本特性，一是识别自身与非己，这是机体产生免疫应答反应的基础。宿主通过模式识别受体（pattern recognition receptor，PRR）去识别病原相关模式分子（pathogen-associated molecular patterns，PAMPs）或损伤相关模式分子（damage-associated molecular pattern，DAMP），从而区分自身与非己，这里的非己包括机体自身非健康状态的细胞或组织。二是动物机体的获得性免疫具有高度的特异性，可识别抗原表位的空间结构。三是具有免疫记忆，先天性免疫和获得性免疫都具有免疫记忆。宿主在初次接触抗原后除了产生效应细胞外也会形成免疫记忆细胞，再次接触相同抗原时可快速诱发更强的免疫反应，这也是疫苗研制的理论基础。

免疫学（Immunology）是研究宿主免疫系统识别并消除有害生物及其成分的应答过程及机制的科学，它研究免疫系统的结构与功能，解析其对机体有益的防卫功能和有害的病理作用及其机制，以发展有效的免疫学措施，实现防病治病的目的。免疫学可分为基础免疫学和临床免疫学，其中基础免疫学研究免疫系统的组织结构、生理功能、信号传导及其调节等，临床免疫学则应用免疫学理论与技术，研究疾病的发生机制、诊断、治疗和预防。

（二）免疫系统组成

免疫系统是由免疫器官、免疫细胞和免疫活性物质组成的一套精密、复杂、完善且高效的机体执行免疫应答及免疫功能的重要系统，具有识别和排除抗原性异物、与机体其他系统相互协调，共同维持机体内环境稳定和生理平衡的功能。

1. 免疫器官

免疫器官根据分化的早晚和功能不同，可分为中枢免疫器官和外周免疫器官。前者是免疫细胞发生、分化、成熟的场所，后者是T、B淋巴细胞定居、增殖的场所及发生免疫应答的主要部位。

哺乳动物的中枢免疫器官包括骨髓和胸腺。骨髓是主要的造血器官，是各种血细胞的重要发源地，含有强大分化潜力的多能干细胞，可分化为不同的髓系干细胞和淋巴系干细胞。胸腺是T细胞分化发育和成熟的场所，对外周免疫器官和免疫细胞具有调节作用，参与自身免疫耐受的建立与维持。

外周免疫器官又称二级免疫器官，是成熟淋巴细胞定居的场所，也是这些细胞在外来抗原刺激下产生免疫应答的重要部位之一，外周免疫器官包括脾、淋巴结、黏膜相关淋巴组织。脾是胚胎时期的造血器官，自骨髓开始造血后，脾演变为人体最大的外周免疫器官，是T细胞和B细胞的定居场所，具有能激活B细胞使其产生大量的抗体，合成部分细胞因子的功能。淋巴结是结构完备的外周免疫器官，广泛存在于全身非黏膜部位的淋巴通道上，机体免疫细胞清除入侵者的主要战场，也是T细胞和B细胞定居的场所和免疫应答发生的场所，参与淋巴细胞再循环。黏膜相关淋巴组织（mucosal associated lymphoid tissue，MALT）亦称黏膜免疫系统（mucosal immune system，MIS），主要是指呼吸道、胃肠道及泌尿生殖道黏膜固有层和上皮细胞下散在的无被膜淋巴组织以及某些带有生发中心的器官化的淋巴组织，主要包括肠相关淋巴组织、鼻相关淋巴组织和支气管相关淋巴组织等。

2.免疫细胞

免疫细胞是指参与免疫应答或与免疫应答相关的细胞。固有免疫的组成细胞包括吞噬细胞、树突状细胞、NK细胞、NKT细胞、嗜酸性粒细胞、嗜碱性粒细胞，适应性免疫应答细胞包括T淋巴细胞和B淋巴细胞。

T淋巴细胞即胸腺依赖淋巴细胞（thymus dependent lymphocyte），亦可简称T细胞，是骨髓中的一部分多能干细胞或前T细胞迁移到胸腺内，在胸腺激素的诱导下分化成熟，成为具有免疫活性的细胞，是淋巴细胞中数量最多，功能最复杂的一类细胞。成熟的T细胞经血流分布至外周免疫器官的胸腺依赖区定居，并可经淋巴管、外周血和组织液等进行再循环，发挥细胞免疫及免疫调节等功能。按免疫应答中的功能不同，可将T细胞分成若干亚群：辅助性T细胞（TH），具有协助体液免疫和细胞免疫的功能；抑制性T细胞（TS），具有抑制细胞免疫及体液免疫的功能；效应T细胞（TE），具有释放淋巴因子的功能；细胞毒T细胞（TC），具有杀伤靶细胞的功能；迟发性变态反应T细胞（TD），有参与Ⅳ型变态反应的作用；放大T细胞（TA），可作用于TH和TS，有扩大免疫效果的作用；记忆T细胞（TM），有记忆特异性抗原刺激的作用。T细胞不产生抗体，而是直接起作用，所以T细胞的免疫作用叫作“细胞免疫”。

B淋巴细胞即骨髓依赖性淋巴细胞（bone marrow dependent lymphocyte），简称B细胞，是由骨髓中的淋巴干细胞分化而来。成熟的B细胞经外周血迁出，进入脾脏、淋巴结，主要分布于脾小结、脾索及淋巴小结、淋巴索及消化道黏膜下的淋巴小结中，受抗原刺激后，分化增殖为浆细胞，合成抗体，发挥体液免疫的功能。B细胞在骨髓和集合淋巴结中的数量较T细胞多，在血液和淋巴结中的数量比T细胞少，在胸导管中则更少，仅少数参加再循环。B细胞主要有两个亚群，B1细胞为T细胞非依赖性细胞，B2为T细胞依赖性细胞。B细胞是通过产生抗体起作用，抗体存在于体液里，所以B细胞的免疫作用叫作“体液免疫”。

NK细胞（natural killer cell），又称自然杀伤细胞，是与T、B细胞并列的第三类群淋巴细胞。NK细胞数量较少，在外周血中约占淋巴细胞总数的15%，在脾内约有3% ~ 4%。NK细胞较大，含有胞浆颗粒，故称大颗粒淋巴细胞。NK细胞可非特异直接杀伤靶细胞，这种天然杀伤活性既不需要预先由抗原致敏，也不需要抗体参与，且无MHC限制。NK细胞杀伤的靶细胞主要是肿瘤细胞、病毒感染细胞、较大的病原体（如真菌和寄生虫）、同种异体移植的器官、组织等。NK细胞的杀伤效应是由其活化后释放出的毒性分子介导，如穿孔素、颗粒酶和TNF-α（肿瘤坏死因子）等。

（三）免疫功能

免疫功能是机体免疫系统在识别和清除病原过程中所产生的各种生物学作用的总称，主要包括免疫防御、免疫自稳、免疫监视、免疫耐受和免疫调节，其中前3个是免疫系统的基本功能（表1–1）。

免疫防御（immunological defence），即抗感染免疫，是指免疫系统通过正常免疫应答，阻止和清除外源性抗原异物（如病原体及其毒素）的功能。如果免疫应答表现过于强烈，则在清除抗原的同时，也会造成组织损伤，即发生超敏反应（变态反应）。如免疫应答过低或缺失，则可发生免疫缺陷病。

免疫自稳（immunological homeostasis），是机体免疫系统维持内环境稳定的一种生理功能。该功能正常时，机体可对非己抗原产生适度的免疫应答，及时清除体内损伤、衰老、变性的细胞和免疫复合物等异物，对自身成分保持免疫耐受。如果这种功能异常机体可发生生理功能紊乱或自身免疫性疾病。

免疫监视（immunological surveillance），是机体免疫系统识别、杀伤和清除异常突变细胞、畸变细胞和病毒感染细胞的能力。如果该功能异常，可导致机体发生肿瘤或病毒持续性感染。

免疫耐受（immune tolerance），是指对抗原特异性应答的 T 细胞与 B 细胞，在抗原刺激下，不能被激活，不能产生特异性免疫效应细胞及特异性抗体，从而不能执行正常免疫应答的现象。针对某种抗原的免疫耐受是可诱导的，其诱导因素包括动物的年龄、免疫反应性的强弱、动物的种属和免疫抑制剂的使用等。

免疫调节（Immunoregulation），免疫调节是指免疫系统中的免疫细胞和免疫分子之间，以及与其他系统如神经内分泌系统之间的相互作用，使得免疫应答以最恰当的形式使机体维持在最适当的水平。

表 1–1　免疫系统的主要功能

主要功能	生理表现（有利）	病理表现（有害）	
		过低	过高
免疫防御	抗感染免疫作用，清除病原体及毒素	免疫缺陷病	超敏反应性疾病
免疫自稳	清除衰老或损伤的细胞，维持自身耐受状态，对非己抗原产生适度的免疫应答		自身免疫性疾病
免疫监视	识别和清除突变细胞（包括肿瘤细胞）、病毒感染细胞	发生肿瘤或病毒持续性感染	

（四）免疫应答类型

免疫应答是指免疫系统识别和清除抗原的整个过程。可分为固有免疫（天然免疫 / 非特异性免疫）和适应性免疫（获得性免疫 / 特异性免疫）（表 1–2）。

表 1-2　固有免疫应答和适应性免疫应答的主要特点

	非特异性免疫（固有免疫）	特异性免疫（适应性免疫）
来源	先天性，种属遗传而来，人人皆有	获得性，抗原刺激产生，个体差异大
抗原特异性	非特异性，抗原识别谱广	特异，专一识别，一对一
作用时相	快，先发生，即刻至 4 d 内，病早期	慢，后发生，4 ～ 5 d 后，病后期 / 预防
克隆扩增分化	无需 / 很少，即刻效应	需扩增分化为效应细胞
参与细胞	黏膜和上皮细胞、PMN、M/M φ 、NK、NK1.1+T 细胞、γδT 细胞、B-1B 细胞	T、B 细胞，抗原呈递细胞 APC
记忆性	临时性，作用时间短，无免疫记忆性	作用时间长，有记忆性（Bm/Tm，再次反应迅速、强烈）

1. 固有免疫应答（innate immune response）

固有免疫应答系统由 3 部分组成：屏障结构，包括种间屏障，皮肤和黏膜屏障，血脑屏障，胎盘屏障等；效应细胞，主要是吞噬细胞，吞噬、分解生物大分子，杀灭病原体，如巨噬细胞、粒细胞、肥大细胞、树突状细胞（DC）、NK 细胞等；效应分子，包括正常组织和体液中的杀菌物质，如抗体、补体、溶菌酶、抗菌肽、细胞因子、防御素等。

固有免疫应答的特征是：①出生时即具有，遗传获得；②反应迅速，针对范围广，也称非特异性免疫；③通过模式识别受体（PRR）去识别病原体表面的病原体相关模式分子（PAMP）的结构，从而活化固有免疫细胞；④产生非特异性免疫作用，同时也参与特异性免疫应答的各阶段。

2. 适应性免疫应答（adaptive immune response）

适应性免疫应答包括 T 细胞介导的细胞免疫应答和 B 细胞介导的体液免疫应答。

T 细胞介导的细胞免疫应答是活化后的 $CD4^{+}$Th1 和 $CD8^{+}$CTL 细胞在细胞因

子的作用下，增殖分化为效应 T 细胞，通过释放细胞因子和细胞毒性介质产生免疫调节和细胞免疫效应。B 细胞介导的体液免疫应答是 B 细胞接受抗原刺激后，在 $CD4^+$Th 细胞及其分泌的细胞因子辅助下，增殖分化为浆细胞，通过合成分泌抗体产生体液免疫效应。

适应性免疫的特征是：①个体出生后，由于接触抗原而获得；②针对性强（特异性强），也称特异性免疫；③有多样性、记忆性、耐受性和自限性。

第二节　水生动物微生物研究进展

水产微生物学是微生物学应用于水产养殖业后逐渐发展起来的一个分支学科，是在研究微生物学的一般理论知识和技术的基础上，进一步研究对水产养殖环境、营养饲料、养殖生物疾病以及水产品保鲜贮藏及加工过程影响重大的微生物，涉及特殊微生物的分类鉴定、理化分析，还涉及环境微生物生态、肠道微生物生态和病原致病机制以及研究这些微生物的各种技术方法，是水产养殖中重要的研究方向。

一、病原微生物

水生动物病原微生物学主要研究水生动物致病微生物的形态结构、营养代谢、生长繁殖、遗传变异、消毒灭菌、对机体的感染致病机制和机体的免疫机理、病原微生物的监测、检测技术与特异性防治措施。其目的在于预防和控制疾病，保障水产养殖动物的健康，并促进水产业的可持续发展。

（一）病原

具有致病性的微生物称病原微生物，为水产微生物学研究的主要对象。水生动物病原微生物的种类主要有病毒、细菌、真菌，还有部分的立克次氏体、衣原体、支原体、螺旋体和放线菌。细菌性病原的种类涉及 50 余属 100 多种菌，随着研究的深入，新的细菌性病原不断被发现报道，部分病原甚至归结于其内部的致病质粒，比如对虾的急性肝胰腺坏死综合征（AHPNS）病原菌是副溶血弧菌，由于携带有能编码类杀虫毒素的毒素蛋白 pirAB 的质粒而具有了致病性。此外水生动物病毒也不断有新种被报道，随着分子生物学技术的发展以及高通量测序技术的发展，病毒宏基因组技术对于新病毒的发现提供了新的平台，突破了以往需要大量提纯，甚至细胞培养才能进行病毒的分离鉴定的局限，利用病毒宏基因组技术可以较快速地确定新病毒的基因序列信息，及时开发检测和诊断技术，并进行病毒的分类鉴定。

（二）致病机制

致病机制指在疾病的发生发展过程中，由病原微生物产生的各种致病因素引起的水生动物病理性损害的过程以及产生病理性损伤的机制。对病毒性病原而言，致病机制主要是病毒在机体细胞内繁殖，消耗细胞的能量并导致细胞病变，更进一步导致组织病变而致病；其次是病毒诱导机体的免疫反应以及过度的免疫反应导致全身性炎症或是组织病理变化如大量腹水等，使得病症加重。在该过程中，病毒在敏感细胞上的受体分子、病毒诱导的免疫信号通路、病毒与宿主的互作等一直是研究的热点。细菌的致病机制比较复杂，胞内菌和胞外菌的主攻方向各不相同，胞内菌以侵染细胞，逃避免疫监视，缓慢繁殖扩张为主，如诺卡氏菌和链球菌，在吞噬细胞内逃避宿主免疫，并随血液扩散至重要组织器官而致病，其病程以人工感染为例，一般都在 5 ～ 10 d 出现典型症状或死亡。而胞外菌以大量的胞外产物攻破宿主免疫系统，造成急性全身性损伤为主，如气单胞菌和弧菌，可以直接攻击细胞，集中释放外毒素，造成系统性败血症或菌血症，其病程以人工感染为例，一般在 8 ～ 24 h 就可大量致死。

（三）检测方法

病原菌的检测方法就是建立标准的检测患病个体中特定病原微生物的技术方法。水产病原微生物的检测方法包括镜检、病原微生物分离鉴定、血清学检测技术（也叫免疫学检测技术）、分子生物学检测技术等 4 大类技术。其中分子生物学检测技术是近年来发展最快的检测技术，目前，在 OIE 名录中的一类、二类微生物病原的检测方法，基本上都是分子生物学检测技术。分子生物学检测技术具有快速准确等特点，通过 DNA 芯片等技术还可以做到高通量检测，是未来水产病原微生物检测的主流技术。

二、环境微生物

环境微生物学（Environmental Microbiology）是重点研究环境中的微生物学，

是环境科学中的一个重要分支，主要以微生物学学科的理论与技术为基础，研究自然环境中的微生物群落、结构、功能与动态，研究微生物对不同环境中的物质转化以及能量变迁的作用与机理，进而考察其对环境质量的影响。水产养殖环境是半可控的人工环境，可以通过技术手段调控水体中的微生物类群，以达到维持良好水质、提供优良养殖环境的目的。

养鱼就是养水，水体的优劣对于水产养殖的成败具有决定性的影响。目前旨在改善水产养殖水体水质的益生菌及其制剂已经广泛应用并取得了显著的效果，随着人们环境保护意识的提升和对高品质水产品需求的快速增长，益生菌关联的养殖水体的微生态调控就显得尤为重要。微生态制剂属于活性制剂，是利用生态学原理研发出来的，能够对动物的机体以及水中的微生态平衡进行调整。复合微生物菌剂由人工筛选的有益微生物组成，具有无毒、无副作用、无残留和不产生抗药性等特点，能有效调节水体水质，在净化水体的同时，还能促进动植物生长，这对于充分发挥水生生态系统中动植物的生物净化作用、提高水体的综合经济效益有着更加积极的意义。

水体用微生态制剂其作用主要体现在以下几个方面：

（一）降解大分子有机质

微生态制剂具有快速降解、吸收和转化水产养殖环境中的有机污染物（残饵、粪便和生物死体）和氮、磷等，形成优势种群有效抑制有害微生物和有害藻类的生长繁殖等作用。养殖水体由于饵料及有机物的投入，养殖生物代谢产物的积累，导致水体富营养化，易造成水体溶解氧过低，影响水生动植物的生存环境，水体逐渐失去自净能力。微生态制剂中的菌类可以非常高效地分解养殖环境中的大分子有机质，使之成为可被藻类和其他菌类利用的可溶性的小分子物质，为单细胞藻类生长繁殖提供营养，单细胞藻类的光合作用又可以为有机物的氧化分解、水中微生物及动植物的呼吸提供溶解氧，形成良性的生态循环，维持良好的水质条件，以避免富营养化现象的发生。有研究表明枯草芽孢杆菌在水中增殖后产生的胞外酶能把水体底泥中的有机质分解，降低水体富营养化，并可减少底泥的生成。

（二）促进水体的元素循环

水产养殖水体中被关注最多的元素是氮，《渔业水质标准》标准中规定非离子氨氮含量应不超过0.02 mg/L。慢性氨氮中毒危害为：摄食降低，生长减慢，组织损伤，降低氧在组织间的输送。鱼类对水中氨氮比较敏感，当氨氮含量高时会导致鱼类死亡。急性氨氮中毒危害为：水生物表现亢奋、在水中丧失平衡、抽搐，严重者甚至死亡。除此之外亚硝酸盐也具有较强的毒性，当养殖水体中存在亚硝酸盐时，鱼虾血液中的亚铁血红蛋白被氧化成高铁血红蛋白，而高铁血红蛋白不能运载氧气，从而抑制血液的载氧能力，造成组织缺氧和鱼群体质下降。鱼虾亚硝酸盐中毒的症状为：体色变深，游动缓慢，反应迟钝，鳃组织出现病变，呼吸困难，鳃丝呈暗红色，严重时可发生黄血病。对虾中毒时，鳃组织受损变黑，失去功能导致死亡。微生态制剂中的菌类可以通过自身繁殖消耗氨氮，也可通过硝化－反硝化作用将氨氮和亚硝酸氮氧化成硝酸盐和氮气，尤其是后者可以有效降低水体中总氮的含量，减少水体的富营养化程度。硝化细菌是常用的水体脱氨脱氮的细菌种类，研究发现，异养硝化－好氧反硝化（HN-AD）菌具有生长快、脱氮率高等优点，可以通过同步硝化反硝化作用，将氮素从系统中脱除，具有较广阔的开发应用前景。

（三）作为饵料

微生物的菌体蛋白含量丰富是良好的蛋白源，充分利用水体中的营养培育细菌来作为对虾的饵料就是现在常说的生物絮团技术。生物絮团是养殖水体中以好氧微生物为主体的有机体和无机物，经生物絮凝形成的团聚物，由细菌、浮游动植物、有机碎屑和一些无机物质相互絮凝组成。生物絮团技术是指通过操控水体营养结构，向水体中添加有机碳物质，调节水体中的C/N比，促进水体中异养细菌的繁殖，利用微生物同化无机氮，将水体中的氨氮等养殖代谢产物转化成细菌自身成分，并且通过细菌絮凝成颗粒物质被养殖动物所摄食，起到维持水环境稳定、减少换水量、提升动物免疫力、提高养殖成活率、增加产量和降低饲料系数等作用的一项技术。该技术的核心是通过调整碳氮比（C/N>10），异养微生物以水体中的有机碳为能源可将水体中的亚硝氮、氨氮等氮素转化为自身蛋白质，从而起到降低水体氨氮、亚硝酸盐，调控水质，降低养殖系统换水量甚至显现零换水的作用。其除氮作用效果高于藻类，更是硝化细菌5～6倍，并且其作用效果不受浊度、光照等天气因素的影响。生物絮团形成后可被养殖动物采食，转化为自身蛋白质，提高饲料蛋白利用率，实现营养物质的循环再利用，是工厂化养殖的重要技术模式。

三、肠道微生物

微生态系统是指在一定结构的空间内，正常微生物群以其宿主人类、动物、植物组织和细胞及其代谢产物为环境，在长期进化过程中形成的能独立进行物质、能量及基因（即信息）相互交流的统一的生物系统（biosystem）。微生态系统是由正常微生物群与其宿主的微环境（组织、细胞、代谢产物）两类成分所组成。肠道微生态系统是生物体重要的微生态系统之一，也是水生动物重要的研究方向。

肠道内定植着大量微生物，这些微生物也通过自身或其代谢产物影响鱼类的营养代谢、系统发育、免疫调节等生理过程。研究发现，益生菌在鱼体肠道健康的维持与改善方面发挥重要作用。1986 年，Kozasa 在日本鳗鲡（*Anguilla japonica*）养殖中使用了 1 株从土壤分离的益生芽孢杆菌（*Bacillus toyoi*），成功减少了病原菌引起的鱼体死亡后，益生菌渐渐为人所知并被广泛应用。根据肠道益生菌的来源、使用目的、施用方式和施用鱼种的不同，益生菌菌株的选择多种多样，包括乳杆菌（*Lactobacillus*）、芽孢杆菌（*Bacillus*）、乳球菌（*Lactococcus*）、酿酒酵母（*Saccharomyces cerevisiae*）、丁酸梭菌（*Clostridium butyricum*）和光合细菌等。

近年来的研究表明，益生菌在调节鱼类肠道健康方面发挥着特定作用，包括抑制病原微生物生长、调节肠道屏障完整性、改善肠道微生物组成和调控鱼类肠道相关免疫应答。

（一）抑制病原微生物

益生菌可以抑制水产致病菌。枯草芽孢杆菌添加在尼罗罗非鱼饲料中可将嗜水气单胞菌攻毒的死亡率由 71% 降低至 27%。贝莱斯芽孢杆菌以 3%（V ∶ W）浓度添加进虹鳟饲料，可以将气单胞菌引起的死亡率降低 81.86%。研究表明益生菌抑制病原微生物的机制可能是通过益生菌脂肽、细胞壁蛋白或分泌蛋白、代谢产物等效应分子实现的。

（二）调节鱼类肠道屏障完整性

肠道屏障是指能够抵抗有害微生物穿过肠道进入体内其他组织器官和血液循环的肠道结构。对于鱼类肠道而言，肠绒毛长度、黏膜层厚度和肠道菌群稳定与否都是肠道屏障的重要指标。Dong 等发现添加乳球菌的饲料喂食鲫 42 d，可以促进肠道紧密连接蛋白基因 occludin 和 ZO-1 的表达，缓解嗜水气单胞菌引起的肠道屏障损伤。

（三）调节鱼类肠道微生物组成

肠道微生态系统的平衡对于水生动物肠道健康的维持十分关键。最新研究发现，患有虾白便综合征（white feces syndrome，WFS）的对虾较正常对照组对虾，其肠道菌群发生紊乱。将患有 WFS 对虾的肠道微生物移植至正常对虾，能够诱发正常对虾的 WFS，这表明肠道微生物的紊乱也能够诱发水生动物发病。在鱼类养殖中，Ramos 等的研究发现，用芽孢杆菌补充饲料饲喂虹鳟 56 d 后，与对照组相比，芽孢杆菌添加组虹鳟肠道微生物组成发生改变并且拥有更多的操作分类单元数（OTU），菌群多样性增加。这些研究表明益生菌可以调节鱼类肠道菌群，并且肠道菌群组成多样性与鱼体肠道健康具有相关性。鱼类因其生活环境、食性以及肠道结构的差异，肠道内微生物的组成也各不相同。鱼类肠道中的优势微生物主要为变形菌门（Proteobacteria）、梭杆菌门（Fusobacteria）、厚壁菌门（Firmicutes）和放线菌门（Acfinobacteria），而在高等动物肠道微生物中，厚壁菌门和拟杆菌门（Bacteroides）为主要优势类群。因此在鱼用益生菌选择时，需要考虑鱼肠道微生物组成的特点。

（四）调节鱼类肠道相关免疫

益生菌对鱼类肠道先天性免疫和适应性免疫调节均有报道。Standen 等在饲料中补充 2.8×10^{7} CFU/g 乳酸片球菌，饲喂尼罗罗非鱼 6 周后发现，乳酸片球菌能够显著上调肠道 TNF-α 水平，增加肠上皮内白细胞、中性粒细胞和单核细胞数量，同时也促进了尼罗罗非鱼的生长。益生菌可以通过调控炎症因子表达和吞噬活性调节鱼类肠道先天性免疫，也可以通过调控肠道炎症因子相关基因表达和 T 淋巴细胞分化来调节鱼类肠道先天性免疫和适应性免疫。但是在水生动物中，益生菌对肠道免疫系统的具体调控机制还需要深入的研究。

第三节　水生动物免疫研究进展

水生动物的免疫研究开始于 1854 年，德国科学家 Ftannius 研究鱼类器官组织形态学特征时发现了肾吞噬细胞，为鱼类免疫学研究拉开了序幕。由于水生动物是经济物种且来源稳定、易获得，所以水生动物的免疫得到了极大的关注和发展。值得注意的是，从分类地位上看，水生动物属于进化较低等的生物，同哺乳动物比，其免疫系统发育不完全，免疫机制较简单。其次由于绝大多数水生动物终生生活在水中，属于变温动物，其免疫机制对外界环境的响应比之生活在陆地上的生物更明显和敏感，适宜的环境条件会让水生动物的免疫力增强，而不适环境会给水生动物造成胁迫而降低其免疫力。这也就为水生动物免疫学的研究尤其是比较免疫学研究提出了挑战，即水生动物的比较免疫学研究必须在同一环境条件下进行才有意义。再者，水生动物如鱼、蛙、龟鳖等的抗体与人等高等生物的已知抗体不同，其疾病的免疫学防治方法须根据抗体的生物学特性和产生机制进行调整。

近几年，随着生物学技术的飞速进步，水生动物免疫研究的重点从组织学转移到分子机制研究，从细胞形态到免疫通路，人们对水生动物的免疫了解得越来越多，越来越深入。

一、免疫机制

（一）免疫系统

免疫系统的发生是从大约700万年前单细胞动物分化开始产生的，初始仅有先天性免疫，后来在大约400万年前有颌鱼类的出现，代表着获得性免疫的产生（图1-1）。

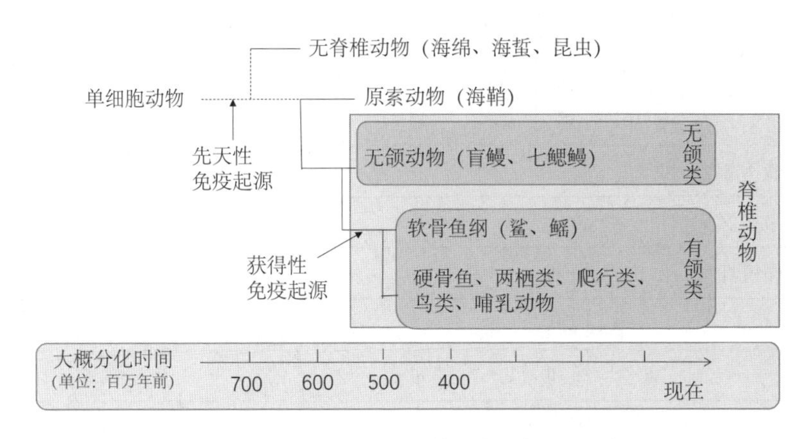

图1-1　先天性免疫和获得性免疫的起源和进化关系
（引自Rauta等，2012；苏建国等，2019）

生物界最初演化生成的单细胞原生动物，能识别“自我”与“非我”，对于“非我”的有害的异物入侵，则将其吞噬消化，以消除对自身的危害。这种简单的细胞吞噬的功能，随着生物的进化，慢慢形成了乃至高等哺乳动物的单核吞噬细胞系统。

随后随着生物进化的进行，生物的防御功能逐渐增强，从单纯的吞噬，到排斥反应，再进化到复杂的非特异性体液防护，到最终的特异性和非特异性免疫一体化的防御系统，生物的免疫经历了一个漫长而又精密化的过程。

水生动物中贝类是低等的无脊椎动物，其免疫系统是由血淋巴细胞和体液免疫因子组成的，尚未发现功能明确的免疫器官和组织。甲壳动物，关注点多为血细胞生成的器官造血组织（haematopoietic tissue, HPT），但在对虾中发现了淋巴器官，是由位于腹部前方到肝胰腺位置的折叠细管组成的脑叶构成，发挥着清除细菌的作用，具有吞噬功能。在圆口类无颌动物，七鳃鳗的鳃囊形成了原始的不完全的胸腺和脾，出现难以分辨的 T/B 细胞。鱼作为最低等的脊椎动物，已经有了头肾、脾等明确的免疫器官，有了黏膜免疫相关免疫组织，有了血细胞的分化，还产生了特异性的抗体，具备了较完善的免疫系统的雏形。

（二）免疫反应

在有颌动物之前，动物只具有先天性的非特异性免疫，从表 1–3 中可以看出，随着动物的进化，其非特异性免疫防御功能类型在逐步完善中。非特异性免疫体液因子从环节动物开始产生，血细胞分化主要是从棘皮动物开始的。

表 1–3　无脊椎动物的非特异性免疫防御功能

类别	排斥异己	排斥移植	免疫记忆	吞噬作用	包围保护	非特异性体液因子	吞噬性变形虫样体腔细胞	白细胞分化	诱生抗体
原生动物	酶不相容	–	–	+	–	–	–	–	–
多孔动物	阻止聚集	+	+	–	+	–	–	–	–
腔肠动物	移植坏死	+	短期	–	+	–	–	–	–
环节动物	+	+	短期	+	+	+	+	+	–
软体动物	+	?	短期	+	+	+	+	–	–
节肢动物	+	?	短期	+	+	+	+	–	–
棘皮动物	+	+	短期	+	+	+	+	+	–

到了有颌动物之后，有了特异性免疫反应的基础，比如真正产生了抗体，可以将淋巴细胞进行分类等（表 1–4）。硬骨鱼是特异性免疫的起点，开始有了 T\B 细胞的分化，开始产生了类似于哺乳动物的抗体，开始有了中枢免疫器官和外周免疫器官。因此,鱼类的免疫一直是研究的热点,除了因为鱼是重要的养殖品种外,其独特的进化地位也给其免疫的系统发育增加了关注度。

表 1–4 脊椎动物的特异性免疫防御功能

类别	淋巴细胞	浆细胞	胸腺	脾	淋巴结	法氏囊	抗体（Ig）	异体移植排斥
圆口类	T\B 难分	–	原始	原始	–	–	VLR	+
软骨鱼类								
初期	+	–	+	+	–	–	–	+
进展	+	+	+	+	–	–	M、W/D、NAR	+
硬骨鱼类	T\B 初分	+	+	+	–	–	M、D、Z/T	+
两栖类	T\B 分明	+	+	+	–	–	M、D、X、Y、F	+
爬行类	T\B 分明	+	+	+	+	–	M、D、A、Y	+
鸟类	+	+	+	+	–	+	M、D、Y、A	+
哺乳类	T\B 亚群完全	+	+	+	+	–	M、D、A、G、E	+

（三）免疫调节

免疫调节是指免疫系统中的免疫细胞和免疫分子之间，以及与其他系统如神经内分泌系统之间的相互作用，使得免疫应答以最恰当的形式使机体维持在最适当的水平，以维持机体内环境的稳定。机体免疫应答过程受免疫调节机制的控制，免疫调节系统决定了免疫应答的发生与否以及发生的强弱。各环节若能配合得好，则能识别和清除抗原，对自身成分产生免疫耐受，维持内环境的稳定，若配合得差，则导致病原微生物感染、肿瘤、自身免疫病、免疫缺陷病、超敏反应等症状。

免疫调节系统各个调节因素之间关系错综复杂，可分为三个层次：自身调节、整体调节和群体调节。自身调节是指免疫系统内部的免疫细胞、免疫分子的相互作用。参与免疫调节的细胞主要有T细胞、B细胞、NK细胞和巨噬细胞等，通过细胞之间的直接接触或释放可溶性辅助因子或抑制因子，并在遗传基因调控下对免疫应答进行调节。抗体、补体和细胞因子等免疫分子也介导了细胞的调节作用，其中抗体是免疫应答的产物，同时也是免疫应答中最强的调节成分之一，既能发挥正调节作用，也有反馈抑制作用。整体调节即神经内分泌系统和免疫系统的相互作用。神经内分泌系统在免疫应答中也有调控作用，同时也收到免疫系统的调控，从而构成了一个复杂的神经内分泌免疫网络，相互作用，共组反馈环路，维持内环境的平衡。群体调节，即MHC的种群适应性。由于物种内MHC的等位基因种类繁多，MHC多态性产生了免疫应答能力各不相同的个体，提供了群体水平的免疫调节，使整个物种受益。群体中个体之间的生存能力有强弱差别，但其总体效应实在群体水平赋予物种极大的应变能力，从而在受到各种病原体侵袭时，该物种不会导致全军覆没，这是长期自然选择的结果。

水生动物的免疫调节研究主要集中自身调节的分子调节方面，比如microRNA（miRNA）对鱼免疫的调控作用。miRNA作为一类内源性的、进化上高度保守的非编码小RNA单链分子，通过与靶基因的3′端非编码区（UTR）结合而抑制靶基因的翻译或降解靶基因，进而调控生命活动。免疫相关miRNA功能主要体现在影响病毒复制、调控干扰素反应、炎症反应以及通过加快/减缓宿主细胞凋亡等过程进而调节免疫反应。如乌鳢的miR-130-5p、miR-214和miR-216b可以通过负调控乌鳢水泡病毒基因组中N基因和P基因的表达来抑制该病毒的复制，同时miR-214还可通过靶向宿主糖原合成酶基因正调控病毒的增殖。鮸miR-214、miR-148和miR-3570通过靶向MyD88，经由NF-κB信号通路调控细菌感染诱导的免疫反应，防止宿主过度炎症反应，同时鮸miR-8159-5p和miR-217-5p还可通过协同负调控TLR1调节LPS诱导的炎症反应。草鱼miR-115和miR-142a-3p通过抑制TLR5的表达，进而下调促炎症因子IL-1β、IL-8和TNF-α等表达，减弱炎症反应。

二、免疫学应用

免疫学是基础学科，也是应用学科，研究基础的目的是为了更好地开展应用，目前水生动物免疫学的应用范围主要有以下几个方面。

（一）抗病育种

通过人工免疫或对病后有免疫力个体筛选，培育抗病新品种（SPR）。抗病育种，即通过定向选择或改变某些基因型来培育对某些疾病产生较强抵抗力的水产新品种（系）的方法，是水产养殖优良种质选育的重要方向，是基于水生动物因物种、品种、个体差异而对疾病的敏感程度不同来实施的。在抗病新品种选育上，抗病的分子标记往往是免疫分子，或者说通过免疫分子来筛选分子标记辅助育种会提高选种的效率，缩短育种时间。

（二）疫苗研制

疫苗是人类充分利用免疫学原理，通过人为制备疫苗，使得动物体获得免疫保护力的方式。在水生动物上，现今研制的疫苗主要都是鱼用疫苗，通过人工免疫，可有效预防鱼类重大的流行性疾病的发生，减少抗生素的使用，降低药物残留及化学药物对水体的污染，可避免长期使用抗生素等而产生的耐药性。

（三）免疫刺激剂

免疫刺激剂（immunostimulants）是一种以激活非特异性免疫，增强机体免疫应答为目的的新型药。其特点是效果明显、副作用小、无残留等。现行使用的免疫刺激剂主要有化学药剂、微生物衍生物、葡聚糖、动植物提取物和维生素等。从总体上说，免疫刺激剂可以有效降低水生动物的患病概率，促进机体生长。但免疫刺激剂也有其自身的缺陷，如长时间使用会降低生长速度等。所以在使用免疫刺激剂时应在类型、剂量、方法等多种因素的综合考虑，适度的免疫刺激或降低免疫应激可提高水生动物的成活率。

思考题：

1. 水产病原微生物的主要研究内容有哪些？
2. 微生物在水产上的应用研究主要有哪些方面？
3. 简述水产动物免疫反应的进化特征。
4. 简述免疫学在水产养殖中的应用。

第二章
水产病原微生物种类

第一节　病毒

病毒（virus）是一种个体微小，结构简单，只含一种核酸（DNA 或 RNA），必须在活细胞内寄生并以复制方式增殖的非细胞型生物。病毒颗粒很小，大多数比细菌小得多，能通过细菌滤器。用以测量病毒大小的单位为纳米（nm）。不同病毒的粒子大小差别很大，小型病毒直径只有 20 nm 左右，而大型病毒可达 300 ~ 450 nm。水产动物的病毒形态大致可以分为球形、杆状、弹状、二十面体等。病毒粒子由核酸和蛋白衣壳构成，有些病毒核衣壳外有包膜。病毒的核酸主要有 4 种类型，即单链 DNA、双链 DNA、单链 RNA 和双链 RNA。病毒衣壳通常呈螺旋对称或二十面对称，螺旋对称即蛋白质亚基有规律地以螺旋方式排列在病毒核酸周围，而二十面体是一种有规则的立体结构，它由许多蛋白亚基的重复聚集组成，从而形成一种类似于球形的结构。还有的病毒衣壳呈复合对称，这类病毒体的结构较为复杂，其壳粒排列既有螺旋对称，又有立体对称；有的病毒在衣壳蛋白外有一层包膜。病毒分类系统采用目（order）、科（family）、属（genus）、种（species）为分类等级。本节主要对水产动物常见病原性病毒的基本性状及对宿主危害进行描述。

一、疱疹病毒科

疱疹病毒科（Herpesviridae）病毒颗粒呈球形，有多层衣壳，呈二十面体对称，衣壳外有囊膜。病毒核酸为双链 DNA，其中 G+C 含量为 33 ～ 74 mol%。疱疹病毒感染后，其核酸可整合到宿主细胞基因中而潜伏下来，当受到外界因素刺激时被激活，重新开始增殖，引起明显的临床症状。

（一）斑点叉尾鮰病毒

斑点叉尾鮰病毒（Channel catfish virus，CCV）属于疱疹病毒科，水疱病毒属，病毒衣壳呈二十面体对称，直径 95 ～ 105 nm，壳粒数 162。在细胞外或细胞质空泡、核膜上的病毒粒子有囊膜包裹，大小为 170 ～ 200 nm。核酸为 DNA，沉降系数为 53 S，病毒颗粒的浮密度（CsCl）为 1.7 g/cm^3。病毒在核内增殖，核变成嗜碱性，染色质着边，并在核内形成包涵体，随后细胞核发生退行性变化、崩解。最后，整个细胞也崩解，形成空斑。一般在 30℃培养 40 h 左右，形成较明显的空斑。增殖温度 10 ～ 33℃，最适温度为 25℃，37℃不增殖，在 RTG-2 细胞、FHM 细胞和 BF-2 细胞中不产生细胞病变，形成不具有感染性的病毒粒子。斑点叉尾鮰病毒不耐热，对脂溶剂敏感。鱼体内的病毒在 −20℃或 −80℃时感染力长时间不变；而 22℃放置 3 d，则失去活性。不过，在水温为 25℃的清洁水中，病毒的感染力仍可维持数周。

（二）鲤疱疹病毒

鲤疱疹病毒Ⅰ型（Cyprinid herpesvirus Ⅰ，CyHV-Ⅰ）为疱疹病毒科、鲤疱疹病毒属，是鲤痘疮病的病原，病毒颗粒有囊膜，直径为 190 nm。囊膜上有纤突，其长为 20.5 nm，衣壳直径 113 nm。该病毒可在 FHM、EPC、MCT、CE-1 细胞中增殖，被感染的 FHIM 细胞开始出现空泡，5 d 后，细胞变圆，最后从瓶壁上脱落细胞的核内可见形成形状不规则的 A 型包涵体；在 MCT 细胞中，被感染细胞发暗，细胞变圆，最后萎缩，但不脱壁，对酸（pH 为 3）、热（50℃，30 min）和碘脱氧尿苷（IUdR）均敏感。

（三）鲤科疱疹病毒-2

鲤疱疹病毒Ⅱ型（Cyprinid herpesvirus Ⅱ，CyHV-Ⅱ），为疱疹病毒科、鲤疱疹病毒属，核衣壳呈六角形或球形，直径为 100 ～ 110 nm，有囊膜的病毒粒子呈椭圆形，直径为 175 ～ 200 nm。病毒对 IUdR、酸度和乙醚都比较敏感，在浓度为 10 ～ 4 mol/L IUdR 和 pH 值为 3 时，病毒不能复制，但 pH 值为 11 时，实验组病毒培养液的滴度与控制组相近；在乙醚存在情况下，病毒失去了对 FHM 细胞的感染力。目前 CyHV-Ⅱ的衣壳体间三联蛋白基因、DNA 聚合酶基因、解螺旋酶基因、末端酶基因等的部分或完整的核苷酸序列已有报道。CyHV-Ⅱ具有较高的传染性，但是 CyHV-Ⅱ的感染谱较小，仅感染金鱼、鲫鱼及其普通变种，研究发现，金鱼和鲤鱼的杂交体也能感染 CyHV-Ⅱ而成为该病毒的携带者。

（四）锦鲤疱疹病毒

锦鲤疱疹病毒（Koi hepesvirus，KHV）为疱疹病毒科、鲤疱疹病毒属，鲤疱疹病毒Ⅲ型。KHV 为直径 100 ～ 110 nm 的二十面体，是一种较大的线性、双链 DNA 病毒。病毒表面具有螺旋结构，在细胞核中具有不对称的电子致密区域。基因组大小为 295 kb，内含 156 个开放阅读框（ORF）、末端 8 个重复序列。末端含 22 个正向重复序列，GC 含量占总核苷酸的 59.2%。病毒粒子成熟后呈球形，直径在 170 ～ 230 nm。核衣壳呈二十面体的球状，直径约 110 nm。结构对称，并且被囊状结构包围。水温达到 15 ～ 25℃时，KHV 可以存活将近 4 h，并且在鱼体分泌物和塘底淤泥中能够存活更多时间。水温和盐碱度是影响病毒的重要因素之一，在 60℃的温度条件下持续 30 min 或 pH 小于 3 或高于 11 的条件下，病毒将会失去感染能力。使用氯仿、250 mg/L 的乙醚或 1 mg/L TritonX-100 可完成对病毒的灭活。

（五）牡蛎疱疹病毒

牡蛎疱疹病毒（ostreid herpesvirus Ⅰ，OsHV-Ⅰ）属于疱疹病毒目、软体动物疱疹病毒科、疱疹病毒属，结构上属于正二十面体有囊膜的病毒，其组成从外到内依次是囊膜、核衣壳及双链 DNA 形成的病毒核心。

（六）鲍疱疹病毒

鲍疱疹病毒（Abalone herpesvirus，AbHV）属于贝类疱疹病毒科，Haliotivirus 病毒属，为鲍低温病毒病的主要病原，病毒粒子是一个电子致密核衣壳包裹着的二十面体，直径为 100 ～ 110 nm。病毒颗粒的亚纤维结构及形态与已知牡蛎的疱疹病毒（OsHV）较为吻合，但在比较AbHV和OsHV的核苷酸序列时，发现在共同编码区域中序列的相似性在19%～53%，表明这些病毒的序列相似度较低。

二、虹彩病毒科

虹彩病毒科（iridoviridae）病毒颗粒呈球形，直径130～300 nm，呈二十面体对称，核酸为双链DNA，有些病毒有囊膜。本病毒分成6个属，即虹彩病毒属（Iridovirus）、绿虹彩病毒属（Chloriridovirus）、蛙病毒属（Ranavirus）、淋巴囊肿病毒属（Lymphocystivirus）、细胞肿大病毒属（Megalocytivirus）和十足目虹彩病毒1（Decapod iridescent virus 1）。虹彩病毒属和绿虹彩病毒属能感染昆虫和甲壳动物，而蛙病毒属、淋巴囊肿病毒属和细胞肿大病毒属能感染鱼类、两栖类及爬行动物，十足目虹彩病毒1是新发现感染甲壳动物的病毒。

（一）淋巴囊肿病毒

鱼类淋巴囊肿病毒（Lymphocystis disease virus，LCDV）属于虹彩病毒科（Iridoviridae）、淋巴囊肿病毒属，1874年就有记载，是最早有文字记载的鱼类病毒性病原。该病毒是双链DNA病毒，病毒粒子呈六角形、二十面体对称，有包膜，因为宿主和环境等不同，病毒粒子大小有所差异，直径范围介于130～350 nm。LCDV遍布全球，能引起9目、34科，超过140种的海水鱼、淡水鱼发病，感染率可达70%。

（二）大口黑鲈虹彩病毒

大口黑鲈虹彩病毒（Largemouth bass ranavirus，LMBV）属于虹彩病毒科（Iridoviridae）、蛙病毒属，病毒形态呈六角形，具有囊膜，为正二十面体对称结构，大小约为145 nm，病毒核酸为双链线状DNA。该病毒于1991年分离自美国佛罗里达州Lake Weir市的野生大口黑鲈。

（三）真鲷虹彩病毒

真鲷虹彩病毒（Red sea bream iridovirus，RSIV）属于虹彩病毒科（Iridoviridae）、细胞肿大病毒属，核衣壳为二十面体，具有囊膜，直径在200～260 nm，病毒核酸为双链线状DNA。真鲷虹彩病毒病主要是水平传播，通过水平途径在水体、饵料和鱼体间进行传播和感染。真鲷、花鲈、条石鲷等多种海水鱼类为该病毒的易感宿主。

（四）传染性脾肾坏死病毒

传染性脾肾坏死病毒（Infectious spleen and kidney necrosis virus，ISKNV）属于虹彩病毒科、细胞肿大病毒属，为双链 DNA 病毒，直径 150 nm，成熟病毒粒子二十面体，横切面呈六边形，成熟病毒粒子由 3 部分组成，由中心向外依次为核心、电子非致密区和囊膜，核心球形，直径 105 nm。ISKNV 宿主非常广泛，海水鱼类中已有 6 目、19 科、52 种鱼类被检出感染该病毒，平均感染率为 14.6%，斜带石斑、青斑、大黄鱼、美国红鱼等种类都易被 ISKNV 感染。淡水鱼类中已有鳜鱼、草鱼、乌鳢、尼罗罗非鱼、大口黑鲈等被检出感染该病毒。

（五）十足目虹彩病毒1

十足目虹彩病毒 1（decapod iridescent virus1, DIV1）为新发现的病毒属。2014 年，中国水产科学研究院黄海水产研究所黄倢团队在浙江的大规模死亡南美白对虾上发现该病毒，并命名为虾血细胞虹彩病毒（Shrimp hemocyte iridescent virus，SHIV）。同年，国家海洋局三所徐丽团队也在红螯螯虾中检测到了该病毒，并命名为红螯螯虾虹彩病毒（Cherax quadricarinatus iridovirus，CQIV）。SHIV 和 CQIV 为该病毒的两个分离株，均可导致虾虹彩病毒病。国际病毒分类委员会虹彩病毒工作组建议新属命名“十足目虹彩病毒 1”，故现在“虾虹彩病毒 /CQIV/SHIV”的说法都需要更正为十足目虹彩病毒 1（DIV1）。病毒呈典型的二十面体结构，有囊膜，直径 150 ～ 160 nm，基因组大小约为 166 k bp 的双链 DNA。

三、呼肠孤病毒科

呼肠孤病毒科（Reoviridae）是由呼吸道（respiratory）、肠道（enteric）和孤儿（orphan）的词首命名的。本科病毒在人、脊椎动物、无脊椎动物、细菌、高等植物和真菌上均有发现。病毒颗粒呈球形，有两层衣壳，内衣壳结构稳定，含 32 个壳粒，二十面体对称。病毒粒子有 6 ～ 10 种蛋白质，相对分子质量约为 120×10^6，浮密度（CsCl）1.36 ～ 1.39 g/cm^3，沉降系数为 630 S。病毒核酸为线性双链 RNA，10 ～ 12 个节段，无囊膜。水生呼肠孤病毒属的代表种类有金体美鳊鱼呼肠孤病毒、13p2 呼肠孤病毒、大马哈鱼呼肠孤病毒、鲇鱼呼肠孤病毒、鲤属鱼呼肠孤病毒、圆鳍雅罗鱼呼肠孤病毒、银大马哈鱼呼肠孤病毒、文蛤呼肠孤病毒、草鱼呼肠孤病毒、大菱鲆呼肠孤病毒。这些从鱼、贝类发现的呼肠孤病毒有一些共性，即病毒粒子直径 75 nm 左右，核心约 50 nm。

（一）草鱼呼肠孤病毒

草鱼呼肠孤病毒（grass carp reovirus，GCRV）为呼肠孤病毒科、水生呼肠孤病毒属，为二十面体的球形颗粒，直径为 70 ～ 80 nm，具双层衣壳，无囊膜。病毒基因组为双股 RNA，由 11 个片段组成。目前已报道了近 20 个分离株，不同分离株在基因组序列、基因组带型、细胞病变、对草鱼的致病力等方面差异较大。到目前为止，报道的只有 GCRV 873 株、GCRV HZ08、GCRV10 和 GCRV104 已完成全基因组序列分析，而其他毒株只完成了部分节段或者部分序列的测序工作。草鱼呼肠孤病毒比较复杂，不同分离株的各基因节段存在重配和抗原漂移现象。草鱼呼肠孤病毒根据基因分型，至少可分为三类：基因 I 型（代表株为 873 株），基因 II 型（代表株为 HZ08 株），基因 III 型（代表株为 104 株）。这三个基因型的草鱼呼肠孤病毒单独感染草鱼，也常出现混合感染的现象。该病毒对热（56℃，1 h）稳定，而在 65℃，1 h 则完全失活。病毒对类脂（如氯仿）不敏感，对酸（pH=3）稳定，经酸（pH=3）处理后，毒力增强，滴度提高。此病毒可以在 GCO、GCK、CIK、ZC-7901、PSF 及 GCF 等草鱼细胞株内增殖。在感染细胞后第 2 d 出现细胞病变。

GCRV 呈二十面体，直径为 70 nm 左右，病毒核心直径约 50 nm，无囊膜结构。病毒 RNA 核心与内壳层、中间层和外壳层为典型的多层排列。GCRV 主要是由蛋白质与核酸组成，并含有以糖蛋白形式存在的少部分糖类，不含脂类。GCRV 在 pH 值为 3 ～ 10 的范围内活性稳定，在 56℃条件下作用 30 min 仍具有感染性。

（二）青蟹呼肠孤病毒

青蟹呼肠孤病毒（Mud Crab Reovirus，MCRV）为呼肠孤病毒科、水生呼肠孤病毒属，最早在患有“嗜睡病”病蟹的体内发现，为无囊膜、直径为 70 nm、双链分节段 RNA 构成的病毒，共有 12 个节段。MCRV 对拟穴青蟹有很强的侵染性，春季和秋季为发病高峰期，造成大量拟穴青蟹死亡。MCRV 病毒在宿主细胞质 MCRV 中形成包涵体，呈晶状排列，HE 染色呈深红色。

四、弹状病毒科

弹状病毒科（Rhabdoviridae）的病毒粒子形态似棒状或子弹状。病毒核酸为单链负股RNA。病毒粒的大小为（130 ~ 380）× 70 nm，核心为螺旋对称的核壳，内含单股负链RNA。病毒感染宿主细胞时，由病毒内的RNA多聚酶转录成mRNA。核壳外层具脂蛋白包膜，膜上有糖蛋白突起。病毒在细胞质内增殖，以芽生方式释放。病毒对乙醚和脂溶剂敏感，对冻融稳定。该科病毒的寄生宿主很广，遍布动物界，可感染植物、昆虫、变温和温血脊椎动物以及水生生物。

（一）鲤春病毒血症病毒

鲤春病毒血症病毒（Spring viremia of carp virus，SVCV）属弹状病毒科，暂定为水泡性病毒属Vesiculorius，被类脂囊膜包裹的弹状病毒，为单股负链RNA病毒。SVCV外形为子弹状，长80 ~ 180 nm，直径为60 ~ 90 nm，其ssRNA基因组大小约11 kb，编码5种结构蛋白：核蛋白（N蛋白）、磷酸蛋白（P蛋白）、基质蛋白（M蛋白）、糖蛋白（G蛋白）和病毒依赖的RNA聚合酶蛋白（L蛋白）。该病毒可在13 ~ 22℃下生长，最适为17℃。因此，SVC常在水温15 ~ 20℃的春季爆发，17℃左右发病率高，水温超过20℃有所下降，超过22℃不再发病。染毒鱼、病鱼和病死鱼是主要的传染源，以水平传播为主，垂直传播次之。水平传播包括直接接触传播和间接传播，间接传播包括非生物媒介（水）；生物媒介（水生吸血寄生虫）以及污物传播。

（二）大口黑鲈弹状病毒

大口黑鲈弹状病毒（Micropterus salmoides rhabdovirus，MSRV）属于弹状病毒科Rhabdoriridae、水泡性病毒属Vesiculorius，为线性负链单链RNA病毒，病毒粒子大小为53 nm × 140 nm，形态似棒状或子弹状。

（三）杂交鳢弹状病毒

杂交鳢弹状病毒（Hybrid snakehead rhabdovirus，HSHRV）属于弹状病毒科，暂定为水泡性病毒属，为线性负链单链RNA病毒，病毒粒子有囊膜，大小直径约60 nm，长度约为160 nm，形态似棒状或子弹状，通常具有5种主要结构蛋白（L，G，N，P，M）构成。

（四）鳜鱼弹状病毒

鳜鱼弹状病毒（Siniperca chuatsi rhabdovirus，SCRV）属于弹状病毒科，水泡性病毒属，为单股负链 RNA 病毒，其基因组全长为 11545 核苷酸，由核蛋白（N）、磷酸化蛋白（P）、基质蛋白（M）、糖蛋白（G）和 RNA 依赖的 RNA 聚合酶蛋白（L）5 个结构蛋白构成。鳜鱼弹状病毒呈一端为圆锥体、另一端为平底的子弹状，大小约为 250 nm × 120 nm，有时还可见有异常长度的颗粒。

（五）传染性造血器官坏死症病毒

传染性造血器官坏死症病毒（infectious hematopoietic necrosis virus，IHNV）属于弹状病毒科，为单链股 RNA，具有囊膜，有 5 种结构蛋白，具有病毒粒子转录酶，长 150 ～ 180 nm，宽 65 ～ 90 nm。该病原可以通过水平传播和接触传播两种传播方式，前者主要通过水媒介，从病鱼传染至健康鱼；后者通过携带病毒鱼与敏感性鱼苗接触，以鱼卵为媒介传播。

五、诺达病毒科

诺达病毒（Nodaviridae）曾被称为野田村病毒科，分为感染昆虫的 α 诺达病毒属，也称甲型野田病毒属；感染鱼的 β 诺达病毒属，也称乙型野田病毒属，由于本科的第一个病毒在日本野田村附近分离到，故病毒据此命名，词首为 Noda。诺达病毒无囊膜，直径 25 ～ 30 nm 的球形，病毒基因组为两个正链 ssRNA 分子。β 诺达病毒是引起鱼类病毒性神经坏死症的病原，又称神经坏死病毒。

（一）鱼类神经坏死病毒

鱼类神经坏死病毒（nervous necrosis virus，NNV），属于诺达病毒科，β 诺达病毒属。NNV 是已知的最小动物病毒之一，在电镜超薄切片中，病毒粒子呈二十面体，呈晶格状排列在细胞质中，大小约 25 ～ 30 nm。病毒由衣壳和核心两部分组成，无囊膜。NNV 名称通常以所感染的鱼类来命名，但很多鱼类 NNV 在感染特性和基因结构等方面都十分相似。因此，目前 NNV 的分类主要采用 Nishizawa 等提出的分类方法，将现有的 NNV 分为 4 种基因型，即红鳍东方鲀神经坏死病毒（tiger puffer NNV，TPNNV）、黄带拟鲹神经坏死病毒（striped jack NNV, SJNNV）、条斑星鲽神经坏死病毒（barfin flouder NNV，BFNNV）和赤点石斑鱼神经坏死病毒（red-spotted grouper NNV，RGNNV）。

（二）罗氏沼虾诺达病毒

罗氏沼虾诺达病毒（*Macrobrachium rosenbergii* nodavirus, MrNV）是诺达病毒科的新成员，第一个被报道的能感染水生甲壳类动物的诺达病毒，病毒颗粒为正二十面体，无囊膜，直径约 30 nm，在 CsCl 中的浮力密度为 1.32 g/mL，基因组包含 3.2 kb 和 1.2 ～ 1.3 kb 两段单链 RNA，MrNV 与 α 和 β 诺达病毒的 RNA2 序列同源性只有 24% ～ 27%，从而形成一个新的分支，与昆虫诺达病毒有着更近的亲缘关系。

六、其他病毒

（一）传染性胰脏坏死病毒

传染性胰脏坏死病毒（Infectious pancreatic necrosis virus，IPNV）属双 RNA 病毒科，病毒为二十面体球形颗粒，无囊膜，直径 60 nm，病毒核酸为双链 RNA。病毒颗粒无膜，二十面体对称，直径 60 nm，在感染细胞的超薄切片中，核心的直径 45 nm。在 CsCl 中的浮密度为 1.60 g/cm^3,壳粒数为 92,由 4 条多肽(VP1-VP4)组成。该病毒引起鲑鳟鱼苗和稚鱼的急性传染病，即传染性胰脏坏死病。此病只在人工养殖条件下流行，并引起很高的死亡率，遍及全世界，已被我国规定为出入境检疫的二类传染病。传染性胰脏坏死病毒可在 RTG-2、FHM、CHSE-214、CAR、RF、PG、SWT、BB、BF-2 和其他多种鱼类细胞中增殖，并产生细胞病变（Ab 型毒株在 FHM 中不产生细胞病变）。本病毒的增殖温度范围为 15 ～ 25℃，最适温度为 20℃左右。IPNV 在 pH 7.2 和 7.6 时产生细胞病变，而 VHSV 在培养液 pH7.2 时不产生细胞病变，这可作为两者的鉴别点之一。病毒存在于病鱼的各个组织器官，可通过病鱼的粪便、鱼卵、精液及被污染的水、物品而传播，同时也能经口感染。

（二）罗湖病毒

罗湖病毒（Tilapia lake virus, TiLV），为单股负链 RNA 病毒，正粘病毒科，病毒粒子为具包膜二十面体结构，大小约为 55 ～ 75 nm，有一个中等电子密度的核，包含几个（最多 7 个）不规则的电子致密的聚合体，周围是三层类衣壳结构，并且观察到有体现内吞作用的病毒粒子的细胞质膜。其常见形态为圆形到椭圆形带有包膜结构，丝状 / 管状形态不太常见。病毒对乙醚和氯仿敏感。TiLV 作为一个新物种被单独列为罗非鱼病毒种和罗非鱼病毒新属。

（三）黄头杆状病毒

黄头病毒（yellow head virus，YHV）是一种对虾病毒，隶属于套式病毒目(Nidovirales)，杆套病毒科（Roniviridae）、头甲病毒属（*Okavirus*）成员。YHV 病毒粒子呈杆状，大小 70 nm× 180 nm，核衣壳呈螺旋对称，有囊膜。YHV 病毒基因组为大小 26662 bp 的正义单链 RNA。病毒感染的靶器官为虾的鳃、触角腺、造血组织、淋巴器官等，濒死的虾其外胚层和中胚层发源的器官会出现全身性的坏死，并形成强嗜碱性细胞质包涵体。

（四）白斑综合征病毒

白斑征病毒（White spot syndrome virus，WSSV）为线头病毒科，对虾白斑综合征病毒属，具囊膜无包涵体，病毒粒子呈杆状，平均大小为 350 nm × 150 nm，核衣壳大小为 300 nm × 100 nm，双链环状 DNA，完整的 WSSV 粒子外观呈椭圆短杆状，横切面圆形，一端有一尾状突出物。

（五）桃拉综合征病毒

桃拉综合征病毒（Taura syndrome virus，TSV）属小 RNA 病毒科，为单股 RNA，无囊膜二十面体的粒子，直径 31 ～ 32 nm，病毒主要感染凡纳滨对虾的上皮细胞，引起对虾的大量死亡。因为首例病例是 1992 年在厄瓜多尔的 Guayas 省的 Taura 河口附近发生而得名。

（六）传染性皮下和造血组织坏死病毒

传染性皮下和造血组织坏死病毒（Infection hypodermal and hematopoietic necrosis virus，IHHNV）为细小病毒科，单链 DNA，病毒粒子很小，直径约 20 nm。患急性和亚急性传染性皮下和造血组织坏死病的虾组织细胞核肥大。核内有大而明显的嗜曙红和弗尔根阴性包涵体。

（七）青蟹双顺反子病毒

青蟹双顺反子病毒－Ⅰ（Mud crab dicistrovirus, MCDV-Ⅰ）属于双顺反子病毒

科，急性麻痹病毒属，是一种无囊膜、直径 30 nm 球状的单链正义 RNA 病毒，在 3′末端有 poly（A）尾，除 poly（A）外的长度为 10415 bp，含两个 ORF，2011 年被 ICTV 正式列入小 RNA 病毒目。

第二节　细菌

细菌的个体十分微小，大约 10 亿个细菌堆起来，才有一颗小米粒大小，大多只能在显微镜下被看到。细菌一般为单细胞，细胞结构简单，缺乏细胞核、细胞骨架以及膜状胞器。细菌按其外形主要有三类，球菌、杆菌和螺形菌。细菌的结构包括基本结构和特殊结构，基本结构指细胞壁、细胞膜、细胞质、核质、核糖体、质粒等各种细菌都具有的细胞结构；特殊结构包括荚膜、鞭毛、菌毛、芽孢等是只有某些细菌才具备的细胞结构。细菌分类单元由上而下依次是：界、门、纲、目、科、属、种。细菌检验常用的分类单位是科、属、种，种是细菌分类的基本单位。形态学和生理学性状相同的细菌群体构成一个菌种；性状相近、关系密切的若干菌种组成属；相近的属归为科，依次类推。在两个相邻等级之间可添加次要的分类单位，如亚门、亚纲、亚属、亚种等。同一菌种不同来源细菌称该菌的不同菌株。国际上一个细菌种的科学命名采用拉丁文双命名法。细菌性疾病分布广，危害大，死亡率高，可引起水产动物的大批死亡。本节主要对水产动物常见病原细菌的形态、结构和生理性状及对宿主危害进行描述。

一、弧菌属

弧菌属（*Vibrio*）细菌菌体短小，直或弯杆菌，大小为（0.5 ~ 0.8）μm ×（1.4 ~ 2.6）μm，革兰氏阴性。以一根或几根极生鞭毛运动，鞭毛由细胞壁外膜延伸的鞘所包被，不形成芽孢。多数在一般营养培养基上生长良好，兼性厌氧，具有呼吸和发酵两种代谢类型。最适生长温度范围宽，所有的种可在 25℃生长，大多数种可在 30℃生长，pH 范围 6 ~ 9。发现于各种盐度的水生生境，最常见于海洋动物的消化道，有些种在淡水中也有发现，有些种还是人类病原菌。

（一）哈维弧菌

哈维弧菌（*V. harveyi*）细菌形态较短呈杆状，两端钝圆，具有一根极生单鞭毛。菌体大小为（0.6 ~ 0.8）μm ×（1.4 ~ 1.6）μm，鞭毛长约 3.6 ~ 4.5 μm。在 TSA

（大豆酪蛋白琼脂）培养基上28℃恒温培养24 h，菌株形成的菌落呈黄色。不透明、不发光，呈圆形，直径为1.5 ~ 2.0 mm，边缘不整齐，表面有褶皱且凹凸不平；在选择培养基TCBS（硫代硫酸盐柠檬酸盐蔗糖琼脂培养基）上菌落也呈黄色、圆形，但其表面光滑，中央隆起，有光泽，部分哈维弧菌在绝暗的环境中会发出荧光。

（二）鳗弧菌

鳗弧菌（*V. anguillarum*）细菌形态短且弯曲，两端钝圆。菌体大小为（0.5 ~ 0.7）μm ×（1.0 ~ 1.2）μm，菌体一端有单鞭毛，无荚膜，无芽孢。该菌兼性厌氧，能在普通琼脂、碱性蛋白胨水、TCBS（硫代硫酸盐柠檬酸盐蔗糖琼脂培养基）琼脂上生长繁殖。在普通琼脂平板上，形成圆形、隆起、半透明或不透明、灰白色或黄褐色、边缘整齐、有光泽的菌落，在TCBS琼脂平板上形成黄色菌落。血平板上培养48 h生长的菌落小而光滑，有溶血性。

（三）溶藻弧菌

溶藻弧菌（*V. alginolyticus*）细菌形态呈短杆状，菌体大小约为（0.5 ~ 0.7）μm ×（1.4 ~ 2.2）μm，无鞭毛、无荚膜、无芽孢。该菌是一种嗜盐性兼性厌氧菌，最适盐度为2% ~ 3%，最适生长温度在17 ~ 35℃的范围内。在TCBS培养基上培养可生成2 ~ 3 mm的黄色菌落，单个溶藻弧菌的抗逆能力很差，其往往会聚集成群，首尾相连呈现“C”或“S”形，形成生物被膜，以抵抗抗生素的毒害以及抵御其他的不良环境条件，提高其存活概率。此外，在营养条件良好时，溶藻弧菌可以形成鞭毛，有利于其在环境中泳动和攻击宿主细胞。溶藻弧菌可引发人体中耳炎、伤口感染、肠炎等，也可感染多种水生动物，如斜带石斑鱼、凡纳滨对虾、大黄鱼、半滑舌鳎和紫贻贝等，引起大量死亡。

（四）副溶血弧菌

副溶血弧菌（*V. parahaemolyticus*）呈弧状、杆状、或丝状，无芽孢、无荚膜。大多数菌体在液体培养基中有单端鞭毛、能运动。副溶血弧菌是一种嗜盐性细菌，必须在含盐0.5% ~ 8%的环境中方可生长，含盐量在2% ~ 4%下生长最佳；适温范围为5 ~ 44℃，以30 ~ 35℃为最佳；适宜生长的pH为7.5 ~ 8.5，以pH 7.7为最佳。本菌对酸较敏感，当pH 6以下即不能生长，在普通食醋中1 ~ 3 min即死亡。副溶血弧菌是一种食源性致病菌，天然存在于世界各地温暖的河口和海洋环境中，可导致伤口感染、败血症、腹泻、头痛和急性胃肠炎。高毒力副溶血弧菌可导致对虾急性肝胰腺坏死病的发生。

（五）创伤弧菌

创伤弧菌（*V. vulnificus*）在液体培养基中，呈逗点状，稍弯曲，菌体长 1.4 ～ 2.6 μm，宽 0.5 ～ 0.8 μm；在固体培养基中细菌形态呈多样性，有极端单鞭毛。是一种嗜盐性条件致病菌，最适生长温度为 30℃，兼性厌氧，在无 NaCl 及超过 8%NaCl 的培养基中不生长；可在 0.5%NaCl 及 3%NaCl 的蛋白胨水中生长，在含 6%NaCl 的蛋白胨水中生长良好。根据生化、遗传、血清学试验的差异和受感染宿主的不同，将创伤弧菌分为 3 种生物型。生物Ⅰ型产吲哚，人类感染通常表现为散发形式，且几乎都是由于生物Ⅰ型所致；生物Ⅱ型不产吲哚，是鱼类的重要病原菌，特别是对鳗鱼的感染性很强；生物Ⅲ 型可引起人类伤口感染和菌血症。

二、气单胞菌属

气单胞菌属（*Aeromonas*）细菌广泛存在于淡水、污水及土壤中。某些种类的致病株对人和动物有致病性，有些是环境及动物正常菌群的组成部分。近年来，本属确定了若干新种，种名亦有所改变。16S RNA 等序列分析表明，本属菌的分类地位介于弧菌科与肠杆科之间。目前至少有 13 种。一般仅根据表型鉴定的结果往往有差错，加上过去所用名称的改变，造成了气单胞菌命名的紊乱。有鉴于此，多数专家主张，气单胞菌可分为运动性或嗜温性及非运动性或嗜冷性两大类，前者以嗜水气单菌为代表，包括温和气单胞菌、豚鼠气单胞菌、维氏气单胞菌、舒伯特气单胞菌、简达气单胞菌及易损气单胞菌等，他们的致病作用并无明显区别。非运动性气单胞菌主要是对鲑鳟鱼等致病的杀鲑气单胞菌及其亚种。

（一）嗜水气单胞菌

嗜水气单胞菌（*A. hydrophila*）是气单胞菌属的模式种，属于嗜温、有动力的气单胞菌群，也称嗜水气单胞菌群。嗜水气单胞菌与液化气单胞菌、蚁酸气单胞菌、斑点气单胞菌属于同物异名。本菌为两端钝圆、直或略弯的短小杆菌，大小为（0.3 ～ 1.0）μm×（1.0 ～ 3.5）μm，菌细胞多数单个存在，少数双个排列。通常在菌体的一端有一根鞭毛，也有许多菌株的幼龄培养物在菌体的四周形成鞭毛，但对数生长期过后，该细胞又呈现极生单鞭毛。无荚膜，不形成芽孢，革兰氏染色阴性。在普通琼脂上的菌落呈圆形、边缘整齐、中央隆起、表面光滑、灰白色、半透明状。在及肉汁蛋白胨琼脂平板上，经 18 ～ 24 h、28℃培养，菌落呈淡黄褐色。

（二）维氏气单胞菌

维氏气单胞菌（*A. veronii*）又称维罗纳气单胞菌、凡隆气单胞菌、维隆气单胞菌，为革兰氏阴性杆菌，有些略弯，单在或成双，属兼性厌氧菌，菌体大小为（0.3 ～ 0.7）μm×（1.2 ～ 2.5）μm。该菌在普通营养琼脂上生长旺盛，呈圆形、边缘整齐、表面光滑、灰白色，不透明、中央稍隆起，在血平板上生长良好，能形成明显的β- 溶血。维氏气单胞菌可以耐受较高的 pH，低 pH 环境下生长不良。

（三）杀鲑气单胞菌

杀鲑气单胞菌（*A. salmonicida*）为革兰氏阴性的短小杆菌，无鞭毛，无动力，不形成芽孢和荚膜。菌体呈球杆状，大小为（0.8 ～ 1.0）μm×（1.0 ～ 1.8）μm。通常呈双、短链或丛状排列。本属为兼性厌氧菌，生长需要精氨酸和蛋氨酸。在普通琼脂上 22℃培养 48 h 后，形成圆形、隆起、边缘整齐、半透明、松散的菌落。

（四）舒伯特气单胞菌

舒伯特气单胞菌(*A. schubertii*)呈短杆状，两端钝圆，直形或略弯。革兰氏染色阴性，无芽孢。透射电子显微镜下观察可见其大小多在（0.3 ～ 0.8）μm×（1.2 ～ 2.2）μm，具有极生单鞭毛，运动极为活跃。该菌兼性厌氧，在脑心浸液培养基上 28℃培养 48 h 后形成中央隆起、圆形、湿润，表面光滑，边缘整齐，灰白色，β- 溶血，直径为 0.8 ～ 2.2 mm 的菌落，不产生色素。舒伯特气单胞菌可以耐受的 pH 为 3 ～ 11，盐度为 0% ～ 5.5%。该菌感染鱼类会出现败血症和内脏类结节。

（五）点状气单胞菌

点状气单胞菌分为肠型点状气单胞菌（*A. punctata f. intestinalis*）、点状气单胞菌点状亚种（*A. punctata* subsp. *punctata*）和疖疮型点状产气单胞菌（*A. punctata f. furumutus*）。肠型点状气单胞菌为嗜温的、有运动性的气单胞菌群。大小为（0.4 ～ 0.5）μm×（1 ～ 1.3）μm。在普通营养琼脂平板上菌落为光滑、灰白色、半透明、隆起、湿润、圆形的菌落。分离菌经染色镜检为革兰氏阴性短小杆菌，单个或成双排列，无芽孢和荚膜；鞭毛硝酸银染色为极端单鞭毛，有运动力。点状气单胞菌点状亚种为短杆菌，大小（0.6 ~ 0.7）μm×（0.7 ~ 1.7）μm，中轴直形，两端圆形，多数两个相连，少数单个散在。极端单鞭毛，有运动力，无芽孢。R-S 培养基培养 18 ~ 24 h 菌落呈黄色。琼脂平板上菌落呈圆形，直径 1.5 mm 左右，48 h 增至 3 ~ 4 mm，微凸，表面光滑、湿润，边缘整齐，半透明，灰白色。疖疮型点状产气单胞菌，短杆状，两端圆形，大小为（0.8 ~ 2.1）μm×（0.35 ~ 1.0）μm。单个或两个相连，极端单鞭毛，有荚膜，无芽孢，染色均匀，革兰氏阴性。琼脂菌落呈圆形，直径 2 ~ 3 mm，灰白色，半透明，明胶穿刺 24 h 后色均匀。

三、链球菌属

链球菌（*Streptococcus*）种类很多，在自然界分布甚广，水、尘土，动物体表，消化道呼吸道、泌尿生殖道黏膜、乳汁等都有存在，有些是非致病菌，有些构成人和动物的正常菌群，有些可致人或动物的各种化脓性疾病、肺炎、乳膜炎、败血症等。目前链球菌属共有 30 多种，比较常见的有 10 余种，在水产中最常见的海豚链球菌、无乳链球菌 2 种。

（一）海豚链球菌

海豚链球菌（*S. iniae*）细菌形态为球形或卵圆形，直径约为 0.2 ~ 0.8 μm，有荚膜，无芽孢，无鞭毛，无活动性。在液体培养基中，常呈长链排列；在固体培养基中，常呈短链或成对排列。海豚链球菌有 α 和 β 两种溶血类型，其溶血类型与血平板中所加的血液和基础培养基有关。在含 5% 的牛血或人血平板上呈现 α 溶血或部分 α 溶血；在添加 5% 羊血的平板上呈完全 β 溶血。

（二）无乳链球菌

无乳链球菌（*S. agalactiae*）也被称为 B 族链球菌，是革兰氏阳性菌。在普通显微镜下，无乳链球菌呈球形或卵圆形，直径约为 0.6 ~ 1.0 μm，呈链状或成对排列。大多数无乳链球菌培养的最适温度为 36 ~ 37℃，最适 pH 为 7.4 ~ 7.6。该菌培养需要营养成分较高的培养基，如血液琼脂培养基、脑心浸液培养基（BHI）等。根据细菌表面荚膜多糖抗原不同将无乳链球菌分为 10 个血清型，即：Ⅰa、Ⅰb 及Ⅱ－Ⅸ。其中血清型Ⅰa、Ⅱ、Ⅴ已被报道是引起人类感染的主要血清型，Ⅰa、Ⅰb 和Ⅲ 型是感染鱼类的主要血清型。

四、爱德华氏菌属

爱德华氏菌属（*Edwardsiella*）隶属于肠杆菌科（Enterobacteriaceae），菌体为小直杆菌，符合肠杆菌科的一般定义。革兰氏阴性，有周身鞭毛，能运动。兼性厌氧，接触酶阳性，氧化酶阴性，还原硝酸盐为亚硝酸盐。最适温度为37℃。在蛋白胨和类似的琼脂培养基上培养24 h后出现生长物，菌落小，直径约0.5 mm。生长需要维生素和氨基酸。发酵葡萄糖产酸，并常有可观察到的气体，还能发酵少数其他化合物，但与肠杆菌科的其他许多分类单位相比较，活性相差甚远。

（一）迟缓爱德华氏菌

迟缓爱德华氏菌（*E. tarda*）是一种革兰氏阴性短杆菌，兼性厌氧，胞内寄生，具有周生鞭毛，能运动，无荚膜，不形成芽孢。在普通营养琼脂培养基上形成圆形、突起、温润光泽、半透明的小菌落。在SS和DHL琼脂培养基上生长，菌落中心呈现黑色小点。具有如下生化特征：过氧化氢酶、赖氨酸阳性，氧化酶、酯酶和VP呈阴性，能产生吲哚和硫化氢，能发酵葡萄糖、果糖和半乳糖，可还原硝酸盐。对恶硅酸、三甲氧苄胺嘧啶、土霉素、氯霉素、痢特灵、磺胺类制剂较为敏感。

（二）杀鱼爱德华氏菌

杀鱼爱德华氏菌（*E. piscicida*）外形呈现为短杆状，无荚膜，可溶血，主要的运动器官为周生鞭毛，是一种胞内寄生菌。其最适生长温度为32℃在胰酪大豆胨琼脂培养基上生长24 h后菌落呈现黄色透明，边缘光滑的小型菌落，在胆盐硫化氢乳糖琼脂培养基上生长24～48 h后菌落中心呈黑色，前者常用于细菌的培养，后者用于鉴定杀鱼爱德华氏菌。

（三）鮰爱德华氏菌

鮰爱德华氏菌（*E. ictaluri*）菌体大小约为0.75 × 2.5 μm，兼性厌氧。最佳培养温度在25～30℃，在37℃停止生长，且不具有运动能力。因为生长缓慢，分离时常采用病（死）鱼的脑组织和肾脏，接种于血平板、脑心浸出液琼脂培养基（BHI）等营养成分较高的培养基上进行分离培养，约48 h才能形成直径1～2 mm，圆形光滑、边缘整齐、稍隆起的无色针尖形小菌落，此外，可用EIM选择培养基来进行分离鉴定。鮰爱德华氏菌是爱德华氏菌属中生化活性最低的一种，除了葡萄糖、麦芽糖和D-甘露糖外，对大多数糖都不能利用产酸。另外，其过氧化氢酶阳性，细胞色素氧化酶阴性，硝酸盐还原阳性，吲哚与甲基化阴性，不能利用丙二酸盐与柠檬酸盐，硫化氢阴性，DNA酶与酯酶阴性。

五、假单胞菌属

假单胞菌属（*Pseudomonas*）是革兰氏阴性菌，属于变形菌门、γ-变形菌纲、假单胞菌目、假单胞菌科，为直或微弯的杆菌，不呈螺旋状，（0.5 ~ 1.0）μm×（1.5 ~ 5.0）μm。多单在，没有菌柄也没有鞘，不产芽孢。革兰氏阴性，以单极毛或数根极毛运动，极少不运动者，有的种还具短波浪形的侧毛。需氧，进行严格的呼吸型代谢化能营养异养菌，有的种是兼性化能自养，利用 H_2 或CO为能源。氧化酶阳性或阴性，接触酶阳性。在生长过程中产生各种水溶性色素。本属细菌在自然界中分布极广，土壤、淡水、海水、污水、动植物体表和黏膜等处均有存在。本属约有140余种，引起鱼类假单胞菌病的有荧光假单胞菌、鳗败血假单胞菌、绿针假单胞菌和恶臭假单胞菌等。

（一）荧光假单胞菌

荧光假单胞菌（*P. fluorescens*），有鞭毛，运动能力强，透射电镜下观察其菌体呈杆状，菌体形状呈单个或成对排列，是广泛存在于土壤和水环境中的微生物。该菌是一种嗜冷菌，能够产生胞外酶，嗜铁素以及腐败化合物和非硫化氢的硫化物等，不能利用蔗糖、葡萄糖、D-甘露糖和D-麦芽糖，其中酪氨酸芳胺酶为阳性。

（二）铜绿假单胞菌

铜绿假单胞菌（*P. aeruginosa*）又称绿脓杆菌，在自然界中广泛存在，是条件致病菌，革兰氏染色阴性，可运动。平板上的菌落圆形，边缘光滑，中央隆起，菌落淡绿色，随着培养时间延长，绿色加深。显微镜下，菌体两端钝圆，多数为单个排列。生化特征主要为葡萄糖阳性、藻糖阴性、蔗糖阴性、肌醇阴性和精氨酸双水解酶阳性，在血琼脂平板上菌落周围可形成透明的溶血环。铜绿假单胞菌在环境中广泛分布，具有很强的生存能力和耐药性。该菌为人畜鱼共患病原菌。

（三）恶臭假单胞菌

恶臭假单胞菌（*P. putida*），在BHI平板上28℃培养24 h后，形成边缘整齐，湿润，圆形，中央隆起，直径1 ~ 2 mm淡黄色半透明的圆形菌落。恶臭假单胞菌的细胞色素氧化酶和尿素酶反应呈阳性，葡萄糖氧化发酵反应为阳性，硝酸盐还原反应阳性，不具有明胶酶活性，也不产生硫化氢，不能利用蔗糖、麦芽糖和木糖。

（四）水型点状假单胞菌

水型点状假单胞菌（*P. punctata f. ascitae*）短杆状，近圆形，单个排列，具有运动能力，无芽孢，革兰氏阴性。琼脂菌落呈圆形，24 h培养后中等大小，略黄而稍灰白，迎光透视略呈培养基色。

六、黄杆菌属

黄杆菌属（*Flavobacterium*）是一种非发酵革兰氏阴性杆菌，是以产生黄色素为特征的一个菌属，包括脑膜炎脓毒性黄杆菌、短黄杆菌、水生黄杆菌、嗜盐黄杆菌以及吲哚黄杆菌等，广泛存在于淡水、海水、土壤和植物中。细菌在生长过程中由球杆状变为细杆状，周身有鞭毛，不形成芽孢。菌落典型半透明、光滑、全缘或偶尔不透明。菌落在固体培养基上生长物有黄色、橙色、红色或褐色色素，其色泽随培养基和温度而变化。

（一）柱状黄杆菌

柱状黄杆菌（*F. columnaris*）属黄杆菌科、黄杆菌属，以前称为柱状屈桡杆菌，是一种严格需氧的革兰氏阴性菌，菌体呈细长弯曲状，具有滑动能力和团聚性。柱状黄杆菌菌落黄色，形态大小不一，中央较厚，显色较深，并向四周扩散成颜色较浅的假根须状。形态比较均一，大小（0.5 ~ 0.7）μm×（4 ~ 8）μm，少数菌体长度达15 ~ 25 μm。一般在附着在病灶区或生长在固体培养基上的菌体较短，在液体培养中的菌体较长。

（二）嗜冷黄杆菌

嗜冷黄杆菌（*F. psychrophilum*）是一种革兰氏阴性菌，是一种弱折射性、柔韧且具有圆形末端的细长杆状细菌。其会发生滑动运动，但受营养物浓度的强烈影响。此外，不同来源的分离株在运动程度、培养时间、大小等特性上均有较大差异。该菌在 Cytophaga 琼脂上孵育 2 ~ 3 d 后呈浅黄色，直径为 2 ~ 3 mm，菌落形成一个特征性的煎蛋外观，中心略微凸起，有轻微的蔓延，边缘不规则。显微镜观察可见，该菌直径 0. 7 ~ 1.5 μm，长度 1.5 ~ 100 μm。

七、诺卡氏菌属

诺卡氏菌属（*Nocardia*）又名原放线菌属，属于放线菌目、诺卡氏菌科，在培养基上形成典型的菌丝体，是诺卡氏菌科的唯一属，为好氧的革兰氏染色阳性杆菌。菌为多形态，有球状、杆状、丝状，菌体大小 0.6 μm×（3 ~ 4）μm，无运动性，有些菌种呈弱抗酸性，专性需氧，营养要求一般。在普通琼脂平板上培养 3 d 后有可见菌落，7 ~ 10 d 后菌落凸起，气生菌丝形成后，表面呈绒毛状。不同种的菌落有黄、橙、红或这些色素的混合色。DNA 中的 G+C 克分子含量为 60% ~ 72%。大多为腐生菌，存在于土壤中。

首例报道诺卡氏菌病的是虹彩脂鱼（*Hyphessobrycon innesi*），此后在斑鳢（*Channa maculata*）、大口黑鲈（*Micropterus salmoides*）、大西洋鲑（*Salmo salar*）、大西洋牡蛎（*Crassostrea gigas*）、花鲈（*Lateolabrax japonicus*）、大黄鱼（*Larimichthys crocea*）、黄尾鰤（*Seriola dorsalis*）、五条鰤（*S. quinqueradiata*）、黑带鲹（*Zonichthys nigrofasciatus*）、黄条鰤（*S. aureovittata*）等水产养殖动物中均报道过此菌。发病鱼出现皮肤损伤，大多数皮肤损伤但未破裂、疱疹状、凸起的圆形肿块，特别是在背外侧和侧腹。病理学发现包括肾脏、肝脏、脾脏和肌肉中出现肉芽肿病变。诺卡氏菌病近年来在我国 20 余种鱼类中有报道，对乌鳢、大口黑鲈、卵形鲳鲹、大黄鱼影响最大。

（一）鰤鱼诺卡氏菌

鰤鱼诺卡氏菌（*N. seriolae*）具抗酸性或弱抗酸性，或在生长的某一阶段具有抗酸性。菌体呈长或短杆状，或细长分枝状，常断裂成杆状至球状体，基丝发达，呈分枝状，气丝较少。鰤鱼诺卡氏菌在 TSA、罗氏和小川等培养基上都能生长，但生长缓慢，28℃需 5 ~ 8 d，形成白色或淡黄色沙粒状菌落，粗糙易碎，边缘不整齐，偶尔在表面形成皱折。鰤鱼诺卡氏菌最早在日本五条鰤中分离，随后在多种海水和淡水鱼类中发现并报道。感染鰤诺卡氏菌鱼类的肝、脾、肾、鳔、肠系膜等出现大量肉眼可见的白色结节，部分鱼心脏、卵巢、肌肉等也可观察到结节。

（二）星形诺卡氏菌

星形诺卡氏菌（*N. asteroides*）为杆菌和球菌状小体，培养约 10 h 后伸长并形成芽管。生长慢，培养 24 h 后开始分枝，形成广泛的菌丝体。培养 4 d 从菌落中心开始断裂，周缘菌丝继续生长并分枝。老培养物内有杆菌、类球菌和菌丝，有分枝的长菌丝。生长温度 10 ～ 50℃；适温 28 ～ 30℃。生长 pH 6 ～ 10，最适 pH 7.5，不为 7% NaCl 所抑制。对青霉素和溶菌酶不敏感。在葡萄糖无机盐琼脂上，基丝薄、片状、不规则，黄橙色。在营养琼脂上气丝薄，在边缘，基丝隆起、堆叠、褶皱、颗粒状，边缘不整齐，黄橙色。在葡萄糖酵母精琼脂上气丝白色，基丝堆叠、褶皱、不规则，变为深橙红色。

（三）杀鲑诺卡氏菌

杀鲑诺卡氏菌（*N. salmonicida*）起初是从红鲑（*Oncorhynchus nerka*）中分离得到，早期被归类于链霉菌属，命名为 *Streptomyces salmonicida*，后通过形态学、化学分类学以及分子分类学研究，重新分类到诺卡氏菌属，并定名为 *N. salmonicida*。该细菌在哥伦比亚绵羊血琼脂、AO 培养基上 22℃培养 4 ～ 7 d 观察到小的无光泽白色物质附着菌落的纯生长，这些菌落使琼脂凹陷。杀鲑诺卡氏菌广泛存在于土壤和水中，是一种条件致病菌。

八、其他细菌

（一）鲁氏耶尔森氏菌

鲁氏耶尔森氏菌（*Yersinia ruckeri*）属耶尔森氏菌属，是鲑科鱼类红嘴病或称肠炎红嘴病的病原菌。本菌呈短杆状，宽 1.0 μm，长 2.0 ～ 3.0 μm，菌落于 37℃培养 24 h，直径小于 1 mm，无芽孢、荚膜，革兰氏染色阴性。此菌在营养琼脂、TSA、FA 和麦康凯琼脂上均生长良好，菌落为圆形、微隆起、淡黄色、光滑、边缘整齐，少数菌株在麦康凯琼脂上生长迟缓或不生长，液体培养物呈均匀混浊。具有抵抗巨噬细胞杀伤作用的能力，可在巨噬细胞内存活和繁殖。

（二）海分枝杆菌

海分枝杆菌（*Mycobacterium marinum*）属非结核分枝杆菌，革兰氏染色阳性，无鞭毛、无芽孢、无荚膜，菌体大小很不一致，（0.2 ～ 0.6）μm×（1 ～ 10）μm，为细长或略带弯曲的需氧杆菌,因其繁殖时呈分枝状生长。本属细菌一般不易着色,染色时需加温或延长染色时间。着色后能抵抗酸性乙醇的脱色,故又称为抗酸杆菌。细胞壁含有大量脂质,这与其染色特性、抵抗力、致病性等密切相关。分离培养可用 Lowenstein-Jensen 培养基,最适生长温度 30 ~ 32℃,37℃以上生长缓慢或不生长。侵害鱼类、两栖类和爬虫类,能引起鱼结核病。最初症状是在体表皮肤形成小结节,随病情发展,在内脏中亦形成许多灰白色或淡黄褐色的小结节,有时则形成小的坏死病灶。

第三节　真菌

真菌(fungus)是一类具有典型细胞核,不含叶绿素和不分根、茎、叶的低等真核生物,不能进行光合作用;以产生大量孢子进行繁殖,一般具有发达菌丝体;营养方式为异养吸收型,陆生性较强。菌丝可有多种形态:螺旋状、球拍状、结节状、鹿角状和梳状等。不同种类可有不同形态的菌丝,为分类的依据。真菌分为粘菌门和真菌门两大门,并把真菌门再分成五个亚门,即:鞭毛菌亚门、接合菌亚门、子囊菌亚门、担子菌亚门、半知菌亚门。每一亚门真菌又分为若干纲,危害水产动物的真菌主要有水霉棉霉、杀鱼丝囊霉、鳃霉、鱼醉、镰刀菌以及链壶菌。水产动物病原真菌危害较大,危害对象可以是多种水产动物的幼体和成体。水产动物真菌病目前尚无十分有效的治疗方法,主要是进行早期预防和治疗。本节主要对水产动物常见病原性真菌的形态、结构和生理性状及对宿主危害进行描述。

一、水霉属

水霉属(Saprolegnia)为鞭毛菌亚门(Mastigomycotina)、卵菌纲(Oomycetes)、水霉目(Saprolegniales)、水霉科(Saprolegniaceae),大多数是水生,少数是两栖和陆生、营腐生生活或寄生生活,能引起鱼类肤霉病。菌丝体为管状无横隔的多核体,在培养基或水产动物体上生长的菌丝分为内菌丝和外菌丝。内菌丝分枝纤细繁多,像根一样蔓延附着于鱼体损伤处,可深入至受损的皮肤和肌肉,具有吸收营养的功能。

(一)寄生水霉

寄生水霉(*Saprolegnia parasitica*),外菌丝中等粗壮,基部很少分枝,直径

15 ～ 36 μm。游动孢子囊比菌丝粗大，游动孢子囊大多从老囊基部芽生出来，少数从空的老囊中逸出。动孢子从囊中逸出，游动活泼。初生休眠孢子的大小为 9 ～ 11 μm。藏卵器顶生或中间位，呈棒状或梨形，壁薄，无凹坑。卵孢子直径 18 ～ 24 μm，内部结构为亚中心位，雄器呈管状或棒状，与藏卵器同丝或异丝。

（二）同丝水霉

同丝水霉（*Saprolegnia monoica*）外菌丝挺直，不甚粗大。初生的动孢子囊多为长棍棒状，次生的则有些不规则。第二次再生的动孢子囊多数从老囊中芽生而出，但也有从下侧芽生的。厚垣孢子单独或成串存在，数量很多。藏卵器与雄器同丝，具有直的或弯曲的柄，球形，卵壁光滑，凹坑较大且比较明显。卵孢子多数为 5 ～ 12 个，直径 18 ～ 22 μm，中央型。

二、绵霉属

（一）异丝绵霉

异丝绵霉（*Achlya klebsiana*）为绵霉属（*Achlya*）属水霉目、水霉科，是在水塘中经常出现的附着在鱼类残体上的腐生性真菌。菌丝发达，为透明管状结构，中间无横隔；其游动孢子囊多呈圆筒形、棍棒形或穗状；游动孢子发育成熟后从孢子囊顶端释放出来，并成团聚集在游动孢子囊口，经过一个时期的静休后，成团脱落，或直接分散在水中游动；次生孢子囊具有典型的侧生现象；藏卵器呈球形或梨形，含 1 ～ 15 个卵孢子，大多雌雄异枝，少数雌雄同枝，卵孢子中生或亚中生，成熟卵孢子内偏生 1 个大油球。

（二）两性绵霉

两性绵霉（*Achlya bisexualis*），外菌丝通常直而粗大，双叉状分枝，雌性菌丝基部直径为 30 ～ 70 μm。动孢子囊顶生或侧生，纺锤形或线形，直径为 30 ～ 50 μm，长 220 ～ 450 μm。新生的游动孢子从囊基部以出芽方式逸出，并在开口处形成空球状的花球，动孢子只有第二游走现象。厚垣孢子数量很多，形状多样，有月牙形、球形或梨形等，顶生或间生，单一或成串存在。藏卵器和雄器位于不同的菌丝上，藏卵器侧生或顶生，数量较多，球形或梨形，直径 50 ～ 75 μm，卵壁光滑，在藏卵器附着处略现凹坑。藏卵器有柄，柄器粗而直。藏卵器内卵孢子不完全充满，一般 5 ~ 12 个，且不是每个卵孢子都能成熟，这是此种绵霉的特点之成熟的卵孢子偏中央型，直径 17 ~ 20 μm。雄性菌丝较雌性菌丝粗壮，分枝较少，基部直径 36 ~ 105 μm。

三、丝囊霉属

丝囊霉属（*Aphanomyces*）属水霉科。广泛存在于水体，腐生生活，其中有些种类能引起水产动物疾病。丝囊霉属菌丝纤细，分枝较稀疏，动孢子囊由不特化的菌丝形成，通常为长线形，动孢子在囊内呈有规则的单行排列，短杆状。动孢子自囊内逸出不游散开，呈葡萄状堆集在动孢子出口处，动孢子只有第二游走现象。藏卵器在菌丝的基部生出，顶生或侧生，其内只有一个卵孢子。雄器由附近的菌丝产生，很纤细，当与藏卵器接触后缠绕较甚。

（一）杀鱼丝囊霉

杀鱼丝囊霉菌（*Aphanomyces pisiciidia*）是流行性溃疡综合征（EUS）的主要致病菌之一。采用烧红的刀片对体表溃烂的皮肤进行烫焦后，再使用无菌的器具，切下病灶处的小块组织，放置到葡萄糖 / 蛋白胨平板上培养，在 25℃，培养 12 h 后，在显微镜下观察菌丝和孢子。

（二）平滑丝囊霉

平滑丝囊霉（*A. laevis*）一般都是鱼类在自然水体中感染，但在人工感染时，往往可以达到极高的死亡率。在分离时，使用无菌的器具对水体内的病鱼进行收集，并且在 24 h 内分离病原菌，病变组织要在超净工作台内使用无菌水进行多次冲洗，再用 0.01% 硫酸钾溶液处理，以避免细菌污染。然后将感染组织放入无菌培养皿中培养，然后再 15℃左右进行培养，随后对其进行纯化。

四、镰刀菌属

镰刀菌属（*Fusarium*）属半知菌亚门（Deuteromycotina）、丝孢纲（Hyphomycetes）、瘤座孢目（Tuber culariales）、瘤座孢科（Tuber culariaceue）。在自然界广泛分布，种类很多，有些种类是人和动物的病原菌，有些种类存在于粮食和饲料中使其霉坏变质，产生多种对人和动物健康威胁极大的镰刀菌毒素，引发中毒；一些种类是对虾、鱼类镰刀菌病的病原。菌丝体比较直而少弯曲，具树杈状分枝，半透明，不具横隔，直径 2.2 ～ 4.5 μm。繁殖方法主要以形成分生孢子的方式进行，分为小分生孢子和大分生孢子。

（一）腐皮镰刀菌

腐皮镰刀菌（*Fusarium solani*）属于真菌界、半知菌亚门、丝孢纲、瘤痤孢目、瘤痤孢科、镰刀菌属。典型腐皮镰孢菌落在 PDA 平皿上培养时，气生菌丝绒毛状，褐白色、菌落反面淡褐色或浅红色，分生孢子有大小两型。大型分生孢子无色，镰刀形，有 3 ～ 4 个隔膜，大小（30 ～ 50）μm× 4.6 μm；小型分生孢子长椭圆形或圆柱形，串生，无色有 1 ～ 2 个隔膜，很少或不产生；厚垣孢子球形或卵圆形，表面光滑或粗糙，顶生或间生，单生或双生，大小（8 ～ 10）μm×（7.0 ～ 9.5）μm。

（二）三线镰刀菌

三线镰刀菌（*Fusarium tricinctum*）属于真菌界，半知菌亚门、丝孢纲、瘤痤孢目、瘤痤孢科、镰刀菌属。菌落呈絮状，淡粉红色，背面淡粉红色至红紫色。菌丝体比较直而少弯曲，具树杈状分枝，半透明，不具横隔，直径 2.2 ～ 4.5 μm。繁殖方法主要以形成分生孢子的方式进行，分为小分生孢子和大分生孢子。外界环境不良时，分生孢子还以厚垣孢子的形式出现。厚垣孢子通常位于菌丝的末端，少数在中间，呈圆形或椭圆形，有时 4 ～ 5 个连在一起，成串珠状。单个的直径 7 ～ 12 μm。有些镰刀菌具有有性生殖器官，即产生闭囊壳，其内含有子囊及 8 个子囊孢子。

五、鳃霉属

鳃霉属（Branchiomyces）是鲤科鱼类和其他淡水鱼类鳃霉病的病原。根据琼脂扩散试验结果，将其归属为水霉目。其动孢子囊内的动孢子具有两根鞭毛及动孢子囊形成情况，进一步将其列入水霉科。菌丝纤细、无横隔、有分支、弯曲，菌丝直径 6 ～ 25 μm，因部位不同而变化较大。动孢子囊与菌丝的粗细相当，菌丝内局部或全部均可形成孢子，孢子数量很多，成熟的动孢子呈球形，具两根等长的鞭毛，单行或多行在囊内排列。

（一）血鳃霉

血鳃霉（*Branchiomyces sanguinis*）属鞭毛菌亚门、水霉目、鳃霉属，是鲤科鱼类和其他淡水鱼类鳃霉病的病原。寄生在鱼鳃上的菌丝直而粗壮，分枝少，通常单枝蔓延生长，仅在鳃丝血管、软骨内生长，不向鳃外组织伸展，菌丝的直径为 20 ～ 25 μm，孢子较大，直径为 7.4 ～ 9.6 μm，平均 8 μm。

（二）穿移鳃霉

穿移鳃霉（*Branchiomyces demigrans*），菌丝较细壁厚，常弯曲成网状，分枝特别多，分枝沿鳃丝血管或穿入软骨生长，纵横交错，充满鳃丝和鳃小片，菌丝直径为 6.6 ～ 21.6 μm，孢子直径为 4.8 ～ 8.4 μm。鳃霉可以感染多种鱼类，通过孢子与鳃直接接触而感染，主要危害规格较小的苗种，死亡率可高达 95%。

六、其他霉菌

（一）链壶菌属

链壶菌属（*Lagenidium*）是虾、蟹、贝类链壶菌病的主要病原。链壶菌菌丝分枝，一般不分隔，弯曲，直径 7.5 ～ 40 μm，在 5 ～ 35℃，含盐 0% ～ 6%，pH 6 ～ 10 时均可生长，适宜生长温度为 25 ～ 35℃，含盐为 0% ～ 2%，pH 为 6 ～ 10。

（二）霍氏鱼醉菌

霍氏鱼醉菌（*Ichthyophonus hoferi*）属藻菌纲，分类位置尚未明确。主要有两种形态，一般为球形合胞体（又称多核球状体），直径从数微米至 200 μm，由无结构或层状的膜包围，内部有几十至几百个小的圆形核和许多颗粒状的原生质，最外面有宿主形成的结缔组织膜包围，形成白色胞囊；另一种是胞囊破裂后，合胞体伸出粗而短、有时有分枝的菌丝状物，细胞浆移至菌丝状体的前端，形成许多球状的内生孢子。霍氏鱼醉菌寄生处均形成大小不同、密密麻麻的灰白色结节，严重时组织被病原体及增生的结缔组织所取代，病灶中心发生坏死。

第四节　其他病原微生物

这类病原体有立克次体和衣原体等，它们主要引起虾、蟹和贝类疾病。由于缺乏系统和深入的研究，很多特性目前并不十分明了。这类微生物大多是专性细胞内寄生，不能在人工培养基上培养，并广泛感染海洋生物，近年来受到关注。

一、立克次体

立克次体（Rickettsia）是一类专性寄生于真核细胞内的革兰氏阴性原核生物。其介于细菌与病毒之间，接近于细菌的一类原核生物，没有核仁及核膜。其形状呈多形性，一般呈球状或杆状。

（一）感染对虾的立克次体

在组织切片中可见到，寄生于细胞内，大小为（0.2 ~ 0.7）μm×（0.8 ~ 1.6）μm，为杆状或逗点形，感染边缘对虾、墨吉对虾和蓝对虾的立克次体主要分布于肝胰腺上皮细胞的嗜性胞质内，在其薄壁泡内含有大量多形性立克次体。有包涵体位于胞质内，大小 7 ~ 46 μm。靶细胞主要是固定吞噬细胞、结缔组织、触角腺和 Y 器官的细胞。

（二）感染大西洋深水扇贝的立克次体

在病贝鳃组织上皮和皱褶等处有细胞内嗜碱性包涵体，直径 45 μm，被侵染细胞明显肿大，细胞核和挤向细胞周边位置。光镜检查包涵体内有革兰氏染色阴性的杆状结构，最外层为薄的细胞壁，核糖体颗粒组成电子密度高的外周组织，中央区电子密度稍低，有间体样结构。长径为 1.9 ~ 2.9 μm，横径为 0.5 μm，呈稍弯曲的子杆状。

（三）感染美洲牡蛎的立克次体

在肠组织上皮细胞浆内有直径达 50 μm、嗜碱性、由细颗粒组成的大包涵体。有些牡蛎消化腺小管上皮细胞浆内发现直径为 10 μm 的小型消化腺腹包涵体周围常有空晕形成，内含明显的杆状小体。消化腺组织样品中可见包涵体内的立克次体样生物有 3 层外膜包围，其中最大的长 1.19 μm，直径 0.4 μm。

二、衣原体

衣原体（Chlamydia）是革兰阴性病原体，是一类能通过细菌滤器、在细胞内寄生、有独特发育周期的原核细胞性微生物，比细菌小但比病毒大，专性细胞内寄生。它没有合成高能化合物 ATP、GTP 的能力，必须由宿主细胞提供，因而成为能量寄生物。其形态多呈球状、堆状，有细胞壁，有细胞膜，属原核细胞。国内外均已报道扇贝可以感染衣原体，主要是描述病原形态、一般症状和流行情况，未对衣原体进行系统鉴定，故称之为衣原体样性物感染。

（一）感染海湾扇贝的衣原体样生物

将 H-E 染色的组织切片镜检，消化腺末端上皮细胞浆空泡中有蓝紫色包涵体颗粒，大小不一，有时从突出的细胞浆内被挤压到细胞外的管腔中。石蜡包埋的组织块经脱蜡、树脂再包埋后，在电镜下可见到：①原生小体呈深蓝色，长为 280 ~ 670 nm，直径为 130 ~ 330 nm，典型形态为纺锤状，中央电子密度高的区域由核糖体样颗粒组成，并由一电子透明带将其和周边的 5 层膜结构隔开。②网状小体之间有大小不一的空泡。第一和第二扇贝消化壶腹上皮细胞内的小体，直径可达 3.5 μm。常见到的二分裂细胞，外周有两圈三层膜包围，膜下有浓集的颗粒状物分布，细丝状结构分散在整个小体内。

（二）感染栉孔扇贝的衣原体样生物

栉孔扇贝消化壶腹组织的印片，经 Wright-Giemsa 染色，可看到深蓝色折光性很强的大颗粒。在腺上皮细胞浆内，颗粒少则几个，多达 20 ~ 40 个，直径为 1.2 ~ 3.5 μm，有大小不一的空泡散布其间，细胞常肿大，细胞核被挤向周边、有时数个病变的细胞挤在一起或相互融合。没有破裂的病变上皮细胞内，上述深蓝色颗粒堆积明显的包涵体样结构，大小 20 ~ 80 μm。多数情况下，这些深蓝色颗粒散布于细胞外，重度感染时，一个油镜视野内有数十至数百个颗粒。

思考题：

1. 列举出可感染水产动物的虹彩病毒主要种类及所引起动物发病症状的差异。
2. 引起水产动物结节病变的病原菌种类并分析其差异。
3. 丝囊霉属菌与霍氏鱼醉菌的主要区别。

第三章

水生病原微生物的致病机制

随着水产养殖动物放养密度的增加、单产的提高，养殖环境富营养加剧，使水产养殖品种抗病力降低，由水产病原微生物所致的疾病种类逐年增加，水产养殖病害的危害性越来越严重。几乎每一种水产养殖品种均发生过危害较大的流行病，养殖历史较久的草鱼、养殖历史较短的多种海水鱼均遭受过各种病害侵扰，仅对虾就有多达 20 余种病毒病。侵入水产动物机体并引起疾病的微生物称为水生病原微生物，其在宿主体内持续存在或增殖，也反映机体与病原体在一定条件下相互作用而引起的病理过程。一方面，病原体侵入机体，损害宿主的细胞和组织；另一方面，机体运用各种免疫防御功能，杀灭、中和、排除病原体及其毒性产物。两者力量的强弱和增减，决定着整个感染过程的发展和结局，环境因素对这一过程也产生很大影响。因此，需要重点阐述病毒的传播途径、病毒感染细胞的几种形式、病毒的感染类型等；解析病原菌通过具有黏附能力的结构如菌毛黏附于宿主的消化道等黏膜上皮细胞的相应受体，于局部繁殖，积聚毒力或继续侵入机体内部，能在宿主体内定居、繁殖和扩散；真菌病的感染形式多样，包括有真正致病性真菌感染、条件致病性真菌感染、真菌过敏、真菌中毒和真菌毒素致癌等。真正致病性真菌感染主要是一些外源性真菌感染，引起的疾病有各种皮肤、皮下和全身性真菌感染。本章主要针对病毒、细菌、真菌和其他病原微生物的致病机制进行详细解读。

第一节　病毒致病机制

病毒致病机制是指病毒导致疾病发生的全过程及产生机制，病毒导致疾病发生过程主要包括病毒在宿主内复制对宿主造成的影响以及宿主对病毒的免疫病理反应，包含出现的临床症状和体征以及感染的最终结果。整个过程涉及病毒侵入、增殖、播散、组织损伤的发展和免疫反应的产生。掌握病毒性疾病发病机理需要了解病毒感染各个阶段的知识并理解相关机制。

一、病毒致病影响因素

病毒是否导致疾病发生取决于病毒、机体和环境的相互作用。同一来源病毒感染导致个体疾病严重程度差异较大，有些产生隐性感染，有些发生疾病，有些宿主死亡。机体或细胞对病毒的易感性通常由宿主的遗传因素、免疫状态和其他生理因素如年龄营养状态及环境因素等影响。另外，同种病毒的不同毒株也能导致疾病严重程度的不同，这取决于病毒的毒力，病毒的毒力由病毒自身的生物学特性决定。

（一）病毒毒力

同种病毒的不同毒株致病性的强弱，称为病毒的毒力。毒力被用作定量或相对定量测量病毒的致病性。病毒的毒力变异很大，通常用LD50来评估病毒的毒力。分子生物学的出现促进了病毒毒力遗传基础的研究，可以通过分子克隆手段明确病毒的毒力决定因素。主要有以下四个方面基因决定毒力强弱：①影响病毒的复制能力的基因；②影响宿主防御机能的基因；③影响病毒播散和组织嗜性的基因；④编码有直接毒性蛋白的基因。

（二）机体或细胞对病毒的易感性

机体或细胞对病毒的易感性主要取决于下列三个因素：

1. 细胞表面具有病毒受体

病毒侵入宿主细胞是病毒成功感染宿主的第一步，也是较为重要的一步。不同的病毒采用不同的策略侵入宿主细胞，少数无囊膜病毒可能直接在细胞膜上形成穿孔穿入，多数通过受体介导的内吞穿入宿主细胞。囊膜病毒可通过网格蛋白或小窝蛋白介导的内吞作用、网格蛋白和小窝蛋白非依赖性内吞途径穿入细胞；

也可利用膜融合与细胞受体相互作用穿过细胞膜。病毒感染宿主细胞具有严格的特异性，细胞通过特异性的病毒－受体相互作用来识别病毒，细胞受体决定病毒的宿主范围。人及高等哺乳动物细胞中已鉴定出许多病毒受体、如脊髓灰质炎病毒的IgG超家族、埃可病毒的整合素和腺病毒的柯萨奇腺病毒受体（CAR）蛋白、人乙型肝炎病毒的钠离子牛磺胆酸共转运多肽（NTCP）受体、新冠肺炎病毒的血管紧张素转化酶2（ACE2）受体和转铁蛋白受体1（TrR1）等。然而，在水生病毒领域，仅有少数水生病毒的受体得到鉴定，包括病毒性神经坏死病毒（VNNV）的热休克蛋白90（HSP90）及70（HSP70），淋巴囊肿病毒的电压依赖性阴离子通道蛋白2（VDAC-2）和活化蛋白C激酶1受体（RACK1）、对虾白斑综合征病毒（WSSV）的斑节对虾RAB7（PmRab7）蛋白和β－整合素等。

2. 宿主的免疫状态

通常群体的免疫水平与易感性呈反比。机体的免疫状态是决定病毒感染过程的另一个重要因素。病毒侵入机体，在机体内增殖播散以及最终致病的能力，不但取决于病毒的性质，也取决于机体的免疫防御的状态。机体对病原体的免疫应答，可分为固有免疫和适应性免疫两种，两者相互作用。机体接触病毒后，大多数情况是通过机体的固有免疫系统进行清除，如果突破固有免疫屏障，就会导致机体感染，但同时也诱发机体产生适应性免疫应答清除病毒并预防再次感染。对病毒感染的免疫和抵抗是机体的一种生理功能，保护机体免于感染或严重感染。

3. 其他生理及环境因素

（1）温度

病毒须在细胞内才能繁殖，须经过体液才能传播，因此，温度直接影响病毒在细胞内的复制和体内播散。水产动物是变温动物，不同的病原有不同的繁殖最适温度，温度对疾病的爆发影响较大。比如鲤春病毒感染引起的鲤春病毒病发病时间主要在4—6月，水温在8～20℃，13～15℃是最容易发病的温度，水温超过22℃不发病。而鲤鱼疱疹病毒发病水温主要在23～28℃。

（2）营养和年龄因素等

机体对许多病毒感染的反应，都随着年龄的不同而起很大的变化，在幼年和老年期间尤为明显。这种变化显然与免疫和各种有关的非特异因素都有关。例如，神经坏死病毒对仔鱼和幼鱼危害很大，但一般对成年鱼影响较少。营养不良能够破坏阻挡病毒繁殖、扩散的屏障机制，任何严重的营养不良都会干扰抗体的产生和吞噬细胞的活力。在许多类型的营养缺乏症中，皮肤和黏膜的完整性都受到损害。

二、病毒感染和播散机制

（一）病毒侵入机体途径

病毒能够成功感染宿主必须满足三个条件：①病毒量足够起始感染；②感染位点的细胞必须是病毒易到达，敏感和容纳的；③局部宿主抗病毒防御系统最初必须无效。一般情况下，病毒要感染宿主，首先必须侵入机体与外界环境直接接触的体表细胞，包括皮肤、呼吸道、消化道、泌尿生殖道、眼结膜等，然后才能向其他组织扩散。完整的皮肤对病毒来说是不可逾越的屏障，但病毒可通过蚊虫叮咬、皮肤擦伤或寄生虫等机械损伤造成的伤口直接侵入易感细胞。对水产动物来说，病毒可以通过鳍条、鳃、鼻、口腔，甚至消化系统的上皮细胞进入宿主并感染易感细胞。一些病毒能通过宿主摄取病毒污染的饵料侵入宿主胃肠道黏膜上皮细胞而感染易感宿主。

（二）病毒在机体内的播散

病毒侵入机体后，可以在入侵位点的上皮细胞中复制增殖，产生局部感染，也可进一步扩散而侵犯其他组织和器官，这个过程称为病毒在体内的播散（viral spread or dissemination）。如果病毒播散到多个器官和组织，称为全身播散。病毒在体内的播散通过以下途径实现：

1. 局部播散

通常，病毒入侵机体后，在入侵位点进行复制增殖，并伴随着子代病毒的产生释放到细胞外。病毒达到一定数量后，可沿上皮表面扩散感染邻近的细胞。总体来说，感染是局限在同一器官或组织，因此称为局部扩散。乳头状瘤病毒和有些痘病毒感染皮肤后，仍局限于表皮，引起局部增生性病变；而其他一些痘病毒感染皮肤后，病毒广泛扩散到其他器官系统。病毒局部感染是否扩散除了与机体的防御功能有关外，还与病毒本身的特性有关。其中比较重要的是子代病毒的定向释放特征。有些病毒在局部黏膜或组织内复制出大量的子代病毒，但却向黏膜外释放，所以大量的病毒排出体外。而有些病毒是向黏膜基底部释放子代病毒，病毒一旦越过基底屏障，会引起其他部位的感染。虽然有些病毒感染上皮细胞后，子代病毒能进入淋巴，具有扩散的潜力，但由于没有合适的病毒受体或其他容纳细胞因子如转录增强子等原因而限制在上皮细胞内感染。

2. 皮下入侵和淋巴播散

一些病毒能够突破上皮屏障，入侵皮下组织，包括以下原因：①病毒在吞噬细胞内的靶向迁移，特别是树突状细胞和巨噬细胞；②从感染上皮细胞中直接释放子代病毒。 皮肤和黏膜表面树突状细胞非常丰富，构成了免疫防御的第一道关键防线。迁徙性树突状细胞（如皮肤中的朗格汉斯细胞）能从上皮细胞迁徙到黏膜相关淋巴组织（mucosa-associated lymphoid tissue，MALT），这些被感染的树突状细胞可能导致了某些病毒的起始播散。从上皮细胞基底侧脱落的病毒能够入侵皮下组织，随后病毒通过淋巴管、血管或神经播散。很多病毒感染上皮细胞后能通过输入淋巴管引流到邻近淋巴结而在机体内广泛播散。

3. 血源性播散

血源性播散是病毒感染扩散的常见类型。病毒感染后最初进入血液称为初级病毒血症，通常是无明显临床症状，导致远处器官的感染。病毒在主要靶器官中复制导致更高浓度病毒持续产生，诱导次级病毒血症，并感染机体其他部位，最终导致相关疾病的临床症状。在血液中，病毒粒子可以在血浆中自由循环，也可被白细胞、血小板或红细胞结合或吸收。白细胞，通常是淋巴细胞或单核细胞携带的病毒，像血浆中循环的病毒一样不容易被清除。血液中病毒的浓度由病毒的复制和清除速度决定。病毒抗体产生后，抗体和病毒可形成复合物，有利于巨噬细胞的吞噬，病毒的浓度因而迅速减少。

4. 神经播散

虽然血液播散后，中枢神经也会感染，但有些病毒可直接通过局部感染部位的神经末梢侵入神经细胞进行播散，这种方式称为神经播散。对某些病毒来说，其致病性必须依赖神经播散，如疱疹病毒和狂犬病毒。疱疹病毒可以感染轴突胞质和神经鞘的施旺细胞，而狂犬病毒只感染轴突胞质，而不感染神经鞘。由于神经细胞的树突和轴突内无蛋白质合成，因而大部分神经播散病毒必须经过很长的距离，到达神经细胞体后才能复制。

病毒能感染神经细胞的特性被称为病毒的嗜神经组织性，能通过神经播散的病毒都是嗜神经组织性病毒。一般来说，此类病毒能感染不止一种细胞，因为大多数情况下，病毒要侵入神经细胞，必须先在其他细胞内复制和增殖，复制出的病毒粒子再通过感染部位的神经末梢进入神经细胞，然后通过突触进行神经细胞之间的播散。鱼类神经坏死病毒就是一种典型的嗜神经组织病毒，主要感染GLU1 和 GLU3 型神经细胞，导致感染细胞的空泡化病变。

（三）病毒的排出和传播

病毒从宿主体内的释放过程称为病毒的排出。一般来说病毒的排出是维持其种类持续性的必要步骤。病毒的排出有利于病毒接近其他易感群体，并进一步传播。病毒的传播是指病毒从已感染宿主到感染新宿主的过程。病毒的传播途径与病毒的增殖部位、进入靶组织的途径、病毒的排出途径和病毒对环境的抵抗力有关。病毒的排出和传播途径有飞沫、唾液、黏液、血液、粪便以及尿液、精液、皮肤等。病毒的传播方式包括水平传播和垂直传播，水平传播指病毒在群体的个体之间的传播方式；垂直传播指通过宿主繁殖，病毒直接由亲代传给子代的传播方式。

三、病毒致病机制

病毒感染造成的临床症状主要是病毒对宿主造成的直接损伤和宿主对感染的响应造成的免疫病理损伤导致的。通常是从病毒感染造成的细胞损伤开始，当病毒扩散后则可形成对组织器官乃至全身造成损伤或功能障碍。细胞损伤可以由病毒在细胞内复制造成直接损伤，也可以由宿主响应病毒感染引起的固有免疫和适应性免疫造成的损伤。

（一）病毒感染对细胞造成的影响

病毒在宿主细胞内大量增殖，导致细胞病变甚至死亡的现象，称为细胞病变效应（cytopathic effect，CPE）。有些病毒在光镜下就能看到典型 CPE，因此可作为鉴定病毒种类的初步证据，其他一些改变反映了对细胞过程的干扰，特异性较低。很多病毒也能诱导宿主细胞凋亡，凋亡细胞在光学显微镜下也有独特的特征。另外，病毒对细胞累积造成的代谢和毒性损伤能够导致细胞降解和坏死。

病毒感染对细胞造成的影响主要有以下几方面：

1. 形成包涵体

包涵体是病毒在细胞中转录和基因组复制的位点，在光镜下可以很明显看到。在细胞核中复制的DNA病毒利用细胞装置来支持基因组复制和转录，宿主细胞DNA可能在核基质中被病毒基因组替代，导致染色体边缘化，产生核内包涵体，这种包涵体产生染色均匀的聚集物，不同于未感染细胞的核结构。疱疹病毒和腺病毒感染的细胞会出现核内包涵体。在细胞质内高水平复制的病毒能产生细胞质包涵体，也反映了病毒基因组转录和复制的聚集。痘病毒、副粘病毒、弹状病毒和呼肠孤病毒会出现细胞质包涵体。

2. 抑制宿主细胞大分子合成

很多杀细胞病毒将宿主的合成机器据为己用，能在感染早期快速剧烈的抑制甚至关闭宿主细胞RNA和蛋白质合成，继而影响DNA合成，使细胞正常代谢紊乱，最终导致细胞死亡，如小核糖核酸病毒、弹状病毒等。一些病毒可以在感染晚期逐步关闭宿主大分子合成，也有一些非溶细胞病毒，不会剧烈抑制宿主大分子合成，也不导致细胞死亡。病毒已经进化出许多机制干扰宿主细胞信使RNA转录、加工、翻译，例如疱疹病毒在复制过程中会干扰细胞初始mRNA拼接为成熟mRNA，从而抑制宿主mRNA的加工和转录。有时剪切体已经形成，但后续的剪切步骤仍被抑制。

3. 干扰细胞膜功能

细胞膜参与了病毒复制的许多阶段，从病毒附着和穿入，复制复合物形成，到病毒粒子装配。病毒能够改变细胞膜通透性，影响离子交换和膜电位，诱导合成新的细胞内膜或旧膜重构。呼肠孤病毒和弹状病毒等感染早期普遍都能增加膜通透性，影响营养物质的摄入和废物排出。另一些病毒，如麻疹病毒和副流感病毒，还能诱导感染细胞与邻近未感染细胞发生融合，形成合胞体。

4. 破坏细胞骨架

许多病毒感染能破坏细胞骨架，引起细胞形态改变。细胞骨架由蛋白质纤维系统组成，包括微丝（肌动蛋白）、中间纤维（如波形蛋白）和微管（如微管蛋白）。细胞骨架负责细胞结构的完整性、细胞器转运及某些细胞运动。一些病毒能够损害特定的纤维系统，如疱疹病毒能够引起微丝聚集，肠道病毒能够引起广泛的微管损伤。在细胞裂解前，这些破坏导致了剧烈的细胞病理变化。

5. 凋亡

长期以来，一致认为病毒杀死细胞是通过直接方式，如夺取细胞机器，破坏细胞膜完整性，最终导致感染细胞坏死（necrosis）。现在明确认识到，病毒感染可以诱导细胞凋亡。这实际上是机体对抗病毒感染的防御机制。凋亡使病毒复制提前终止，另外，还能避免邻近细胞的感染，限制了病毒的扩散。凋亡包含线粒体途径和死亡受体途径，caspases 家族是凋亡过程中的关键作用酶，特异性催化含天冬氨酸的蛋白底物降解，使细胞表现出各种凋亡特征。

6. 细胞裂解（见溶细胞感染）

这是病毒感染最极端的情况。

（二）病毒引起的组织和器官损伤

当病毒进入机体后，首先在入侵局部增殖，随后可侵入全身器官或中枢神经系统。发生病毒脑炎时，常引起神经细胞的炎症、水肿、坏死等病变，并出现一系列的临床症状。当炎症波及脑膜时，则称为病毒性脑膜脑炎，神经坏死病毒 NNV 感染可导致感染仔鱼严重病毒性脑炎病症。有的病毒会引起严重的病毒血症，如草鱼出血病病毒（GCHV）、鲤春病毒血症病毒（SVCV）等和金鱼造血器官坏死病毒 / 鲤Ⅱ型疱疹病毒（GFHNV/CyHV Ⅱ）的感染可引发全身性出血症状。草鱼呼肠孤病毒(GCRV)是草鱼出血败血病的病原,GCRV 在急性感染期间可在肌肉、鳃和肠道等特定组织中引起严重出血，表现出有明显的临床出血症状。其机制可能在于肾脏、肝脏和脾脏等造血器官作为 GCRV 感染的主要靶器官，病毒随血液循环在草鱼体内播散，病毒体内播散过程诱发小血管弥散性血管内凝血、破坏内皮细胞导致出血并凝血，进而导致循环系统血容量减少和小血管阻塞，因血液循环遭受破坏，血液循环不足导致大多数组织和器官因缺氧而变性和坏死，加速病鱼在急性感染期的死亡。

（三）免疫病理损伤

免疫系统的目的是清除感染宿主的病原，但有时也会导致疾病。一些病毒感染对宿主造成的损伤并不是由于病毒致细胞病变直接引起的，而是病毒刺激宿主引起的免疫应答造成的间接损伤，这种损伤称为免疫病理损伤。对于大部分非溶细胞病毒来说，由它们引发的免疫病理作用是造成机体损伤的唯一原因。免疫病理一般由细胞毒性 T 细胞介导，少量由抗体介导。另外抗病毒免疫所致过多的炎症反应如细胞因子风暴和自身免疫等也能导致免疫病理损伤。

四、病毒感染类型

（一）病毒对细胞的感染类型

病毒的种类和性质不同，其感染方式和途径不同，被感染细胞的表现亦不同。根据病毒感染后细胞的表现，可将感染细胞分为三种类型：

1. 顿挫感染

病毒进入特异靶细胞中，细胞能支持病毒的正常增殖，这种细胞称为该病毒的容纳细胞（permissive cell）。当病毒侵入某细胞后，细胞不能为病毒提供复制的必要条件，病毒不能正常复制而无完整后代产生，此类细胞为该病毒的非容纳细胞（nonpermissive cell）。顿挫感染亦称流产型感染，病毒进入非容纳细胞后，由于该类细胞缺乏病毒复制需要的酶或能量等必需条件，或者由于病毒基因组缺陷，致使病毒复制周期不能完成，不能产生子代病毒。

2. 溶细胞感染

溶细胞感染以丧失细胞生存必须的功能为特征。病毒感染容纳细胞后，利用细胞提供的生物合成需要的酶、物质和能量等条件，在细胞中复制，最终通过阻止细胞大分子合成、产生降解性酶或毒性蛋白等促使细胞降解坏死（necrosis）或诱导细胞凋亡（apoptosis）来杀死细胞。这种感染称为杀细胞（cytocidal）或溶细胞（cytolytic）。无囊膜病毒需要细胞裂解释放子代病毒，而有囊膜病毒可以通过细胞出芽释放子代病毒。细胞坏死是极端的物理、化学或其他严重的病理性因素诱发的细胞死亡，是病理性细胞死亡。坏死细胞的膜通透性增高，细胞肿胀，细胞器变形或肿大，早期核无明显形态学变化，最后细胞破裂。坏死的细胞裂解释放出内含物，引起炎症反应。细胞凋亡又叫程序性细胞死亡过程，是不同于细胞坏死的细胞死亡方式。凋亡作为细胞自杀机制，是细胞在子代病毒产生前清除病毒的最后手段，是一个耗能的主动过程。凋亡细胞表现出特征性的形态改变，如细胞变圆、染色质浓缩、DNA 降解等。最终，凋亡的细胞形成凋亡小体并被巨噬细胞吞噬清除，但不会引起炎症反应。急性病毒感染都属于溶细胞感染。

3. 非溶细胞感染

非溶细胞病毒感染通常不会杀死细胞，被感染的细胞多为半容纳细胞（semipermissive cell），该类细胞中缺乏足够的物质支持病毒完成复制周期，只能选择性表达某些病毒基因，不能产生完整的病毒颗粒。它们致病主要是通过其他一些非杀伤细胞效应间接造成，包括影响细胞的正常合成和分泌功能，引起宿主细胞转化等，也有免疫系统引起的免疫病理损伤。有些病毒虽然造成持续性、生产性感染，但对维持细胞稳态至关重要的细胞代谢功能没有影响或影响较小，在许多情况下，甚至感染细胞继续生长和分裂。然而，少数情况下（如逆转录病毒）有缓慢渐进的变化，最终导致细胞死亡。宿主动物组织器官中细胞更新很快，因此持续感染对细胞的缓慢影响对机体来说微不足道，但一些分化细胞如神经元等最终一旦损伤，是不可替代的，分化细胞的持续感染会导致特殊功能的丧失。某些具有特殊功能的已分化细胞（包括中枢神经系统、内分泌腺和免疫系统等）损伤最终也会影响机体复杂的调节、稳态和代谢功能。

（二）病毒对机体的感染类型

病毒感染是病毒与机体微妙平衡的动态过程，这决定了病毒感染表现的复杂性，也决定了感染分类的复杂性。据临床症状的有无，病毒感染可分为显性感染和隐性感染。在显性感染时，病毒性感染可以是局限性的，也可以是全身性的。局限性感染通常引起局部的病理变化，例如淋巴囊肿病毒，只感染结缔组织中的成纤维细胞，而全身性感染病毒通常通过血液扩散全身，造成病毒血症，水产动物许多重要病毒病原感染都能造成病毒血症。另外，根据病毒感染病程及滞留时间，病毒感染又可分为急性感染和持续性感染，后者包括慢性感染、潜伏感染和慢发病毒感染等。这些分类都是在机体水平上，下面以最后一种分类为例介绍一下。

1. 急性感染

急性感染指病毒在感染机体后，短时间内即被清除或导致机体死亡的过程。

一般潜伏期短，发病急，症状逐渐加重又迅速减轻直至康复，整个过程数日至数周。恢复后病毒被清除，体内不再存在病毒。急性感染对水产养殖业影响较大，多数造成严重经济损失的病毒性病害都是急性感染。

2. 慢性感染

长期以来，持续性感染与慢性感染的定义没有严格区别，临床医生经常同时使用。但对病毒研究者来说，两者有一定的差别。慢性感染属于广义持续性感染的一种类型，在慢性感染后，病毒在机体内长期存在，甚至反复发作，但病毒最终能被免疫系统清除（除非感染是致命性的）。病程长期存在，可长达数月至数十年。这个慢性感染概念与以往的慢性感染定义不一样，以前慢性感染是指病毒处于持续的增殖状态，机体长期排毒，病程长，症状长期存在（与狭义持续性感染含义相近）。

3. 潜伏感染

经急性或隐性感染后，病毒基因组潜伏在特定组织或细胞内，但不能产生感染性病毒，用常规方法不能检测到病毒，但在某些条件下病毒被激活而急性发作。鱼疱疹类病毒具有疱疹类病毒特有的经典潜伏感染现象，CyHV Ⅲ的潜伏感染最为典型，CyHV Ⅲ的潜伏感染可终身携带，难以清除。环境水体温度是调控CyHV Ⅲ潜伏的最关键理化因子，当调整养殖水温至31℃以上，CyHV Ⅲ即转变为潜伏态，CyHV Ⅲ导致的病毒病也即刻停止，当养殖水温恢复至15~26℃的适宜生存温度，在人为驱赶、反复变温等物理应激刺激下，感染性CyHV Ⅲ会再次出现，CyHV Ⅲ病毒病也会再次发作。鱼疱疹病毒的经典潜伏始终是该类病毒防控的长期隐患，一旦潜伏感染建立，看似健康的带毒鱼何时再次发病是比较难以预测的事件，给该类病毒病的防控带来了极大的难度。

4. 慢发病毒感染

又称为迟发感染，指病毒感染后，机体可出现或不出现急性症状，随着机体免疫系统的激活，大部分病毒被清除，但仍有少量残留在机体内，并维持较低浓度，此病程可长达数十年而不伴有症状出现，然后感染可呈急性复发状态，一旦症状出现，病程进行性加重直至死亡或产生其他严重后果。

第二节 细菌感染与致病机制

在细菌对抗生素不断产生抗性的当今世界，寻求抗生素以外的治疗方法是提高养殖品质、保障人类健康的重要方法。而对致病菌感染宿主机制的理解有助于研究对抗致病菌的方法和途径：①通过鉴定细菌致病基因簇有助于疾病的诊断，特别是对于那些生长缓慢、难以培养或未培养细菌所引起的疾病。②抑制必要的致病菌基因簇有可能降低感染的概率或者终止感染过程。③毒力因子的鉴定和致病机制研究可为疫苗的开发提供靶点。

大多数病原菌寄居在宿主细胞外，主要位于宿主细胞外的血液、淋巴液、组织液等体液中，被称为胞外菌，常见的胞外菌主要有葡萄球菌、链球菌、弧菌和多种革兰氏阴性杆菌。不同病原菌的致病性取决于细菌与宿主细胞间的相互作用，致病过程一般包括黏附、侵袭、体内增殖扩散、产生毒素及宿主死亡等系列过程。其致病作用主要是通过在其侵袭和生长过程中对机体造成的细胞和组织损伤以及其代谢产物（致病因子）干扰和破坏机体的局部或全身的正常新陈代谢或机能而造成的。病原菌的致病作用，与其毒力强弱、进入机体的数量以及是否是侵入机体的适当部位有密切的关系。因此，胞外菌致病的条件包括细菌的毒力、细菌的侵入数量以及细菌侵入部位与感染途径。

一、细菌的毒力

在一定条件下病原微生物感染机体的能力，称为病原性或者致病性。而同种病原微生物不同菌株或毒株的不同程度的致病力，称为毒力，即致病力的强弱。构成细菌毒力的物质称为“毒力因子”。毒力的强弱取决于两个方面：细菌的侵袭力和毒素。

（一）侵袭力（invasiveness）

侵袭力指微生物突破宿主机体的防卫屏障，侵入宿主活组织并在其中生长繁殖和向四周扩散的能力。主要包括菌体表面结构和侵袭性酶类。

1. 菌体表面结构及细菌对宿主的黏附、定植

病原菌感染宿主的过程中，最基本的特性是病原菌与宿主接触。病原菌转移到合适的宿主上后，必须能够黏附并定居在宿主的细胞或组织上，才能引起宿主

致病。因此，黏附作用对细菌侵入宿主细胞并有效发挥毒素等的作用具有重要意义。病原菌定植（colonization）只意味着微生物在宿主体表或体内繁殖位点的建立，并不表示会导致对组织的入侵和损伤。这种定居依赖于病菌与宿主本身正常微生物群落竞争营养的能力。某些使病原菌在竞争表面附着位点居于有利地位的特异结构，对病原菌的定居来说是必不可少的。这些特异结构被称为黏附素（adhesin）。黏附素有两类，一类是菌毛黏附素，另一类是非菌毛黏附素。不同种细菌黏附素不相同，同一种细菌可以同时具有几种黏附素。下面从菌毛黏附素和非菌毛黏附素，以及其他与细菌黏附有关的细菌结构和生物过程分别阐述。

（1）菌毛黏附素（fimbrial adhesion）

大部分共生致病菌表面的黏附分子可与宿主细胞受体或细胞外基质（extracellular matrix，ECM）成分发生特异性的结合，这是致病菌持续在宿主体内定植的重要步骤。但这种紧密的结合会激活宿主免疫细胞和信号通路，最终导致细菌被宿主免疫细胞吞噬和清除。由于细菌和宿主细胞表面都携带负电荷，所以它们产生的静电斥力是阻碍细菌定植的原因之一，许多细菌通过在其表面延伸的长纤维结构的尖端表达黏附素来克服这个难题。这些结构被称为菌毛或纤毛，它们可为不同的细胞表面之间提供“隔离”，使得细胞与细胞间的相互作用在“安全”的距离内。菌毛是一些病原菌的重要毒力因子。虽然通常将菌毛描述为细菌的黏附细胞器，但是菌毛也可参与 DNA 转移、结合噬菌体、生物被膜的形成、细胞聚集、宿主细胞浸润和抽动运动等。菌毛黏附素包括 P 菌毛、I 型菌毛、IV 型菌毛等。

本节我们将以水产病原气单胞菌（*Aeromonas* sp.）的 IV 型菌毛为例讨论其结构和功能。在临床分离和环境分离的嗜中温气单胞菌株中，发现了两种不同形态的菌毛：一种是短而坚硬的菌毛（short/rigid，S/R），在大量细菌中存在；另一种是长而波浪状的菌毛（long/wavy，L/W），仅在少数细菌中存在。S/R 菌毛是不同菌株的共同的抗原决定簇，它们分布广泛（超过 95% 的菌株），能引起自身聚集，但不能引起血凝或与肠细胞结合。L/W 菌毛被认为是血凝素。它们也是从鱼类中分离的菌株的主要菌毛类型，这些菌株菌毛含量少（<10/ 细胞）。氨基酸序列分析表明，它们属于 IV 型菌毛，是黏附上皮细胞的重要结构，并参与生物膜形成和抽动运动。

在与肠胃炎相关的气单胞菌中发现了两种不同的 IV 型菌毛：Bfp 菌毛和 Tap

菌毛。Bfp 菌毛参与肠细胞的黏附，并且 N 末端序列与霍乱弧菌的甘露糖敏感血凝素菌毛（mannose-sensitive hemagglutinin pilus）同源。它们已从所有与腹泻有关的气单胞菌中被纯化，但迄今为止，这种菌毛的遗传特征尚未明晰。Tap 菌毛与 Bfp 菌毛的 N 末端序列以及分子量均不同，但与假单胞菌和致病性奈瑟菌属的 IV 型菌毛具有最高的同源性。Tap 菌毛主要由 *tapABCD* 基因簇编码合成。类似的菌毛基因簇在霍乱弧菌、铜绿假单胞菌和其他几种革兰氏阴性菌中也被鉴定。对于许多这样的生物，编码的 IV 型菌毛已经被证明是重要的毒力因子。

（2）非菌毛黏附素（afimbrial adhesin）

非菌毛黏附素是细菌表面不呈菌毛形态的各种有黏附作用的结构物的总称，主要存在于革兰氏阳性菌，少见于革兰氏阴性菌。大多数非菌毛黏附素属于蛋白质，其他一些非菌毛黏附素属于脂多糖和脂磷壁酸等结构。以下几种常见形式：

鞭毛蛋白：鞭毛作为细菌的运动器官，可增加细菌的黏附、定植和侵袭力，同时促进细菌生物膜的形成，并通过Ⅲ型分泌系统将毒力蛋白转入宿主细胞，是革兰阴性菌发挥致病性的重要因素。研究证实，嗜水气单胞菌的鞭毛蛋白 FlgC 和 FlgN、副溶血弧菌的鞭毛蛋白 LafA 和 FlhAB、迟缓爱德华氏菌的鞭毛蛋白 FliC 等均可参与细菌的黏附，并通过影响细菌运动性、生物膜形成、定植能力等调控细菌毒力。

外膜蛋白（outer membrane protein，OMPs）：外膜蛋白是革兰氏阴性菌外膜的主要结构，几乎是所有病原菌中研究得最早、最多的毒力因子之一。它含有多种蛋白成分，已被证实是气单胞菌、弧菌、爱德华氏菌和发光杆菌等多种水产病原菌的重要的黏附因子和保护性抗原，与细菌的黏附和毒力密切相关，成为抗感染免疫的亚单位疫苗的主要候选成分。OMP 与宿主细胞膜受体的糖残基发生反应，从而使细菌固着在宿主细胞上。OMP 还能与细菌的脂多糖（LPS）结合成 OMPs-LPS 复合物，该复合物不仅与细菌的自凝有关，还与细菌黏附有关。

脂多糖（lipopolysaccharide，LPS）：脂多糖是革兰氏阴性菌细胞壁的主要成分之一，可以产生多种活性成分，一些细菌的脂多糖可以黏附到上皮细胞、黏液和细胞外基质（ECM）的层黏连蛋白上。研究证明 LPS 能够增强中性粒细胞黏附上皮细胞，从而释放丝氨酸蛋白酶来诱导合成 IL-1β 和 TNF-α。

S 层蛋白：存在于细菌表面，它完整地包裹着菌体，为细菌表面的非特异性黏附因子，可结合到宿主的细胞外基质（ECM）而黏附宿主细胞，保护自身免受宿主蛋白酶、补体和特异性抗体等杀灭作用。实验证明，S 层蛋白可介导嗜水气单胞菌黏附 HEP-2 细胞。同时 S 层蛋白结构的改变使细菌通透性发生改变，有利于毒素和蛋白酶的释放，增加菌株的毒性。S 层蛋白的缺失常导致细菌无致病力或致病力降低。

血凝素：迟缓爱德华氏菌温敏型血凝素（temperature-sensitive hemagglutinin，Tsh），霍乱弧菌的血凝素（包括抗甘露糖岩藻糖血凝素、甘露糖敏感血凝素和可溶性血凝素等）等在细菌黏附宿主细胞的过程中起重要作用。某些血凝素可能与菌毛有一定的内在联系。

（3）其他与细菌黏附有关的细菌结构和生物过程

生物被膜（biofilm，BF）：生物被膜是指细菌黏附于接触表面，分泌多糖基质、纤维蛋白、脂质蛋白等，将其自身包绕其中而形成的大量细菌聚集膜样物。生物被膜的形成过程经历起始、成熟、维持和溶解阶段。水产病原菌弧菌、荧光假单胞菌、嗜水气单胞菌等都被报道可合成生物被膜。生物被膜除了有助于细菌黏附宿主细胞外，生物被膜还调控细菌的耐药性、帮助细菌逃避宿主的免疫反应等。鞭毛、菌毛、数量感知系统、环境因子等被证实影响生物被膜的形成。

荚膜：荚膜是菌体的表层结构，完整地包裹着细菌的菌体，构成细菌与外界环境之间的第一道屏障，是病原菌的一个很重要的毒力因子。荚膜的成分因不同菌种而异，主要是由葡萄糖与葡萄糖醛酸组成的聚合物，也有含多肽与脂质的。电镜观察发现，菌落透明的创伤弧菌不产生荚膜，没有致病性；而菌落不透明的创伤弧菌能产生荚膜，具有致病性，能抵抗血清的杀菌作用，具抗吞噬活性。荚膜对细菌的生存具有重要意义，细菌不仅可利用荚膜抵御不良环境，保护自身不受白细胞吞噬，而且能有选择地黏附到特定细胞的表面上，表现出对靶细胞的专一攻击能力。

2. 侵袭性酶类

大多数病原菌被先天防御屏障（例如皮肤、黏膜层和胞外基质 ECM）所阻断，所以在宿主组织内只发生局部感染。但是，某些病原菌具有突破这些障碍的能力，从而导致整个宿主发生全身性感染。病原菌可以分泌能够特异性降解这些屏障的胞外酶即侵袭性酶。

侵袭性酶对细菌自身无毒性，分泌到菌体周围，可协助细菌抗吞噬或有利于细菌在体内扩散。包括血浆凝固酶、透明质酸酶、链激酶、胶原酶、弹性蛋白酶、唾液酸酶和脱氧核糖核酸酶等。

血浆凝固酶的作用是使血浆中的纤维蛋白原转变为纤维蛋白，使血浆发生凝固，凝固物沉积在菌体表面或病灶周围，保护细菌不被吞噬细胞吞噬和杀灭。透明质酸酶又称扩散因子，可分解结缔组织中起黏合作用的透明质酸，使细胞间隙扩大，通透性增加，因而有利于细菌及其毒素向周围及深层扩散。链激酶又称链球菌溶纤维蛋白酶，能激活血浆溶纤维蛋白酶原为纤维蛋白酶，从而使纤维蛋白凝块溶解。胶原酶是一种蛋白分解酶，可分解结缔组织中的胶原蛋白，促使细菌在组织间扩散。弹性蛋白酶是能够溶解纤维弹性蛋白的蛋白酶。细菌唾液酸酶可以裂解蛋白糖缀合物所含的唾液酸糖蛋白，这种裂解产生的游离唾液酸可以发现宿主细胞外部的结合位点，病原菌及其毒素可以利用这个结合位点进行黏附或形成生物膜，并促进病原菌感染。脱氧核糖核酸酶能水解组织细胞坏死时释放的DNA，使黏稠的脓汁变稀，有利于细菌扩散。其他可溶性物质有能杀死中性粒细胞和巨噬细胞的杀白细胞素，能溶解细胞膜，对白细胞、红细胞、血小板、巨噬细胞、神经细胞等多种细胞均有细胞毒作用的溶血素等。

（二）毒素（toxin）

某些病原微生物能产生强有力的特殊毒性物质，可大大增强微生物的毒害作用，这种毒性物质就叫作毒素。细菌的毒素是病原菌的主要致病物质。按其来源、化学性质和毒性作用等不同，可分外毒素和内毒素两种（表3-1），还有一些细菌释放的蛋白和酶也有类似毒素的作用。

表3-1　细菌外毒素和内毒素的基本特性比较

特性	外毒素	内毒素
化学性质	蛋白质	脂多糖
产生	由某些革兰氏阳性菌或阴性菌产生	由革兰氏阴性菌菌体裂解产生
耐热	通常不耐热	极为耐热
毒性作用	特异性。为细胞毒素、肠毒素或神经毒素，对特定的细胞或组织发挥特定作用	全身性。致发热、腹泻、呕吐

续表

特性	外毒素	内毒素
毒性程度	高，往往致死	弱，很少致死
致热性	对宿主不致热	致热性，常致宿主发热
免疫原性	强，刺激机体产生中和抗体（抗毒素）	较弱，免疫应答不足以中和毒性
能否产生类毒素	能，用甲醛处理	不能

1. 外毒素（exotoxin）

外毒素是某些病原菌在生长繁殖过程中所产生的对宿主细胞有毒性的可溶性蛋白质，由于该类蛋白在菌体内合成后必须分泌于胞外，故名“外毒素”。外毒素在0.3%～0.4%甲醛液作用下，经过一定时间可使其脱毒，而仍保留外毒素的免疫原性，称类毒素（toxoid）。类毒素可刺激机体产生具有中和外毒素作用的抗毒素（antitoxin）。

外毒素特性：①毒性作用极强；②通常具有菌种特异性，主要由革兰阳性菌产生，但少数革兰阴性菌也能产生；③对组织细胞有高度选择性，并能引起特殊的病变和症状；④化学性质为蛋白质，具有酶的催化作用；⑤不耐热、易被热（56～60℃，20～120 min）破坏，性质不稳定，易被酸和消化酶灭活；⑥具有良好的抗原性。

大多数外毒素由A、B两种亚单位组成，有多种合成和排列形式。根据其性质分三类，A-B型毒素，例如霍乱毒素、志贺毒素、破伤风毒素等；攻膜毒素又名穿孔毒素（pore-forming toxin），一些溶血素及磷酸酯酶属于此类，如金黄色葡萄球菌的α毒素；超抗原毒素，如金黄色葡萄球菌的毒素休克综合征毒素1（TSST-1）。

2. 内毒素（endotoxin）

内毒素是许多革兰阴性菌的细胞壁结构成分（脂多糖），只有当细菌死亡、破裂、菌体自溶，或用人工方法裂解细菌才释放出来。各种细菌内毒素成分基本相同，是由脂质A、非特异核心多糖和菌体特异性多糖（O特异性多糖）三部分组成。脂质A是内毒素的主要毒性成分。

内毒素特性：①性质稳定、耐热，需加热160℃经2～4 h，或用强酸、强碱或强氧化剂加温煮沸30 min才灭活；②抗原性弱，不能用甲醛脱毒制成类毒素；

③内毒素 LPS 能刺激巨噬细胞、血管内皮细胞等产生 IL-1、IL-6、TNF-α 等。少量内毒素诱生这些细胞因子，可致发热、微血管扩张、炎症反应等免疫保护性应答，若内毒素大量释放常导致高热、低血压休克、弥散性血管内凝血；④由于所有革兰阴性菌细胞壁脂多糖结构成分基本相同，故引起的毒性作用大致类同；⑤内毒素的毒性作用较弱，对组织细胞无严格的选择性毒害作用，引起的病理变化和临床症状大致相同，其主要生物学活性包括致热作用、白细胞增多、感染性休克以及弥漫性血管内凝血（DIC）。

二、细菌的致病剂量

细菌引起疾病，除需有一定的毒力外，尚需要有一定的数量。毒力愈强，致病所需菌量愈少；毒力愈低，致病所需菌量愈多。因此，常常用递减剂量的活微生物接种动物进行微生物毒力的测定。通常用来表示微生物毒力大小的单位有最小致死量和半数致死量。

最小致死量（minimal lethal dose, MLD）：能使接种的实验动物在感染后一定时限内全部死亡的最小活微生物量。

半数致死量（median lethal dose, LD50）：能使接种的实验动物在感染后一定时限内发生半数死亡的活微生物量。

三、细菌的感染途径

有一定的毒力和足够数量的病原菌，还要经过适当侵入部位，到达一定的器官和组织细胞才能致病。若侵入部位不适宜，仍不能引起感染。一些病原菌的侵入部位是特定的，也有一些病原菌可经多种部位侵入机体。

根据病原菌侵入部位的不同，可有下列感染途径：呼吸道感染、消化道感染、皮肤黏膜创伤感染、接触感染和虫媒感染。如弧菌一般从水经伤口传染到宿主体内，并在宿主的肝脏和脾脏定植，引起继发性感染；链球菌通过口腔进入罗非鱼胃和肠道，可能是自然条件下感染罗非鱼的主要传播途径。

四、感染的发展与结局

病原微生物感染机体之后，根据病原菌的毒力、入侵数量以及机体的防御，可能最终发病死亡，也可能成为隐性感染的带菌者，甚至通过免疫防御康复（图 3–1）。

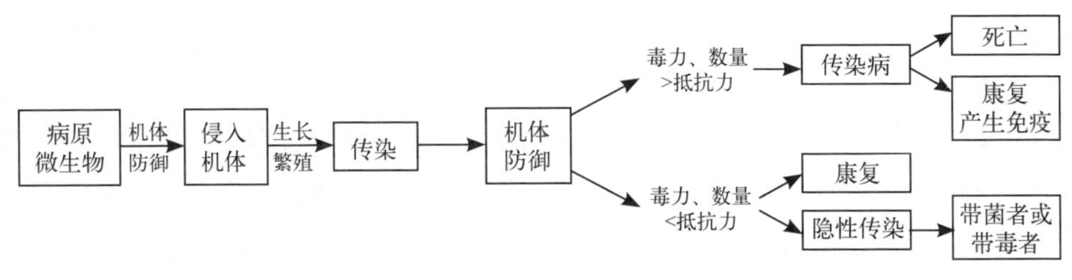

图3-1　细菌感染的发展与结局

（一）根据感染之后是否出现症状，可分为隐性感染和显性感染

1. 隐性感染（inapparent infection）：侵入的病原毒力较弱、数量不多，且机体具有一定抵抗力，病原只能进行有限的繁殖，造成的损害较轻，不出现或只出现轻微的临床症状。

2. 显性感染（apparent infection）：侵入的病原毒力强、数量较多，且机体的抵抗力不能有效限制病原在体内的繁殖、扩散和损害，导致机体出现严重的病变和明显的临床症状。

（二）根据病程，可分为急性感染和慢性感染

1. 急性感染：突然发作，症状急，病程短的感染为急性感染。一般是数日至数周。病愈后，病原体从体内消失。急性感染的病原菌有脑膜炎双球菌、霍乱弧菌、产毒性大肠埃希氏菌等。

2. 慢性感染：病情缓慢，病程长的感染为慢性感染。常持续数月至数年。细胞内寄生的病原菌往往引起慢性感染，例如结核杆菌、麻风杆菌。

（三）根据病原菌存在的部位，可分为局部感染和全身感染

1. 局部感染：大多数病原菌被机体先天防御屏障（例如皮肤，黏膜层和胞外基质 ECM）所阻断，局限于一定部位生长繁殖和毒害动物机体，所以在宿主组织内只发生局部感染。

2. 全身感染：某些病原菌具有突破机体先天防御障碍的能力，从而导致整个宿主发生全身性感染。包括毒血症、内毒素血症、菌血症、败血症和脓毒血症等。毒血症（toxemia）是产外毒素的病原菌在体内局部组织生长繁殖，产生的外毒素进入血流，随血到达特定靶器官或组织引起典型症状。内毒素血症（endotoxemia）

是革兰氏阴性菌感染机体，使血液中出现内毒素，并引发症状。菌血症（bacteremia）是病原菌短暂的经过血流，在其中极少量或不繁殖，到达适宜部位再进一步繁殖的播散过程。败血症（septicemia）是细菌侵入血流并大量繁殖，产生的大量毒性代谢产物所引起的全身性严重中毒症状。脓毒血症（pymeia）是化脓性细菌侵入血流并大量繁殖，随血扩散到机体其他组织或器官产生新的化脓病灶。

五、细菌入侵宿主细胞

致病性胞外菌进入机体后，首先遇到的是非特异性的吞噬细胞吞噬和炎症反应；随后以体液免疫为主，通过抗体、补体的调理作用发挥杀菌作用以及抗毒素对外毒素的中和作用而达到抗胞外菌感染。两者配合，共同杀灭病菌。但是某些细菌侵入机体后，主要在宿主细胞内生长、繁殖，如海分枝杆菌、土拉弗郎西斯菌、立克次氏体和衣原体等，被称为胞内菌。胞内菌常导致慢性感染，病变主要由病理性免疫损伤引起，伴迟发型超敏反应。因其抗体不能进入宿主细胞内，体液免疫对胞内菌作用不大，故对这些菌的清除需依靠细胞免疫。胞内菌进入机体后，一般先由吞噬细胞吞噬，但吞噬后不能将其杀死，反而有助于病菌的扩散。经过 7 ～ 10 d，待机体免疫系统产生了针对病菌的特异性细胞免疫，才能逐步杀灭胞内寄生的病原菌。

（一）胞内菌入侵非吞噬细胞

入侵非吞噬细胞通常是通过拉链（Zipper）机制或触发（Trigger）机制完成的。“拉链机制”，病原体表面蛋白结合并激活宿主细胞表面受体，随后引起细胞骨架重排，包裹病原体进入细胞，最终使得细菌内化。该过程类似于巨噬细胞吞噬红细胞的经典拉链机制，几乎不引起细胞表面形变。“触发机制”，病原体在与细胞接触后，不一定需要膜受体，通过特殊分泌系统，如 T1SS、T2SS、T3SS、T4SS、T6SS，直接将毒力因子注入到细胞中引起细胞骨架重排和下游信号转导途径，使病原体进入细胞，最终使得细菌内化。与拉链机制相比，该过程引发大量肌动蛋白聚合，细胞骨架变构幅度较大，细胞膜表面形成大量皱褶包裹细菌，就像石头掉进水中激起的浪花，因而称之为“触发机制”。

（二）胞内菌在囊泡中的增殖与扩散

细菌利用细胞内吞作用（质膜的内陷和封闭）侵入宿主细胞，胞内细菌最开始在囊泡中生存，然后细菌必须“选择”：是在囊泡内还是进入细胞质生活。由于胞内菌已通过进化可利用这两种策略，每种策略都能使微生物具有对抗宿主的细胞防御机制，但每种策略都需要付出一定的代价（表3–2）。

表3–2　细菌在囊泡中存活的利与弊（与在细胞质中的存活相比较）

需要考虑的方面	利	弊
囊泡酸化与溶酶体融合	—	需要避免与溶酶体发生融合或者进化出抵抗溶酶体降解的能力
获取营养	—	细菌不能直接获取细胞质内的营养成分：需要进化转运机制，并通过囊泡膜的膨胀来增加表面的物质交换
微环境	与细胞质中的存活不同，细菌可在囊泡内创造有利于其生存的环境	—
天然免疫	因为受体在胞内或其他小室，所以可被先天免疫识别的许多致病模式被隐藏起来	—
适应性天然免疫	无论细菌在细胞质或胞内小室，利用不同的获得性免疫策略确保提高细菌抵抗所有抗原的免疫反应	—
自噬	保护病原体免受泛素化和随后的自噬	细胞内的小室也会发生自噬，所以仍需要抵消宿主的这种防御机制，或者用它来传播

—：表示“无”。

所有可在囊泡存活的细菌面临着相同的挑战：逃避宿主细胞免疫防御机制的破坏、有限利用宿主细胞资源、增大囊泡的体积以容纳胞内菌的繁殖、细菌成功复制并排出胞外之前确保宿主细胞存活。

邻近细胞或者新的宿主为感染细菌需要逃离囊泡。细菌逃离囊泡的过程需要三个步骤：囊泡膜与质膜的融合、质膜破裂或者囊泡从细胞中挤出，囊泡膜破裂。沙眼衣原体逃离上皮细胞可能采用上述过程后两个步骤。研究发现海分枝杆菌能够从吞噬体转移到细胞质中，并且显示出依赖肌动蛋白的运动性。

（三）胞内菌在细胞质中的生活周期

为了在宿主细胞内生存和复制，致病菌除了可在密闭的囊泡结构中建立侵袭生态位之外，还可逃至细胞质中。接下来，我们重点介绍致病菌在细胞质内生存和逃离的致病机理以及致病菌抵抗宿主防御的生存策略。

在感染过程中，细胞内致病菌可以被吞噬细胞所摄取（例如大量无乳链球菌被罗非鱼巨噬细胞吞噬），或者主动侵袭上皮细胞（例如溶藻弧菌对文蛤肠上皮细胞的侵袭）。通过内化作用，致病菌可以短暂或永久地位于吞噬体的囊泡结构中。吞噬体的形成需经历一系列过程，这个过程包括内体的融合及吞噬体成熟的过程。吞噬体和溶酶体融合可形成吞噬溶酶体，吞噬溶酶体会破坏摄取的致病菌。但是海分枝杆菌等一些致病菌可干扰吞噬溶酶体的生物合成，并形成复制囊泡。此外，海分枝杆菌还进化出从吞噬体逃至细胞质的策略，可避免吞噬溶酶体对其的破坏。为了逃避细胞质内的免疫应答，致病菌一旦进入细胞质必须从周围（细胞内）获得充足的营养，并扩散到新的宿主细胞进行持续性感染。

1. 逃离囊泡

逃离囊泡是细胞内致病菌生命周期的一个关键步骤。这是细菌主动进行的过程，病原菌进入细胞质依赖于分泌蛋白，而分泌蛋白的产生是由囊泡中特定环境因素所引起的。海分枝杆菌可引起鱼和青蛙的全身性结核样疾病，对人体表现为局部损害。其可感染宿主的巨噬细胞，引起结节状肉芽肿。在吞噬溶酶体融合之前，海分枝杆菌通过阻止吞噬体成熟得以在宿主的巨噬细胞中存活；海分枝杆菌也可以从吞噬体中逃离至细胞质，并且显示出依赖肌动蛋白的运动性。

2. 细菌可利用宿主的肌动蛋白在细胞内和细胞间运动

许多胞内菌病原体从吞噬体逃离至细胞质后，可以引起基于肌动蛋白的运动活性。肌动蛋白通过聚合作用，驱使细菌穿过细胞质进入邻近的细胞。细胞间的直接传播可以使病原菌避开宿主细胞的免疫应答。目前研究的病原体都可以利用 Arp2/3 复合物促进肌动蛋白聚合，Arp2/3 复合物是宿主细胞采用的一种十分保守的分子机制，可使肌动蛋白纤维发生成核作用，并形成分枝状结构。已证明海分枝杆菌可通过招募 WASP 引发肌动蛋白聚合，WASP 是一种可在巨噬细胞和其他血液细胞中特异性表达的宿主成核促进因子。WASP 分布在细菌肌动蛋白聚合的极点，这表明其在海分枝杆菌运动中发挥作用。Arp2/3 复合物遍及整个肌动蛋白尾巴，与肌动蛋白结合蛋白相似。运动过程中海分枝杆菌可能利用 WASP 和 Arp2/3 复合物使肌动蛋白聚合成核。

3. 细菌在细胞质中的复制

细胞质中是否允许细菌生长？关于这个问题的答案目前尚不清楚，部分原因是因为对细胞质内容物的成分和不同细胞类型中细胞质内容物的变化知之甚少。

细菌基因的鉴定和细菌生长的营养需求有助于了解细胞质中的营养成分，细菌生长的营养需求对于细菌在细胞质中的复制非常重要。对李斯特菌（*Listeria* sp.）营养缺陷型突变体的研究结果表明，细菌在细胞质中的复制受到芳族氨基酸、苏氨酸和腺嘌呤的限制。还需进一步的深入研究以全面揭示细胞内成分，从而了解细胞质内病原菌的营养需求。

细菌在细胞质中的生长也取决于不同的细胞类型。研究表明，鼠伤寒沙门氏菌 SifA 蛋白是维持含沙门氏菌的囊泡（SCV）所需的细菌 III 型分泌系统效应蛋白，SifA 蛋白突变体可在上皮细胞的细胞质中进行复制，但不能在巨噬细胞内繁殖。这在一定程度上可以解释为什么胞内菌占据宿主体内不同的细胞生态位。土拉弗朗西斯菌优先栖居于巨噬细胞，立克次氏体在内皮细胞复制，弗氏志贺菌在人肠道上皮细胞内增殖。与此不同的是，单核细胞增多性李斯特菌和伪鼻疽伯氏菌在其生命周期中既能感染吞噬细胞，也能感染非吞噬细胞。

六、细菌对宿主防御系统的抵抗

细菌感染后或者被宿主的天然免疫系统清除，或者能够逃避宿主的免疫防御机制而导致宿主发病。细菌病原体逃避宿主先天免疫系统的机制有多种，这些机制包括：利用宿主的营养物质、抑制中性粒细胞的趋化作用和吞噬作用、逃避补体系统、对活性氧和抗菌肽产生抗性、诱导或者抑制宿主细胞凋亡或其他形式的死亡。

（一）细菌对宿主营养物质的利用——以铁离子的利用为例

铁是细胞色素及过氧化氢酶的组成成分，为细菌生长、繁殖所必需。在炎症期间宿主血清中的铁离子水平降低，宿主体内的转铁蛋白和乳铁蛋白对铁有高的亲和力，从而限制了致病菌对铁离子的利用，因此，致病菌必须与宿主竞争利用铁离子。在缺乏铁离子的条件下，与非致病菌相似，许多致病菌，如创伤弧菌、鳗弧菌等，可分泌铁离子螯合剂－铁载体，铁离子螯合剂有助于细菌利用铁离子，甚至微量的铁离子。宿主的噬铁蛋白通过与螯合剂紧密结合，以对抗各种致病菌的儿茶酚铁载体。但致病菌可通过一种或多种方式逃避宿主的这种防御机制：如分泌不被噬铁蛋白结合的其他载铁体，利用血红素作为铁离子来源以及进行铁离子的运输。细菌的铁离子吸收系统可根据细菌对铁的总需求量进行调控，或根据周围环境中含铁化合物的供给进行微调。铁离子缺乏也是许多致病菌产生毒素和其他毒力因子的信号。细菌由于具有多个铁离子吸收系统，因此，当一种铁离子供给系统处于关闭状态时，细菌毒力通常仅轻度减弱。

（二）细菌逃避补体系统

细菌感染首先需要突破宿主的非特异性免疫系统。在细菌病原进入宿主后，宿主的补体系统立刻被激活，补体系统是宿主抵抗细菌病原的必需成分。有三种途径可以激活补体系统：经典途径、凝集素途径和旁路途径。补体激活后能促进吞噬细胞破坏有补体标记的微生物，使微生物溶解，并引起下游的促炎性反应。疫苗接种或预先暴露于特定微生物则不需要补体系统即可清除入侵的微生物。

由于补体系统是一种连接先天性免疫与获得性免疫的古老的第一线防御机制，所以许多病原菌进化出逃避补体的策略。这些策略包括对初始补体活化、C3 转化酶（血清中最丰富的补体蛋白）的功能以及膜攻击复合物的插入进行干扰，通常不同的细菌可共享这些逃避补体系统的策略。

（三）细菌对宿主防御肽的抗性

宿主防御肽（HDP）是生物体产生的抵御微生物入侵的第一道防御屏障，主要由阳离子或者两性分子组成。宿主防御肽一般存在于宿主与微生物接触的界面，如宿主的上皮细胞层等。最初认为宿主防御肽可通过其抗菌活性达到直接抑制微生物的作用，但目前发现宿主防御肽还具有许多其他功能，如促进巨噬细胞活化、趋化因子释放、封闭靶细胞上的病原受体等多种免疫调节功能。

对宿主防御肽的抗性可以增加病原体的存活概率和 / 或致病性。细菌基本上是通过排斥（改变细胞的静电荷排斥宿主防御肽）、降解（分泌蛋白酶降解宿主防御肽）、隔离（利用胞外荚膜、分泌蛋白、表面吸附分子等阻断宿主防御肽的摄取）和驱逐（利用能量依赖性外排泵等从细胞中驱逐宿主防御肽）等特定方式发挥对宿主防御肽的抗性，只有个别菌种对宿主防御肽的抗性作用方式不同。细菌对宿主防御肽的抗性作用方式是基于宿主防御肽的共同特征，如宿主防御肽的电荷或多肽性质。不同细菌对宿主防御肽的抗性作用机制各不相同，并且细菌也不能对所有的宿主防御肽产生抗性。

（四）细菌诱导宿主细胞死亡

细胞死亡是细胞发育、体内平衡和免疫调节的关键过程，细胞死亡的失调常与多种疾病有关（表 3–3）。

表 3–3　调节宿主细胞死亡的细胞效应分子

细菌	效应蛋白	细胞死亡
III 型分泌系统		
溶藻弧菌	Va1686	细胞凋亡
副溶血弧菌	VopS	细胞凋亡
溶细胞毒素		
嗜水气单胞菌	肠毒素	细胞凋亡、坏死
金黄色葡萄球菌（Staphylococcus aureus）	α– 溶血素（Hia）	细胞凋亡、坏死
副溶血弧菌	耐热直接溶血素（TDH）	细胞凋亡
创伤弧菌	溶细胞素（WC）	细胞凋亡
	溶血素（WH）	细胞凋亡
	RtxA 毒素	细胞凋亡
超抗原		
金黄色葡萄球菌	金黄色葡萄球菌肠毒素（SEa）	细胞凋亡

1. 细胞凋亡

凋亡是一种程序化的使细胞成为凋亡小体的细胞死亡途径，凋亡小体随后被周围的细胞和巨噬细胞识别和吞噬。两类进化上相对保守的蛋白家族参与细胞凋亡，这两类蛋白家族分别Bcl-2（B细胞淋巴瘤2）蛋白家族和半胱天冬酶家族。Bcl-2蛋白家族参与线粒体完整性的调节，半胱天冬酶即半胱氨酰天冬氨酸特异性蛋白酶，它可介导细胞凋亡的执行。在细菌感染过程中，宿主细胞通过细胞凋亡的机制来破坏病原菌的复制点。但病原菌已经进化出防止细胞凋亡的几种策略，这些策略包括：通过保护线粒体防止释放细胞色素c，激活细胞存活通路，防止半胱天冬氨酸酶活化等。此外，细胞凋亡对病原菌也有益，病原菌可通过诱导感染细胞发生凋亡而有利于全身感染，也可通过细胞凋亡杀死未感染的免疫细胞从而逃避宿主的免疫防御。

2. 细胞焦亡

细胞焦亡也是调控细胞死亡的形式，它在形态学和生化特性上都与细胞凋亡不同。与细胞凋亡的非炎症特性和膜结合凋亡小体的吞噬摄取作用相比，细胞焦亡的特征是细胞质膜的快速破裂和释放促炎性细胞内容物。发生细胞焦亡与炎症过程中的抗菌反应有关，caspase 1被炎性体激活，炎性体也被称为焦亚小体（pyroptosome）。caspase-1缺陷型小鼠更易受细菌的感染，因此细胞焦亡被认为可对宿主应对细菌感染提供广谱的保护作用。

3. 细胞坏死

细胞坏死是由于细胞受到损伤而死亡，细胞坏死的特点是细胞和胞质细胞器肿大，质膜破裂释放细胞内容物到周围环境，这个过程对许多细胞是促炎性反应。细胞坏死可有多种因素引起，一般认为是偶然或被动的细胞死亡，如细菌的穿孔素可使宿主细胞的质膜穿孔，使得渗透压失衡导致细胞溶解。

4. 细胞自噬

自噬是细胞质内容物进入溶酶体后被降解的过程。自噬有3种类型，分别是大自噬、小自噬和分子伴侣介导的自噬，其中研究最广的是大自噬。分子伴侣介导的自噬需要将细胞质蛋白直接转运穿过溶酶体膜。这个过程需要伴侣蛋白对蛋白质进行折叠。小自噬是溶酶体膜向内凹陷，将包裹的小部分细胞质转运到溶酶体腔。大自噬（即本节中所指的自噬）是一种进化上保守的分解代谢途径，真核生物可通过该途径降解或循环利用细胞组分，这个过程是在特定的双层膜的囊泡中隔离蛋白和细胞器实现的，该囊泡被命名为自噬体。自噬的基础水平可确保维持细胞内稳态，此外许多研究表明自噬在细胞应激、分化、发育和细胞寿命等许多重要的细胞过程中具有不同功能。因此自噬与许多不同的疾病相关也就不足为奇了。

第三节　真菌感染与致病机制

水生动物真菌感染有多种原因，且绝大多数病原都是条件致病性真菌，只有当机体免疫功能低下或其他原发性病害而继发感染。常见真菌感染导致的鱼类水霉病暴发需要两个条件：①病原真菌适宜的繁殖环境，如水质和水温，其中水温更为关键，主要病原如水霉属、绵霉属和丝囊菌属的种类一般适宜水温 12 ～ 25℃；②水生动物有其他原发性疾病，如鱼类体表受伤（拉网、搬运、体表或鳃上寄生虫叮咬、细菌或病毒导致体表出血溃疡等），或养殖不当导致鱼体免疫力低下时，水霉的游动孢子、卵孢子及体表黏液上的真菌菌丝在鱼类体表受损处繁殖而感染，未受精的鱼卵也容易导致真菌感染并累及周边健康受精卵。

水霉科中鱼类致病真菌的孢子在伤口处附着萌发形成菌丝，菌丝可分为内菌丝和外菌丝，内菌丝纤细分枝较多并侵入鱼体组织向内生长，菌体不断分泌蛋白分解酶类分解鱼体蛋白质，致使肌肉纤维坏死，刺激机体分泌大量黏液，同时菌体吸收营养物质后向外生长，形成肉眼可见灰白色絮状外菌丝，外菌丝粗壮分支较少。受感染的病鱼浮游水面，食欲减退，最后瘦弱死亡。鳃霉科中危害较大的穿移鳃霉菌丝可沿鳃丝血管生长或穿入软骨，导致鳃出血或贫血，鳃上皮细胞坏死脱离而形成“花斑鳃”。在虾蟹育苗区，常有链壶菌目中的链壶菌感染卵和幼体，特别对溞状幼体危害较大，感染初期幼体活力下降，不摄食，趋光性降低，后期个体呈灰白色而肌肉棉花状，弯曲分支的菌丝布满幼体全身而逐渐沉底死亡。危害虾类的真菌还有镰刀菌，该类真菌主要寄生于虾的鳃、头胸甲、附肢和体壁等部位，导致组织黑色素沉淀而呈黑斑或褐斑，寄生于鳃上时称为“黑鳃病”。

思考题：

1. 病毒致病的影响因素有哪些？
2. 简述病毒进入宿主细胞的方式。
3. 病毒的感染类型有哪些？
4. 病毒体内播散途径有哪些？
5. 病原菌对宿主的致病性由哪些因素决定？
6. 简述内毒素和外毒素的区别。
7. 简述胞内菌和胞外菌的致病机制的主要差异。

第四章
水生动物免疫

随着水产养殖产业在全球范围的迅速发展，水产养殖动物的病害问题日益严重，在疾病的防控过程中，越来越多的研究集中在了水产动物免疫上，以期利用水产动物自身的免疫防御能力来控制疾病，并减少药物的使用。水产动物多数为无脊椎动物或是低等的脊椎动物，在免疫系统发育进化上的分类地位也很特殊，是良好的易获得的实验材料，这也是近年来水产动物免疫发展快速的原因之一。

第一节　鱼类免疫

鱼类是终身在水中生活，用鳃呼吸，用鳍作为运动器官，大多体被鳞片的变温脊椎动物。全世界鱼类约 32000 余种，根据进化程度，一般分为无颌类和有颌类，其中无颌类主要是指原口类如盲鳗、七鳃鳗等，有颌类包括软骨鱼类和硬骨鱼类。与无脊椎动物比较，鱼类的免疫进化有了重要突破，出现了淋巴样组织、淋巴组织和器官以及各种免疫细胞和分子，免疫系统逐步完善，不仅具有非特异性免疫，也进化出了抗体，具有特异性免疫。人类对鱼类免疫研究的模式和结果与人类对自身和哺乳动物免疫研究的也很相似，具有相互借鉴作用。有鉴于此，近年来，鱼类免疫研究进展很快，涉及多种海水或淡水鱼类。本节的鱼类免疫为硬骨鱼类的免疫。

一、鱼类的免疫系统

鱼类是首先进化出获得性免疫系统来完善固有免疫功能的生物，无颌鱼类产生了 MHC 的原体 LRR（leucine-rich repeat）作为淋巴细胞受体，以及 VLR（varialde lymphogte receptors）的免疫球蛋白。有颌鱼类则在此基础上，进化出了从软骨鱼的性腺胚、睾丸间质、胸腺和脾等免疫组织到硬骨鱼类的头肾、胸腺、脾等同高等哺乳动物类似的中枢免疫系统和外周免疫系统，逐渐有了分化分明的 T、B 细胞，能产生 IgM、IgD、IgZ/T 等多种类型的免疫球蛋白。硬骨鱼的特异性免疫在进化上是萌芽期，其免疫系统的发生发育对于研究免疫系统的进化有着重要作用。

（一）免疫器官和组织

硬骨鱼类没有骨髓和淋巴结，胸腺、肾脏和脾脏、黏膜淋巴组织是鱼类最主要的免疫组织和器官。鱼类的红细胞、淋巴细胞等血液细胞主要是由肾脏和脾脏产生的，在肝脏、胰脏、肠黏膜和生殖腺等组织中发育到一定的阶段后就进入循环血液，并继续发育。因此，在正常情况下，在鱼类的血液中可观察到发育早期和其他阶段的各类细胞。

1. 胸腺

胸腺是鱼类重要的免疫器官，是淋巴细胞增殖和分化的主要场所。鱼类胸腺起源于胚胎发育的咽囊，在免疫组织的发生过程中最先获得成熟淋巴细胞，一般被认为是鱼类的中枢免疫器官。$CD4^+$ 和 $CD8^+$ 的 T 淋巴细胞同时出现在胸腺中，说明硬骨鱼类的胸腺是 T 淋巴细胞发育的器官，在鱼类免疫应答中的作用可能是参与 T 淋巴细胞的成熟，主要承担细胞免疫的功能。鱼类胸腺在发育过程中与头肾逐渐靠拢，并伴随有明显的细胞迁移发生。

鱼类的胸腺位于鳃腔背后方，表面有一层上皮细胞膜与咽腔相隔，有效地防止了抗原性或非抗原性物质通过咽腔进入胸腺实质。鱼类胸腺是由胸腺细胞、原始淋巴细胞和结缔组织组成的致密器官，其外围包有一层被膜。鱼类胸腺可分为内区、中区和外区，其中内区和中区在组织结构上分别类似于高等脊椎动物胸腺的髓质和皮质 。其中淋巴细胞、淋巴母细胞、浆母细胞、分泌样细胞以及巨噬细胞、肌样细胞和肥大细胞分布于由网状上皮细胞形成的基质网孔中。

鱼类胸腺随着性成熟和年龄的增长可发生退化，胸腺的寿命在不同的鱼类中差异甚大。在低等的真骨鱼中，性成熟时胸腺即已退化，但是，在高等真骨鱼类中，则在性成熟后还可存在数年，甚至还能继续生长。大西洋鲑孵育后的几星期内，胸腺的发育比其他淋巴组织和身体的其他组织都快。在 2 月龄时，胸腺的发育相对体重而言达到了最高峰，以后随着年龄的增长，其发育速度则相对减慢，至 9 月龄时，胸腺出现了退化现象。草鱼从鱼苗到 I 龄或Ⅱ龄，其胸腺内淋巴细胞增殖较快，可以说是草鱼免疫系统发育成熟的重要时期。I 龄以上的草鱼开始出现年龄性胸腺退化现象，胸腺中淋巴细胞数量相对减少、结缔组织增生、脂肪组织增生。在一年内各月间胸腺细胞的数量、胸腺大小及其各区间的比例也呈现出规律性的变化。

2. 肾脏

鱼类的头肾兼具造血、免疫和内分泌功能，造血功能类似于哺乳动物的骨髓，免疫功能类似于哺乳动物的淋巴结，而内分泌功能等同于哺乳动物的肾上腺。不同鱼类的头肾在形态上差异较大。有些鱼类头肾和体肾间无明显界限，如鲑鳟鱼类、牙鲆、四指马鲅（*Eleutheronema tetradactylum*）、尼罗罗非鱼的头肾呈暗红色，与体肾无明显界限；花尾胡椒鲷（*Plectorhinchus cinctus*）、花鲈、驼背鲈（*Chromileptes altivelis*）、草鱼、条石鲷（*Oplegnathus fasciatus*）和红笛鲷（*Lutjanus sanguineus*）、鳜（*Siniperca chuatsi*）的头肾虽有心腹隔膜与体肾隔开，但头肾基部与腹腔内体肾前端相连。有些鱼类头肾与体肾、两叶头肾之间明显分离，如南方鲇（*Silurus meridionalis*）、鲻（*Mugil cephalus*）的头肾与体肾明显分离，且头肾的左右两叶不相连。也有些鱼类头肾可分为多叶，如鲤的头肾分为左右对称的两叶，但每一叶又可分为一近三角形和一近四边形的前后两小叶。

硬骨鱼类的头肾在胚胎时期具有泌尿功能，但随着年龄的增长，多数鱼类头肾的泌尿机能逐渐丧失，被淋巴髓样组织充填；仅少数成鱼的头肾中仍保留了肾单位，如弹涂鱼（*Periophthalmus cantonensis*）的头肾中有肾单位、尼罗罗非鱼的头肾中有少量肾小管。作为淋巴 - 肾上腺组织，头肾除具有大量淋巴细胞外，还有肾上腺，肾上腺的肾间组织细胞与淋巴细胞分界明显，由网状纤维分隔成小叶。其含有致密的血管网，包括许多造血组织和淋巴细胞丛以及黑色素巨噬细胞（Melano-macrophages）和淋巴细胞。B 淋巴细胞主要分布于鱼类头肾造血细胞和粒细胞生成的细胞群中，与黑色素巨噬细胞中心（MMC）和血管紧密相连，在免疫防御中起协同作用。头肾中的黑色素巨噬细胞中心被认为参与了抗原递呈、铁离子回收、异物清除等免疫生理过程，其数量、色素颜色及形态等可反映鱼体的年龄、应激状态和疾病状态。如黄绿色的脂褐素是过氧化产物，可能产生自由基，并反映组织分解；棕色或黑色的蜡样黑色素常见于巨噬细胞溶酶体中，可能暗示细菌感染；棕色至黑色颗粒样的含铁血黄素可反映红细胞破坏。黑色素细胞中心的形态、大小以及细胞成分随种类、器官、性别、季节的不同而有差异。

3. 脾脏

有颌鱼类才出现真正的脾脏，软骨鱼类脾脏大，分化有红髓和白髓，硬骨鱼类没有明显界限。健康鱼通常只有一个脾脏，棱角分明，暗红或黑色，被膜有弹性，具有造血和免疫功能。脾脏是红细胞、粒细胞产生、储存和成熟的主要器官，可为鱼类机体提供充足的血液和大量免疫细胞。作用有参与体液免疫和炎症反应，对内源或外源异物进行储存、破坏或脱毒，作为记忆细胞的原始生发中心，保护组织免受自由基损伤。脾脏也是主要的造血器官，能产生血细胞、内皮细胞、网状细胞、巨噬细胞和黑色素巨噬细胞，当硬骨鱼受到一定的外源刺激时，其脾、肾等免疫器官可产生大量的黑色素巨噬细胞，进而可通过与抗体和淋巴细胞相结合来调节机体免疫机能。

4. 黏膜免疫相关组织

黏膜相关淋巴组织（MALT）在鱼类体液和细胞免疫中的作用，目前已引起免疫学家的重视，鱼的 MALT 由弥散的淋巴细胞组成，缺乏具有完整包膜的淋巴结构；不具有 IgA，其作用主要由特殊的 IgT/Z 完成，IgM 也起到一定作用；鱼类黏膜上具有与哺乳动物迥异的微生物群落，参与其免疫机制的建立。硬骨鱼的主要黏膜相关淋巴组织是肠道相关淋巴组织（gut-associated lymphoid tissue, GALT）、鳃相关淋巴组织（gill-associated lymphoid tissue, GIALT）、皮肤相关淋巴组织（skin-associated lymphoid tissue, SALT）和鼻咽相关淋巴组织（nasopharynx-associated lymphoid tissue, NALT）。黏膜中含有多种免疫细胞，且富含粘蛋白、抗菌肽和免疫球蛋白等免疫分子，它们在固有免疫和特异性免疫应答中发挥重要作用。鱼的 GALT 缺少像哺乳动物一样的完整的淋巴结结构，在肠道上皮层和黏膜固有层散在分布着多种免疫细胞，肠道黏膜上皮内淋巴细胞主要为 T 细胞，固有层有 B 细胞分布。鱼的 SALT 是黏膜淋巴组织，在硬骨鱼皮肤上皮细胞之间，有大量分泌细胞和免疫细胞存在。鱼的 GIALT 中富含免疫分子和免疫效应细胞，前者包括抗菌肽、急性反应物质和与 GALT、SALT 中相似的细胞因子，后者包括淋巴细胞、巨噬细胞、嗜酸性粒细胞、中性粒细胞和抗体分泌细胞等。

鱼类的黏液中含有能抑制寄生物在体表生长和寄生的一些因子，如溶菌酶等。黏液中存在的糖蛋白在水中形成膨胀结构，可将微生物封闭并失去活动能力。加之黏液的不断脱落和补充，能防止细菌的生长繁殖，阻止异物的沉积。鱼类黏液的一大特点，就是含有特异性抗体。鱼类的抗体除在血液中、肠道中存在外，最主要的则分泌到体表的黏液中，起着特异性防护作用。

5. 皮肤及微生物

鱼类鳞片的基部下达真皮的结缔组织，向外伸出表皮外。有些鱼类的鳞片穿透黏液层，而有些则仍保持为表皮和真皮所覆盖。鳞片对鱼体首先是一个机械性的保护作用。鳞片的脱落必定造成表皮的损伤，这就为病原体的入侵打开了门户，引起表皮炎症和感染。表皮层位于黏液层下，由四层细胞组成，最外层为鳞状扁平上皮细胞层。鱼类的表皮层不出现脱落的死细胞层，在该层下面，就可见到有丝分裂。这一点是鱼类和哺乳动物所不同的。真皮位于基底膜下，是皮肤的另一层保护屏障。这层皮肤由散布着黑素细胞的结缔组织组成，同时布有毛细血管，这有利于鱼类的体液免疫功能。

皮肤及黏膜上共生的微生物，从严格意义上来说，共生的微生物不能算是鱼体的免疫保护屏障，但其存在可有助于屏蔽有害微生物的侵袭，保护黏膜及皮肤的完整。

（二）免疫细胞

免疫细胞是指参与免疫应答或与免疫应答相关的细胞，包括淋巴细胞、树突状细胞、单核 / 巨噬细胞、粒细胞等。鱼类免疫细胞根据其功能可分为固有免疫细胞和适应性免疫细胞。固有免疫细胞包括单核一巨噬细胞、中性粒细胞、嗜酸粒细胞、嗜碱粒细胞、树突状细胞、自然杀伤细胞、γδT 细胞、Bl 细胞。适应性免疫细胞包括 T 细胞和 B 细胞。某些固有免疫细胞有抗原提呈的功能，又统称为抗原提呈细胞（antigen-presenting cell，APC），如巨噬细胞、树突状细胞。

1. 单核-巨噬细胞

吞噬细胞是具有吞噬、杀伤功能的一类细胞，由血液中的单核细胞、各种粒细胞和组织器官中的巨噬细胞组成。鱼类吞噬细胞是组成非特异性防御系统的关键成分，不仅在固有免疫中发挥重要作用，而且在适应性免疫中也是不可缺少的细胞，广泛参与免疫应答、免疫效应和免疫调节，在抵御微生物感染的各个阶段发挥重要作用。其中巨噬细胞有多种功能，且易获得易培养，是研究细胞吞噬、细胞免疫和分子免疫学的重要对象，包括定居和游走的两类。

鱼类巨噬细胞容易从血液分离出来，可利用巨噬细胞具有黏附性且在培养液中可存活数周的特性，可获得高纯度可培养的巨噬细胞。鱼类巨噬细胞呈单核，非特异性脂酶阳性，过氧化物酶阴性，能分泌氧和氮的自由基，杀死病原及被感染的细胞。

鱼类巨噬细胞主要功能有：①杀伤和清除病原体的作用。巨噬细胞表面表达三类受体，即模式识别受体、调理性受体、细胞因子受体，分别介导巨噬细胞对病原体的吞噬作用；促进巨噬细胞与抗体的结合或介导巨噬细胞对补体分子黏附的病原体的吞噬作用；被招募至感染或炎症部位，活化后增强其杀菌和分泌功能，发挥抗感染作用。②参与炎症反应和免疫调节。巨噬细胞胞内的溶酶体，能产生溶菌酶、抗菌肽、蛋白酶、核酸酶、脂酶和磷酸酶等裂解破坏病原体，活化的巨噬细胞还可分泌 IL-8 等趋化因子和 IL-1 等促炎因子参与和促进炎症反应，分泌 IFN-γ、IL-10 等多种细胞因子发挥免疫调节作用。③杀伤胞内寄生菌、肿瘤等靶细胞。被 LPS 或 IFN-γ 等细胞因子激活的巨噬细胞，还能通过吞噬作用有效杀伤胞内寄生菌、肿瘤细胞和病毒感染细胞。④提呈抗原启动适应性免疫应答。作为专职 APC，巨噬细胞表达的 MHC Ⅰ、MHC Ⅱ类分子能将外源性抗原加工处理成抗原肽提呈给 T 细胞，启动适应性免疫应答。

2. 粒细胞

鱼类粒细胞分为中性粒细胞、嗜酸性粒细胞、嗜碱性粒细胞。中性粒细胞和嗜酸性粒细胞较常见，嗜碱性粒细胞较少见。粒细胞最显著的特征是在胞质中存在颗粒，这些颗粒可被苏木精或伊红染成红色（嗜酸性）、蓝黑色（嗜碱性）或红紫色（中性）。中性粒细胞是体内主要的小吞噬细胞，其存活期短数量多，机动性强，一旦局部组织受到病原体的侵袭，它们会离开血液循环，进入外周组织消灭入侵物，是典型的炎症细胞。中性粒细胞胞质中的中性颗粒多是溶酶体，细胞表面也有多种趋化因子受体、模式识别受体和调理性受体，功能和巨噬细胞类似，虽然吞噬活性没有巨噬细胞强但由于其数量巨大，局部清除细菌的作用更大。中性粒细胞没有抗原呈递功能。

3. 非特异性细胞毒性细胞

鱼类中存在着非特异性细胞毒性细胞（nonspecific cytotoxic cells, NCCs）功能上等同于哺乳动物的自然杀伤细胞（NK 细胞）。鱼体内的非特异性细胞毒性细胞可根据大小、形态与淋巴细胞区别开来。用单克隆抗体对自然杀伤细胞的受体分析的结果表明，肾、腹腔中 NCCs 最多，血中较少，肾脏中的 25% ~ 29% 的细胞、脾脏中的 42% ~ 45% 的细胞、末梢血液中的 2.5% 细胞具有这种特性。NCCs 与靶细胞接触后，通过自身产生的淋巴毒素杀伤、破坏靶细胞。与哺乳动物的 NK 细胞相比，鱼类 NCCs 小而无颗粒，细胞核呈多形性，其靶细胞包括肿瘤细胞、寄生原生动物等。

4. 树突状细胞

树突状细胞（Dendritic cell, DC）是最重要的专职抗原呈递细胞。作为天然免疫的重要组成部分以及联系天然和适应性免疫的纽带，DC 广泛参与机体免疫激活、免疫耐受、肿瘤和自身免疫疾病发生等过程。在哺乳动物和鱼类中 DC 的功能和表型是保守的，鱼类的 DCs 有经典 DCs 的形态和相似的功能，不同鱼类 DCs 的分子标记也不尽相同。鱼类 DCs 具有吞噬细菌、刺激 T 细胞增殖、诱导 CD4+T 细胞的活化、表达 DCs 的标记基因、被 Toll 样受体的配体激活、迁移能力、引起混合淋巴细胞反应等生物学功能；不同鱼类 DCs 的分子标记并不完全一样；鱼类的头肾、肾、鳃、皮肤、胸腺、脾、肠等均有 DCs 的分布。斑马鱼的 DCs 是具有独特形态的细胞，细胞胞体向外伸出多个突起，这些突起在长度、宽度、形态和数目上都不同，胞体形态不规则，细胞核呈椭圆形或肾形，整体呈现星形或细长的细胞形态。斑马鱼 DCs 除了具有典型的 DCs 形态外，还具有吞噬细菌的能力，高表达与 DCs 相关的基因，例如 IL-12p40、CSF-1R 和 ICLP1，而且 PNAhi DCs 具有刺激 T 细胞增殖的能力。鱼类 DC 能够显著活化抗原（KLH）反应性 Naïve

CD4+ Th 细胞（CD4+ TKLH），而 DC 表面分子 CD80/86、CD83 和 DC-SIGN 在 CD4+ Th 细胞活化中发挥重要作用。

5. T淋巴细胞

通过淋巴细胞表面分子标记 CD4 和 CD8 可以将鱼类的 T 细胞分为辅助性 T 细胞和细胞毒性 T 细胞两种主要亚群。CD4 和 CD8 分子分别通过与自身 MHC I 类分子和Ⅱ类分子的恒定区结合，加强 T 细胞与 APC 或靶细胞的相互作用以及 TCR-CD3 信号的转导。$CD8^+$ 细胞毒性 T 细胞结合 MHC I 类分子，识别内源性抗原。$CD4^+$ 细胞结合 MHC II 类分子，识别外源性抗原。$CD4^+$ 细胞可以诱导产生二次免疫抗体。参与 T 细胞活化的主要是蛋白激酶和蛋白磷酸酶，通常前者在信号转导的上游发挥作用，后者在下游发挥作用，并直接作用于转录因子。IL-2、核转录因子 NF-κB 的活化和表达在 T 细胞的活化中发挥重要作用。T 细胞介导 MHC 递呈的抗原信号后需要 CD28 或 APC 表面的配体分子结合才能被真正激活。目前仅在少数硬骨鱼类中报道过 CD28 分子，对其具体生物学功能还知之甚少。

6. B淋巴细胞

B 细胞对抗原的识别通过 B 细胞抗原受体 BCR 实现，可以识别多种抗原，不存在 MHC 类分子的限制条件。BCR 是一种膜型免疫球蛋白 mIg，辅助作用的受体有 CD19、CD21、CD81 等，在鱼类中研究较少。鲤科鱼类的 IL-4、IL-13 可以促进 B 淋巴细胞增殖和 IgM 的分泌。IL-10 与 B 淋巴细胞的活化有关，B 淋巴细胞活化因子 BAFF 可以刺激 IL-10 和 NF-κB 的转录和表达。目前硬骨鱼（虹鳟鱼、斑点叉尾鮰、鲫鱼等）的研究资料表明鱼类的 B 细胞的成熟、分化与应答与哺乳类的相似。比较特殊的是，虹鳟鱼经过抗原（LPS）诱导静息期 B 细胞发现，头肾和脾脏均能产生大量的浆细胞，而外周血单个核细胞（Peripheral blood mononuclear cell, PBMC）却未检测到浆细胞的存在。由于鱼类 LPS 的识别主要依赖于模式识别受体 PAMP，这一现象提示鱼类 B 细胞对抗原的识别与哺乳类有所差异。此外，近来还发现虹鳟的部分 B 细胞具有较强的吞噬能力，而且吞噬后通过降解途径形成融合的吞噬溶酶体，进而杀灭其中的细菌。鱼类的 B 细胞功能上类似于哺乳类的 B1，膜表面表达单体 IgM，以五聚体 IgM 形式分泌。哺乳类的 B1 在发育中的前体细胞“双能 B 巨噬细胞”及鱼类 B 细胞的吞噬活性有力地说明 B

细胞与巨噬细胞在进化中的关联性。

（三）免疫分子

1. 抗体

免疫球蛋白是作为B细胞上的膜结合受体或以分泌形式产生的糖蛋白，被称为抗体。硬骨鱼体内存在三种免疫球蛋白亚型，即IgM、IgT和IgD，每种亚型均包含两条相同的重链和两条相同的轻链。硬骨鱼类和高等脊椎动物产生免疫球蛋白多样性的基本机制相似包括通过VDJ重组、连接灵活性、核苷酸的添加以及轻链和重链的组合结合导致的B细胞免疫前基因库多样化、免疫后基因库在克隆扩增期间经历体细胞超突变等。IgM和IgT的整体结构通常在物种间保持不变，而IgD的结构种类繁多。IgM是系统免疫和黏膜免疫的主要反应分子，在不同的硬骨鱼类中含量差别很大。IgT被认为是主要的黏膜Ig。

（1）IgM

IgM是一种主要抗体，除了裂鳍鱼、腔棘鱼外，存在于所有有颌脊椎动物中。IgM在先天性（天然抗体）和适应性免疫中都发挥着作用，主要功能包括补体激活、调理、吞噬凝集、抗体依赖性细胞介导的细胞毒性和去除病原体。在个体发育过程中，IgM是第一个表达的Ig亚型。在斑马鱼中，最早的IgM^+B细胞出现在受精后20 d左右，而在虹鳟鱼胚胎中，在孵化前12 d左右首次观察到淋巴细胞表达IgM。

鱼类IgM的重链有4个保守的Ig区，由外显子μ1-μ4编码。在硬骨鱼IgM的跨膜形式中，Cμ3直接拼接到TM1，没有Cμ4结构。IgM是硬骨鱼血清中发现的主要型，通常以约800 kDa的四聚体形式表现，但硬骨鱼IgM在不同聚合状态下表现出显著的结构多样性，包括单体、二聚体、三聚体和四聚体。鱼的IgM缺少J链，通过链间二硫键和非共价键形成多聚体。在虹鳟鱼中，发现二硫键的程度与抗体对抗原的亲和力和更长的半衰期有关，并与抗体的功能（如与FcR结合和补体激活）有关。

（2）IgD

鱼类IgD曾被认为只存在于灵长类和啮齿类动物中，真骨鱼类中发现IgD的事实表明IgD应该是出现于脊椎动物进化早期的一类古老的免疫球蛋白，随后的基于广谱的硬骨鱼种类的生物信息学分析表明，缺失 IgD 这种现象在科或属的水平上更多一些。但是鱼类和哺乳类的 δ 链基因在结构上有很大差别，不同鱼类 δ 链基因组成完全不同。硬骨鱼 IgD 重链是 Cμ1 和不同数量的 Cδ 结构域的杂交，数量的多寡取决于物种，表现有分泌型和膜型两种。大多数硬骨鱼有七个独特的 Cδ 域（δ1–δ7），然而在硬骨鱼中发现了大量的 IgD 亚型，显示了由于重复和缺失而产生的不同数量的 Cδ 结构域。IgD 链中包含 Cμ1 或 Cμ1 样结构域并非硬骨鱼独有，在偶蹄动物的 IgD 中有一个 Cμ1 样结构域也与 Cδ 相连。

在硬骨鱼中，IgD 作为血清中的一种蛋白质在鲶鱼和虹鳟鱼中被鉴定出来。分泌型 IgD（sIgD）以单体形式存在。鲶鱼体内的 sIgD 以两种不同形式存在，一种类型的 sIgD 分子量约为 180 kDa，另一种变体缺少可变结构域和 Cμ1 结构域，质量为 130 kDa。无可变区的分泌型 IgD 被认为通过其 Fc 区发挥作用，并像模式识别分子一样标记某些病原体以进行清除。无可变区的 IgD 亚型可能代表先天模式识别受体向适应性免疫的早期转变。

（3）IgT/Z

IgT、IgZ 都是在 2005 年先后在虹鳟和斑马鱼上发现的，现在一般都称之为 IgT。2005 年后，IgT 在除了青鳉（*Oryzias latipes*）和沟鲶以外的很多种鱼上被鉴定出来，IgZ、IgT 和 IgH 的基因座出现在可变区基因座（V）H 和 Cμ 区基因座之间，有分泌型和膜型两种表达形式，与哺乳动物 IgA 基因组的组成结构相似。

IgT 分子有膜型和分泌型两种，通常由 4 个 Ig 恒定区组成。然而，在不同物种的 IgT 结构域中也发现了一些多样性。例如，红河豚有两个 Cτ 结构域，而尖吻鲈有三个 Cτ 结构域。在鲤鱼中，IgT 的两个亚型从两个单独的基因组位点表达，第一种亚型有四个 Cτ 结构域，在全身器官中更为丰富，而第二种亚型是 Cμ1 和 Cτ4 的嵌合体，优先在黏膜部位表达。IgT 分子以单体形式存在于虹鳟鱼血清中，分子量为 180 kDa。然而，在黏液中，它们被发现为非共价连接的四聚体，并且比在血清中表达更丰富，表明 IgT 在黏膜免疫中具有特殊功能。后来的研究表明，IgT 在全身免疫反应中也有作用。

2. 补体

补体系统是鱼类抵抗微生物感染的重要成分，能够增强体液和细胞介导的特异性免疫，而且在宿主非特异性自然防御机制中发挥重要作用，其中 C3 是补体系统的关键成分。硬骨鱼类补体因子是通过多糖（如脂多糖）或免疫球蛋白 Fc 区糖基部分的存在来激活的，能够通过攻膜复合物完成细胞溶解作用，其主要作用包括血细胞溶解作用、杀寄生虫活性、杀菌和溶菌活性、细菌胞外毒素灭活作用、杀病毒活性和可能的脱毒作用。硬骨鱼类中发现有 C1-C9 等补体成分。软骨鱼类补体系统经典途径是由六种功能不同的成分组成，即 Cln-C4n，C8n 和 C9n。在鲨鱼已经证明的 6 种补体中，有 3 种在功能上和哺乳动物 C1、C8 和 C9 相似。

有颌鱼类补体的生物学活性与高等脊椎动物相同，主要显示于以下两个方面：①由替代（抗体非依赖性）途径或经典（抗体依赖性）途径激活的细胞溶解作用；②由被激活的补体组分释放的片段所行使的调理作用。补体激活过程中释放的片段具有广泛的调理作用，包括对白细胞的化学吸引作用（CSa），过敏作用（C3a）和促进细胞吞噬活性的作用（C3b）。

3. 抗菌肽

抗菌肽（antimicrobial peptides，AMPS）是在低等脊椎动物的非特异性免疫中发挥重要抗菌作用的小分子多肽。鱼类抗菌肽在结构上有共性，含有较多的精氨酸、赖氨酸和疏水氨基酸，分子可折叠形成 α 螺旋，作用于细胞膜，使细胞膜通透性增加，影响细胞正常生理功能，从而杀灭细菌。Hepicidin 是肝脏特异表达的抗菌肽，又称为 LEAP-1（Liver expressed antimicrobial peptide1），是机体天然免疫的一种效应分子。在机体出现感染、炎症和铁超载时，Hepicidin 基因的表达量增加，在低氧和贫血时表达量下降。

4. 白细胞介素

白细胞介素（interleukin，IL）是由活化的单核－巨噬细胞及淋巴细胞等产生的一类细胞因子，作用于淋巴细胞、巨噬细胞或其他细胞，负责信号传递，联络白细胞群的相互作用。在细胞的活化、增殖和分化中起调节作用。

5. 干扰素

干扰素（Interferon, IFN）是脊椎动物体内的一种可溶性蛋白，分子量约 20 kD，是重要的细胞功能调节因子，具有抗病毒、抗肿瘤和免疫调节等功能，主要由巨噬细胞分泌。当生物体受到侵扰后，干扰素可以作用于相应的细胞，使其分泌出一系列具有抗病毒特性的蛋白质，故而在抗病毒的防御机制中发挥着核心的作用。

自1965年首次发现鱼类干扰素活性物质以来，陆续在鲦鱼、虹鳟、鲤、草鱼、金鱼和牙鲆等鱼体和培养细胞系检测到干扰素。近年来的研究表明，鱼类干扰素的抗病毒机制类似于哺乳动物的干扰素，表现出在同种细胞上具有广谱的抗病毒活性。IFN在鱼类抗病毒防御中起重要作用的诱导性多基因家族细胞因子。作为重要的Ⅱ型细胞因子，IFN通过与细胞膜上相应的受体结合启动信号转导，发挥其相应的生物学效应，如激活抗病毒基因参与病毒免疫、调节机体细胞生长和分化、细胞凋亡及机体和细胞的免疫反应等。鱼类IFN有Type Ⅰ和Type Ⅱ 2类，Type Ⅰ耐酸、耐热，由白细胞和成纤维细胞产生；Type Ⅱ耐酸、不耐热，由白细胞、T细胞或巨噬细胞产生，有丝分裂素等诱导。

6. 趋化因子

趋化因子（chemokine）是一系列分子量约8～10 ku的小分子的细胞因子或信号蛋白，主要作用是趋化细胞的迁移，细胞沿着趋化因子浓度增加的信号向趋化因子释放处迁移。趋化因子主要通过受体介导粒细胞、单核－巨噬细胞、淋巴细胞、成纤维细胞的趋化性迁移和活化，从而使细胞在炎症部位聚集、活化以及修复组织损伤等，是机体先天免疫至关重要的组成部分。根据趋化因子近N端半胱氨酸（cys）的位置、排列方式和数量，可分为CC、CXC、C、CX3C四个亚家族。趋化因子的主要功能是在炎症和体内平衡过程中管理白细胞向各自位置的迁移（归巢），包括基础归巢作用和炎症归巢作用。

基础归巢作用：在胸腺和淋巴组织中产生的基础的稳态趋化因子。趋化因子CCL19和CCL21及其受体CCR7可使抗原呈递细胞（APC）在适应性免疫应答过程中转移至淋巴结。其他的稳态趋化因子受体包括CCR9、CCR10和CXCR5，它们作为细胞递质的一部分对于组织特异性的白细胞归巢非常重要。CCR9支持白细胞向肠内迁移，CCR10支持皮肤迁移，CXCR5支持B细胞向淋巴结滤泡迁移。

炎症归巢作用：在感染或损伤过程中产生高浓度炎症趋化因子，并趋化炎症性白细胞向受损区域的迁移。典型的炎性趋化因子包括：CCL2、CCL3和CCL5、CXCL1、CXCL2和CXCL8，如CXCL-8是中性粒细胞的趋化剂。与稳态趋化因子受体相比，结合受体和炎症趋化因子存在明显的混杂。

7. 凝集素和沉淀素

鱼类的凝集素属于蛋白质或糖蛋白，在理化、生物学和抗原特性方面均不同于抗原刺激产生的免疫球蛋白。凝集素能够与碳水化合物和糖蛋白结合，从而使异源细胞或微生物发生凝集，或使各种可溶性糖结合物发生沉淀，被认为是机体自然防御机制中原始的识别分子和免疫监督分子。

鱼类沉淀素包括 C- 反应蛋白（C-reactive protein，CRP）、血清淀粉样 P 成分（srum amyloid P-component）和 a- 沉淀素（a-preciptin）。前两者是关系密切的血清蛋白，具有广泛的同源氨基酸序列，都是五聚体，作为急性期蛋白（actue phase protein），反应时都需要钙离子。但是 CRP 在组织损伤发炎或感染后浓度迅速增加，而血清淀粉样 P 成分并不受此影响。CRP 是鱼类血清中的正常成分，存在于鱼类血清、卵和精子中，其中卵和精子中的 CRP 可能来源于血清。

8. 溶菌酶

溶菌酶是存在于鱼类黏液、淋巴组织、血清、头肾中的一种水解酶。血清中的溶菌酶主要来源于中性粒细胞、单核细胞和吞噬细胞。溶菌酶能够催化细菌细胞壁水解，使细菌细胞因渗透压差而破裂，从而杀灭病原微生物。

9. 微生物生长抑制物

鱼类中微生物生长抑制物包括转铁蛋白、血浆铜蓝蛋白和金属硫蛋白等，能够通过夺取微生物生长所需的基本养分，或在细胞内阻断其代谢路径，从而干扰病原微生物的代谢作用。

二、鱼类非特异性免疫应答

鱼类非特异性免疫主要由机体的屏障作用、吞噬细胞的吞噬作用以及组织和体液中的抗微生物物质组成。由于鱼类特异性免疫系统较哺乳动物简单，非特异性免疫在病原入侵的防御中发挥更为重要的作用。非特异性细胞毒细胞、吞噬细胞及溶菌酶、抗菌肽、干扰素、补体、白细胞介素、铁传递蛋白、天然抗体等非特异性免疫细胞和因子则是鱼类消除外来病原的重要基础。非特异性免疫通过克隆性分布的模式识别受体（PRRS）来辨别病原体的保守结构 PAMP，但不具备特异性免疫所特有的免疫记忆成分，也没有二次免疫应答。鱼体的生理因素和种的差异、年龄以及应激状态等均与非特异性免疫有关。

（一）屏障作用

黏液和皮肤是鱼类非常重要的防御屏障，可以通过物理防御、生理防御和生化防御来隔绝80%以上的微生物。其中物理屏障主要是指鳞片、致密的表皮组织等，鱼体通过这些结构可以有效防止微生物和较大型的生物入侵，并保护机体减少机械损伤，减少病原入侵途径。生理屏障包括鱼体表和肠道的pH、微生物群落以及黏液等，生理屏障通过局部的生理条件的控制，可以有效减少或是抑制病原微生物的定植和侵染。生化屏障主要是指黏液中的各种抗微生物物质，可直接灭活或是杀灭病原微生物。

（二）病原识别

入侵到机体的病原微生物被机体清除的第一步就是被识别，鱼体通过细胞表面分布的模式识别受体（PRR）识别病原微生物的病原相关模式分子（PAMP）。固有免疫识别的PAMP，往往是病原体赖以生存，因而变化较少的主要部分，如病毒的双链RNA和细菌的脂多糖，对此，病原体很难产生突变而逃脱固有免疫的作用。PAMP一般分为两类，一类是以糖类和脂类为主的细菌胞壁成分，如脂多糖（1iposachride，LPS）、肽聚糖（proteoglycan，PGN）、脂磷壁酸、甘露糖、类脂、脂阿拉伯甘露聚糖、脂蛋白和鞭毛素等，其中最为常见且具有代表性的是革兰阴性菌产生的LPS、革兰阳性菌产生的PGN、分枝杆菌产生的糖脂和酵母菌产生的甘露糖。另一类是病毒产物及细菌胞核成分，如非甲基化寡核苷酸CpGDNA、单链RNA、双链RNA等。鱼类的PRR主要有三类，分别是Toll样受体（Toll-like receptors，TLR）、RIG-Ⅰ样受体（retinoic acid-inducible gene Ⅰ（RIG-Ⅰ）-like receptors，RLR）、NOD样受体（NOD-like receptors，NLRs）等（图4-1）。

TLR绝大多数存在于细胞膜上，是一类非常重要的PRR。TLR能识别病原微生物中的LPS、PGN、双链RNA（ds DNA）、CpG DNA、鞭毛蛋白等PAMPs。TLRs属I型跨膜蛋白，胞外段LRR区涉及病原的识别，而胞质段TIR区则具有保守的氨基酸组成，涉及TLR的信号转导和定位。TLR通过其上的LRR结构域同PAMPs相结合，通过髓样分化因子88（Myeloid differentiation factor 88, MyD88）依赖或非依赖途径，激活下游的核因子-κB（Nuclear factor，NF-κB）或者干扰素调节因子

(interferon regulation factor，IRF）等关键因子，进行信号传导，诱导肿瘤坏死因子(Tumor necrosis factor, TNF)、白细胞介素、干扰素等细胞因子的分泌，进一步刺激相应细胞产生效应分子来清除病原。鱼类中已发现了 17 种不同类型的 TLR 基因，包括 TLR1、2、3、4、5/5M、5S、7、8、9、13、14、18、19、20、21、22、23 等，远多于在哺乳动物中发现的 13 种 TLR。鱼类的 TLR 基因结构特点及其信号传导与调控同哺乳动物的 TLR 有相似之处，但结构和功能存在一定差异。

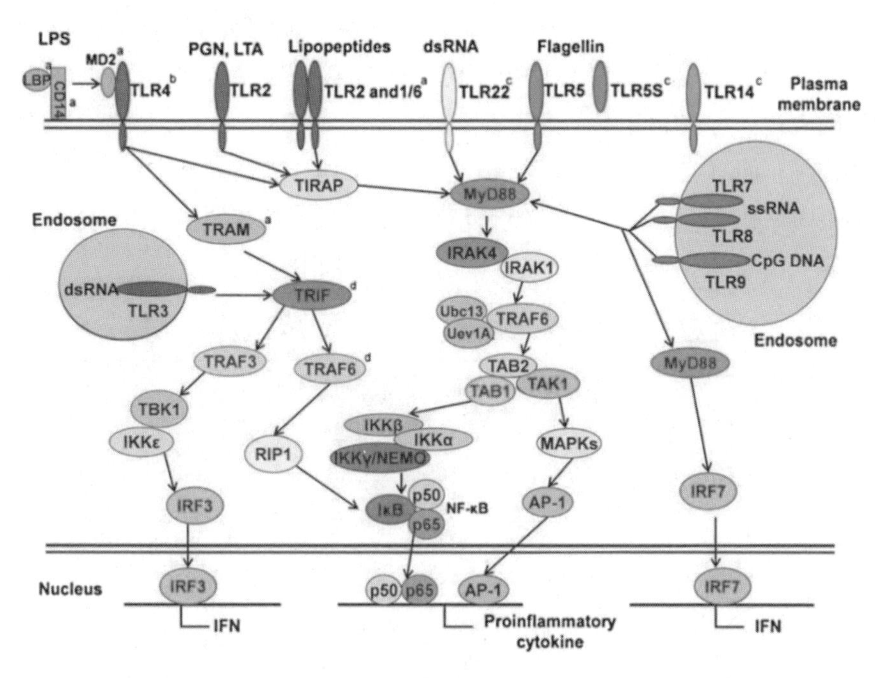

图4-1 Toll 受体信号通路

（引自Jie Jiang等，2014，Fish and Shellfish Immunology）

RLR 是一类表达在胞浆中的模式识别受体，在识别细胞质中经病毒复制产生的病毒 RNA 后，启动一系列信号级联反应，诱导鱼体 I 型干扰素及干扰素诱导的抗病毒基因的表达，最后达到清除病毒感染的目的（图 4–2）。由于在病毒感染时机体干扰素反应必须迅速启动，当病毒清除后干扰素反应又需要立即恢复到正常本底水平，因此 RLR 激活的信号转导途径受到了严格的调控，其中就包括由 E3 泛素连接酶参与的泛素化修饰调控和由去泛素化酶参与的去泛素化修饰调控。鱼类 RIG-I 和 MDA5 一旦结合了病毒 RNA 之后，就会与定位于线粒体上的关键接头蛋白 MAVS（Mitochondrial anti-viral-signaling，也被称为 VISA，CARDIF 和 IPS-1）结合。MAVS 作为一个信号平台，继续招募并激活蛋白激酶 TBK1（TANK binding kinase 1），激活后的 TBK1 随即磷酸化激活转录因子 IRF3（IFN regulatory factor 3）和 IRF7，并促使 IRF3/7 从细胞质进入到细胞核与 *ifn* 基因启动子结合，从而启动 *ifn* 基因的转录表达。表达的 IFN 蛋白分泌到细胞外，然后通过自分泌和旁分泌途径，与感染病毒的细胞和未感染细胞的细胞膜上的 IFN 受体结合，激活下游的 JAK-STAT（Janus kinase-Signal Transducer and Activatorof Transcription）信号通路，最终诱导下游干扰素刺激基因（IFN-stimulated genes，ISGs）的表达。有些 ISG 编码抗病毒蛋白，如 Mx、PKR 和 ISG15 等，直接发挥抗病毒作用，而有些 ISG 编码蛋白依据其被病毒诱导表达的时空规律，在不同细胞中和不同感染阶段，对 RLR 介导的 IFN 抗病毒反应发挥调控作用，适时协调机体触发的 IFN 反应水平与病毒感染程度达到最佳平衡状态。

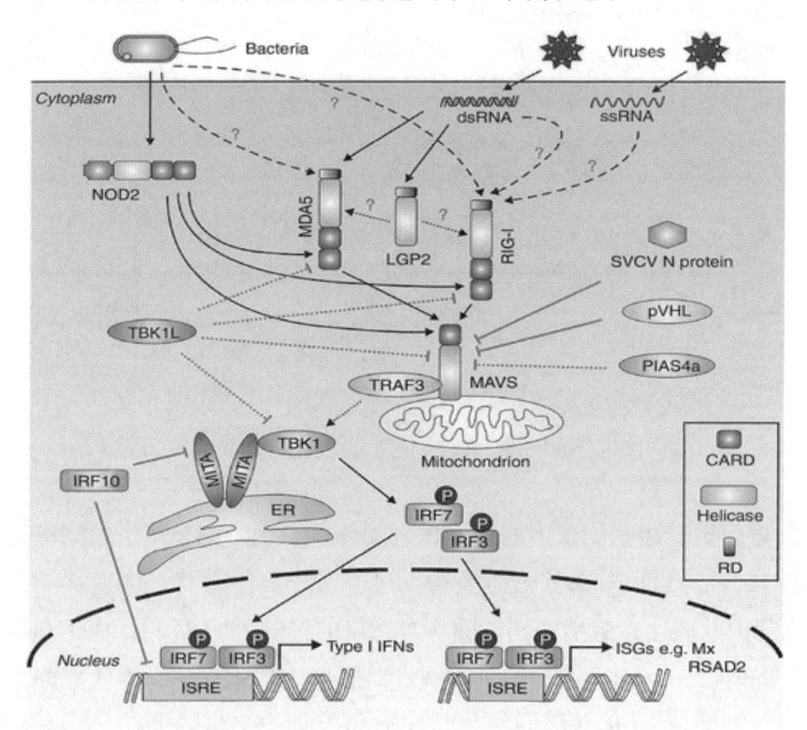

图4-2　RLR 信号通路

（引自Shan Nan Chen等，2017，Immunology）

NOD 样受体（NOD-like receptors，NLRs）是一类细胞内的模式识别受体，在诱导及加工 IL-1 家族成员中发挥作用，是天然免疫系统的重要组成部分。哺乳动物 NLR 家族包括 5 个成员，即 NLRA、NLRB、NLRC、NLRP 和 NLRX。所有 NLRs 由 3 个主要的结构域组成，包括 1 个中间结构域 NACHT、可变数目的 C 端 LRR 结构域和 1 个 N 端的效应结构域。C 端的 LRR 结构域与 TLRs 家族相似，用于识别病原相关分子模式（PAMPs）和相关的危险信号。LRR 与配体结合后 NACHT 结构域便发生寡聚化，进而整个 NLR 分子的构型发生改变，最终 N 端效应结构域结合下游的接头分子激活下游信号通路。NLR 家族成员效应结构域的不同决定了其介导信号转导的特异性。两个 NLR 家族成员 NLRC1（NOD1）和 NLRC2（NOD2）接受细菌肽聚糖刺激后，其效应结构域与 RIP2 激酶发生作用，通过激活 NF-κB 诱导包括 IL-1β 家族成员在内的前炎性因子的表达。NLRP 和某些 NLRC 家族成员则直接或在含 CARD 结构域凋亡相关斑点样蛋白 ASC 协助下与炎性凋亡蛋白酶（Caspase-1 和 Caspase-5）相互作用，形成炎性小体。在炎性小体中，炎性凋亡蛋白酶 Caspase 被激活，并对 IL-1β、IL-18 和 IL-33 前体进行加工，使之成熟为有活性的细胞因子。鱼类 NOD1 和 NOD2 在结构上与哺乳类相似。在细菌、病毒或 poly(I:C)诱导后鱼类 NOD1 和 NOD2 的表达水平均发生上调。此外，过表达虹鳟 NOD2 的 CARD 区可显著诱导包括 IL-1β 在内的前炎性基因的表达。这些结果说明了鱼类 NOD1 和 NOD2 在功能上的保守性。在硬骨鱼类中发现了一类鱼类特有的含 PYD 结构域的 NLR 亚家族成员（在斑马鱼中称为 NLR- C 亚型）。这些新的鱼类 NLRP 亚家族一般具有一个 N 端 PYD 结构域、NACHT 结构域及 C 端 LRR 结构域，某些 NLRP 成员在其 C 端还多了一个 B30.2 区（PRY/SPRY）。含 B30.2 结构域的 NLRP 似乎是硬骨鱼类特有的，推测该 B30.2 结构域可能以一种与 TRIM 蛋白相似结构域相同的方式与配体发生作用。硬骨鱼类 NLRP 亚家族具有多样化的 LRR 结构域，这对于识别不同的配体十分有效，也使得 NLRPs 在硬骨鱼类天然免疫中的功能显得更为复杂。然而，和哺乳动物一样，有关鱼类 NLRPs 的配体特异性及功能目前尚不明确（图 4–3）。

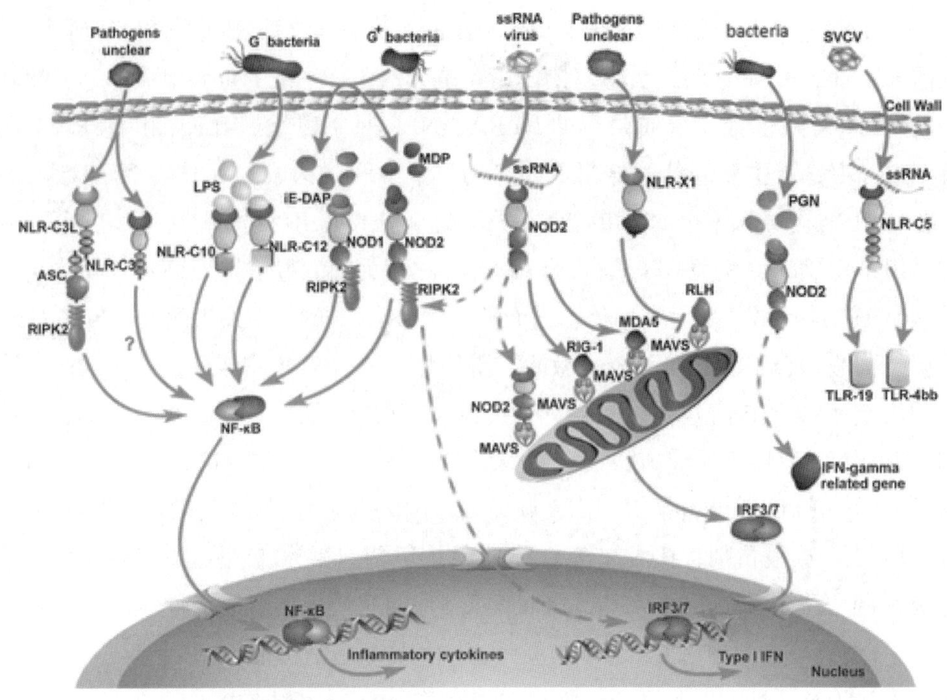

图4-3 NLR信号途径

（引自Liang Zhang等，2018，Journal of Fish Disease）

（三）病原清除

病原识别后，机体通过信号串流，合成各类抗微生物物质，通过直接杀灭、趋化吞噬、包囊结节、细胞凋亡等形式清除病原。

1. 直接杀灭

血液中的抗菌杀菌物质直接作用，使得病原微生物裂解或抑制其繁殖。鱼类血液中的补体系统，通过经典途径和替代途径激活后，可直接形成膜攻击复合物，在病原微生物上形成跨膜通道，使细胞溶解死亡。抗菌肽是另一类可以直接在细菌上形成孔洞来杀灭细菌的物质，另外还有血清里的超氧化物离子、溶菌酶等都可以在无细胞参与的情况下直接杀灭病原微生物。

2. 趋化吞噬

经各种信号途径合成释放的趋化因子会募集周围的吞噬细胞前来直接吞噬病

原体，吞噬细胞通过两种机制杀菌，氧依赖杀菌机制和非氧依赖杀菌机制。氧依赖杀菌机制可通过 3 种方式发挥杀菌作用，呼吸爆发（respiratory burst）、H_2O_2-髓过氧化物酶 - 卤化物杀菌系统和一氧化氮系统。呼吸爆发是指吞噬细胞在吞噬病原体后，出现有氧代谢活跃、好氧急剧增加，产生一组高反应性杀菌物质的过程。在呼吸爆发过程中吞噬细胞膜上的还原型辅酶 II，使分子氧活化，生成活性氧中间物（reactiong oxygen intermediate, ROI），从而发挥杀菌作用。呼吸爆发产生并释放超氧阴离子和溶酶体酶可引起组织损伤，造成炎症。非氧依赖杀菌机制，是通过内吞作用，细胞将异物包围吞入细胞内，形成吞噬泡，并与细胞内溶酶颗粒结合形成吞噬溶酶体，利用多种酶杀灭和消化微生物。

根据病原微生物被吞噬细胞吞噬的结果的不同，吞噬可分为完全吞噬和不完全吞噬两种。完全吞噬指吞噬细胞吞噬病原微生物并将其完全杀死和消解的过程。不完全吞噬是指有些病原微生物虽然被吞噬，但未被杀死，在吞噬细胞内存活甚至生长繁殖，导致吞噬细胞死亡或通过吞噬细胞的游走将感染扩散到其他部位。

3. 迟发性超敏反应

肉芽肿样超敏反应是临床上最重要的迟发型超敏反应。是由致病因子（通常为微生物特别是胞内微生物）持续存在于巨噬细胞内而又未能被清除灭活，而引起的一种特征性炎症反应。由于抗原持续存在，则巨噬细胞处于慢性活化状态，并分泌更多细胞因子和生长因子，最后损伤组织被纤维组织所代替，形成结节。感染 6 ~ 10 d 后特异性免疫启动，鱼类抗体产生，被特异性免疫活化后的吞噬细胞其杀灭能力增强，可从不完全吞噬转化成完全吞噬，从而促进疾病的恢复。

4. 细胞凋亡

细胞凋亡（apoptosis）指为维持内环境稳定，机体细胞在发育过程中或在某些因素作用下，通过细胞内基因及其产物的调控而发生的一种程序性细胞死亡（programmed cell death）。一般表现为单个细胞的死亡，且不伴有炎症反应。细胞凋亡与细胞坏死不同，细胞凋亡不是一件被动的过程，而是主动过程，是为更好地适应生存环境而主动争取的一种死亡过程。细胞凋亡对胚胎发育及形态发生、组织内正常细胞群的稳定、机体的防御和免疫反应、疾病或中毒时引起的细胞损伤、老化、肿瘤的发生进展起着重要作用。

形态学观察细胞凋亡的变化是多阶段的，首先出现的是细胞体积缩小，连接消失，与周围的细胞脱离，然后是细胞质密度增加，线粒体膜通透性改变，释放细胞色素C到胞浆，核质浓缩，核膜核仁破碎，DNA降解成为约180 ~ 200 bp片段，胞膜完整但有小泡状形成，最终可将凋亡细胞遗骸分割包裹为几个凋亡小体，无内容物外溢，因此不引起周围的炎症反应，凋亡小体可迅速被周围专职或非专职吞噬细胞吞噬。DNA琼脂糖凝胶电泳出现ladder成为检测凋亡发生的重要标志。

各种组织的细胞凋亡都要激活caspase（cysteinyl aspartate specific proteinase）家族。Caspase成员作为酶原的形式存在于细胞内，经裂解激活后，迅速启动序列性酶解死亡程序，裂解细胞骨架和细胞核蛋白基质并激活核酸内切酶。在内源性核酸内切酶作用下，DNA进行有控降解，产生长度为180 ~ 200 bp整倍数的DNA片段，这正好是缠绕组蛋白多聚体的长度，提示染色质DNA恰好是在核小体与核小体连接部被切断。按照起始caspase的不同，可将细胞的凋亡分为三种基本的途径。外在途径（extrinsic pathway），由细胞表面的死亡受体如FAS和肿瘤坏死因子受体家族（tumour necrosis factor receptor，TNF-R）引发，TRADD（Tumor necrosis factor receptor type 1-associated DEATH domain protein）与caspase-8前体同其他蛋白结合，激活caspase-3，进而引发caspases级联反应，导致细胞凋亡，是宿主抗病毒感染的主要途径。另一种称为内在途径（intrinsic pathway）或线粒体途径（mitochondrial pathway），由细胞应激反应或凋亡信号能引起线粒体细胞色素c释放，作为凋亡诱导因子，细胞色素c能与Apaf-1、caspase-9前体、ATP/dATP形成凋亡体（apoptosome），然后召集并激活caspase-3，进而引发caspases级联反应，导致细胞凋亡。第三种途径是内质网应激所导致的caspase-12的活化，从而导致凋亡。石斑鱼虹彩病毒和赤点石斑神经坏死病毒都可诱导TARDD途径的细胞凋亡，从而清除病毒。

三、鱼类特异性免疫应答

大量的文献证明鱼类能够产生免疫球蛋白（immunoglobulin，Ig），目前，已经从多种鱼如欧洲海鲈和海鲷、鲽、红鳍笛鲷、鳗、鲑、鲤、鳜、鲫、黄颡鱼、鲈等分离到免疫球蛋白，并对鱼类免疫球蛋白的理化性质、基因结构、功能、多样性产生的遗传机制和影响因素等均有较深入研究。同哺乳动物类似，鱼的特异性免疫应答也经过了抗原呈递、T细胞活化、B细胞活化和抗原清除等过程。

（一）抗原呈递

抗原呈递是免疫反应中占据中心地位的生物过程，是非特异和特异免疫之间的纽带，是激活特异免疫系统的唯一机制。抗原呈递是体内细胞收集抗原、将其降解为肽段，并将处理过的抗原肽段与 MHC 分子结合展示到细胞表面，以利于 T 细胞识别的过程。T 细胞表面有一个 T 细胞受体（T cell receptor，TCR），它的任务就是和抗原呈递细胞表面的 MHC－多肽复合物结合，从而激活 T 细胞。

生物功能方面，MHC-I 分子主要呈递细胞内源肽段，由 $CD8^+$T 细胞（杀伤 T 细胞）识别，在除了红细胞外的体内所有细胞表面表达；MHC-II 分子主要呈递外源肽段（即来自细胞外），由 $CD4^+$T 细胞（辅助 T 细胞）识别，只在巨噬细胞、树突状细胞和 B 细胞等抗原呈递细胞表面表达。比较特殊的是，一些免疫细胞如树突状细胞可以将胞吞的外界抗原消化后呈递到 MHC-I 上，称为交叉呈递（cross presentation）。交叉呈递对于 $CD8^+$ 细胞发挥功能具有重要意义。同样，MHC-II 也可以呈递细胞自噬（autophagy）时产生的内源肽段，这一过程有助于清除细胞胞质内的病毒感染。每一个不同的 T 细胞都携带不同的 T 细胞受体，可以结合不同的 MHC/ 多肽复合物。因此，体内有多少不同 T 细胞就决定了机体能对多少病菌抗原产生免疫，T 细胞库的数量和复杂性决定了一个个体的免疫能力。

（二）T细胞活化

T 细胞活化是一个包括接受信号刺激、转导信号、细胞内酶活化、基因转录表达及细胞增殖等在内的复杂过程，是特异性免疫反应的起始，无论是 $CD4^+$ 的 T 细胞还是 $CD8^+$ 的 T 细胞，其活化都是由 T 细胞表面的 TCR 结合 MHC－抗原复合物开始的。TCR 能特异性识别抗原提呈细胞表面 MHC 提呈的抗原肽（peptide），并将胞外识别转化为可向细胞内部传递的信号，通过诱导 TCR 邻近酪氨酸激酶活化，促进信号传递复合物组装，活化下游 MAPK、PKC 以及钙离子等信号途径，最终活化相应的转录因子，调控效应蛋白分子的表达，完成 T 细胞的活化。

在哺乳动物中 TCR 信号途径已经研究得较为透彻，TCR 激活的早期事件是由淋巴细胞蛋白质酪氨酸激酶（Lck），对 TCR/CD3 复合体胞质一侧的免疫受体酪氨酸依赖性活化基序（ITAMs）的磷酸化作用。TCR-pMHC complex 形成之后，能导致蛋白酪氨酸激酶（protein tyrosine kinases，PTKs）活化，包括 Lck、Fyn 、

ZAP-70、ITK 等的磷酸化活化。PTKs 活化后进一步活化 LAT（linker for activation of T cells）形成 LAT signalosome（LAT 信号转导复合物）。随后 3 条重要的信号转导途径被启动，由 IP3 逐级启动的钙离子信号通路，由 DAG 启动的 NFκB 通路，和由 Ras 启动的 MAP 级联反应，新的基因转录表达，诱导 T 细胞增殖、分化、凋亡，从而发挥生物学效应。在鱼类中，已克隆到多个 TCR 通路中的关键蛋白基因，也发现了 T 细胞的增殖、分化，但具体作用过程尚不明确。

$CD4^+$的 T 细胞活化后主要是诱导新的转录因子的表达，以进一步激活 B 细胞。$CD8^+$ 的 T 细胞活化后，主要是通过钙离子释放与蛋白激酶的活化，从而引导细胞颗粒迁移到与靶细胞相结合的部位，释放各种溶细胞介质，促使靶细胞溶解和死亡。

（三）B细胞活化

B 细胞具有双重身份，即抗体产生细胞和抗原呈递细胞。作为抗原呈递细胞，其功能的发挥必须通过 Th 细胞的介导才能完成，两者的相互作用模式和机制同前述的 APC 和 Th 细胞间的作用机制是一样的。作为抗体产生细胞，除了自身表达的 BCR 识别结合并摄入抗原而产生 B 细胞活化的第一信号外，还必须有第二信号的参与。该信号的产生也是由共刺激分子对间的相互作用产生的，即 B 细胞首先吞噬处理并呈递抗原，继而 $CD4^+$Th 细胞识别此呈递的抗原，同时提供导致该 B 细胞活化的共同信号，最后导致 B 细胞活化。这种处于活化状态的 B 细胞，又在 $CD4^+$Th 细胞提供的细胞因子作用下发生增值和分化，成为能产生抗体的浆细胞。B 细胞在同 $CD4^+$Th 细胞作用的同时，在 Th2 类 CK 的辅助作用下，一部分细胞可进一步增殖分化为浆细胞，另一少部分则停止分化称为记忆 B 细胞，后者可参与再次免疫应答。TI 抗原刺激产生的免疫应答无需 Th 细胞和巨噬细胞的参与，只能使 B 细胞产生 IgM，这类抗原不能引起免疫记忆，也不能发生再次免疫应答。

（四）抗原清除

抗原的清除主要包括两类，一类是 CTL 细胞的直接清除，一类是通过抗体中和抗原来进行抗原清除。

1. CTL对靶细胞的杀伤作用

细胞介导的细胞毒性是脊椎动物控制细胞内病原体的主要机制之一。CTL 利用其T细胞受体识别由感染细胞表面的主要组织相容性（MHC）I类分子呈现的病原体特异性肽。T细胞活化中，由IP3逐级启动的钙离子信号通路发挥着主要作用。IP3能使钙离子储存网迅速释放钙离子造成胞液中钙离子上升，游离钙离子能活化钙调素依赖性蛋白激酶使蛋白磷酸化，后者可激发核内DNA复制；DGA与游离钙离子反应激活胞浆中的重要介质PKC（蛋白激酶C），PKC使胞浆内颗粒中的蛋白质分子磷酸化，使膜上的LFA-1的β链磷酸化，磷酸化的LFA-1又与细胞骨架相互作用从而引导细胞颗粒迁移到与靶细胞相结合的部位，释放各种溶细胞介质，从而促使靶细胞溶解和死亡。CTL可产生多种细胞毒介质损伤靶细胞膜后所致的细胞破裂和DNA断裂引起的核崩解促使靶细胞死亡，这些介质包括：穿孔素、丝氨酸酯醇、干扰素和肿瘤坏死因子等。其中穿孔素是当CTL黏着在靶细胞膜上，前者胞质含有的穿孔素颗粒在高浓度钙离子存在下被降解，释放穿孔素单位进入细胞间隙，通过聚合作用在靶细胞膜上形成跨膜通道，导致胶体渗透从而破坏细胞。一般认为，在人体中不依赖钙离子的非穿孔素杀伤及旁杀伤作用（如肿瘤坏死因子样杀伤等）可能是机体杀伤靶细胞的基本途径，而IL-2诱导的依赖钙离子的穿孔素样杀伤作用则可能是应激状态下的辅助途径。在硬骨鱼中，已发现编码上述效应分子的所有基因。然而，硬骨鱼中的穿孔素和颗粒酶基因因进化过程中的基因复制事件而多样化，并以多基因的形式存在，这也与几种鱼类的NK赖氨酸/颗粒溶氨酸有关。各基因之间的功能差异仍有待阐明。

2. 抗体中和调理作用

抗体本身只具有识别靶抗原的功能，并不具有杀伤或排异靶抗原的作用。在机体抗感染免疫机制中，抗体主要参与清除细胞外微生物，防止细胞内感染的播散。其作用机制包括中和作用、凝集作用、调理作用、激活补体和抗体依赖的细胞介导的细胞毒性作用（antibody-dependent cell-mediated cytotoxicity，ADCC）作用。

中和（Neutralization）。这是抗体最基本的功能。抗体的中和指的是抗体和抗原结合后，抗原失去原有的功能。比如病毒的糖蛋白无法和细胞受体结合，酶无法进行催化，转运蛋白无法转运等。中和是抗体自身的功能，仅由抗体的分子结构决定，不需要免疫系统的其他部分参与。

凝集（Agglutination）。抗体与抗原相互反应，与抗原决定簇间成桥式连接而结团或形成絮状物的作用过程叫凝集。抗原和抗体结合后会凝集成一团，失去行动力，有利于免疫系统的清除。鱼类血清抗体可以和细菌性抗原形成典型的抗原抗体凝集反应，并可由此评价抗体的效价。

调理（Opsonization）。抗体和抗原结合会促进吞噬细胞对抗原的吞噬。抗体的调理机制为：①抗体在抗原颗粒和吞噬细胞间“搭桥”，使吞噬细胞易于接近和吞噬抗原；②抗体与抗原接合后，可改变抗原表面电荷，降低吞噬细胞与抗原之间的斥力；③抗体可抑制某些细菌表面分子如荚膜的抗吞噬作用；④抗体与抗原结合形成的免疫复合物可活化吞噬细胞。抗体的调理作用主要是通过 IgG（IgG1 和 IgG3）的 Fc 段与中性粒细胞、巨噬细胞表面的 IgMFcR、IgGFcR 结合，从而增强其吞噬作用，IgM 的 Fc 段不能被吞噬细胞识别，故不能直接诱导吞噬作用，但其可以激活补体系统，间接行使调理作用。

激活补体。抗体和抗原结合会触发补体反应。补体（Complement）是人类血液中广泛存在的蛋白。补体被抗体激活后可以辅助调理以及在生物膜上穿孔，破坏膜结构。

ADCC。抗体和细胞表面的抗原结合可以促进自然杀伤细胞对细胞的杀伤。自然杀伤细胞和 T 细胞都可以杀死细胞，但 T 细胞是通过细胞的 MHC I 受体呈递的抗原识别异常细胞，而自然杀伤细胞是通过抗体和细胞表面抗原的结合识别异常细胞。

（五）影响鱼类抗体产生的主要因素

1. 抗原方面的因素

除抗原的分子量、化学结构等因素外，一般对受免动物异源性强的抗原容易激活 B 细胞、诱导体液免疫；而与受免动物自身组织近缘的抗原则主要对 T 细胞作用，易于诱导细胞免疫。同种细胞免疫主要诱导产生杀伤 T 细胞，引起细胞免疫。相反，如果细胞经热处理或福尔马林处理后，则诱导细胞免疫不全，而主要引起体液免疫。内源性肿瘤亦引起细胞免疫为主。

2.机体方面的因素

年龄、体重与免疫应答水平有关，孵化后 14 d 龄的虹鳟在 14 ～ 17℃时能产生对杀鲑产气单胞菌的免疫应答。早期注射人 γ- 球蛋白不会产生免疫耐受；8 周龄的鲤在 22℃条件下才产生免疫应答，4 周龄的鲤对绵羊红细胞不发生免疫反应，而且能产生免疫耐受。免疫应答发生与否，鱼的体重比年龄更重要。用红嘴病（鲁克氏耶尔森菌）和弧菌病（鳗弧菌）菌苗对6种鲑科鱼类进行免疫试验后发现，体重在0.5 g的鱼体不会产生免疫应答，而6种鲑科鱼类能发生免疫应答的最小规格为1 ~ 2.5 g。这可能是幼鱼易于接受免疫原作为自身抗原从而产生免疫耐受。

3. 环境方面的因素

（1）温度

低温能延缓或阻止鱼类免疫应答的发生。各种鱼类具有不同的免疫临界温度，一般是温水性鱼类的较高，冷水性鱼类则较低。用经福尔马林灭活的鳗弧菌对日本鳗鲡注射免疫后，饲养于不同的温度条件下观察抗体的生成情况，结果表明在25 ~ 28℃条件下，受免鱼的抗体生成很快，20℃的条件下仍能产生抗体。有人认为各种鱼类的抗体生成都只能发生在所谓免疫临界温度以上，低于这个温度鱼体就根本不产生抗体。

（2）毒物

水体中的毒物不仅能影响鱼的生长，也能影响抗体的生成。如酚、锌、镉、滴滴涕、造纸厂废液等都可以干扰或阻止鱼类对抗原的免疫应答。

（3）营养

当鱼类免疫试验在绝食条件下进行时，常会得出错误的结果。已有报道指出，在自然水域网箱中饲养的鱼比在实验室水槽中饲养的鱼在对相同免疫刺激的应答中，所产生的凝集抗体价高得多，这可能是由于水槽中鱼的饵料不足或低蛋白饵料导致鱼体血清蛋白含量下降，缺乏形成抗体的蛋白的缘故。鱼类饵料中若存在大量的维生素C能促进其抗体的生成。当饵料中缺乏维生素B_{12}、维生素C和叶酸等都会引起鱼类贫血，并且影响抗体生成。而在饵料中适当添加一些含硫氨基酸（如胱氨酸、半胱氨酸），可以提高鱼类免疫效果。

（4）其他

已有研究报道指出，季节对鱼类体液免疫应答也有影响。有人用沙门氏菌鞭毛抗原（H抗原）免疫接种虹鳟，结果表明，在秋季能检测到沉降系数为19S以上的19S和7S的抗体。有人根据在生殖季节鱼体中血清蛋白变化很大（尤其是雌鱼），推测其对免疫球蛋白的合成也会有一定的影响。此外，长期处于低溶氧条件的鱼体由于体质弱，生成抗体的能力也差。

第二节 甲壳动物免疫

从免疫进化角度，甲壳动物的免疫系统仅由遗传控制的组织相容性反应和中胚层起源的效应细胞组成，不具备 T、B 淋巴细胞、免疫球蛋白等免疫效应因子。因此甲壳类不具备获得性免疫，仅有天然免疫。

一、甲壳动物的免疫系统的组成

（一）免疫器官

甲壳动物的免疫体系简单，血细胞没有特异性分化，具有多种免疫功能，因此甲壳动物的免疫器官基本上就是体表屏障和造血器官。

甲壳动物的体表屏障就是体外的甲壳和表皮，具有机械屏障的作用，若甲壳磨损或表皮受损，则极易受水体中病原菌的感染，从而产生甲壳溃疡病等病症。甲壳动物都有蜕壳的生理过程，也是机体较脆弱的时刻，在蜕壳后新甲壳尚未硬化的表皮中，有苯醌生成，苯醌具有抗生作用，构成甲壳动物体表的化学防御屏障，补充甲壳防御的不足。

（二）免疫细胞

血淋巴细胞是虾类免疫系统中最为重要的组分，虾免疫功能主要通过血淋巴细胞来完成，许多非细胞免疫因子，都直接或间接与血淋巴细胞有关。虾类的血淋巴细胞主要有 3 种类型，透明细胞、小颗粒细胞和大颗粒细胞，其免疫功能各异，其中透明细胞是主要的吞噬细胞，小颗粒细胞具有胞饮作用、有限的吞噬作用、细胞毒作用等，大颗粒细胞主要是储存和释放 proPO 系统、细胞毒作用。

1. 透明细胞（hyaline cell, HC）

也被称为浆样细胞，类似于高等动物的巨噬细胞和淋巴细胞具较强的吞噬能力，需活化的酚氧化酶原系统组分激活其吞噬能力，吞噬活性与细胞光滑表面具有较强的物质扩散能力有关。透明细胞近球形，细胞核大靠近中央，核占细胞体大部分，其周围的细胞质少，细胞质中基本无颗粒状物质。

2. 半颗粒细胞（semigranular cell, SGC）

在有些文献中也叫小颗粒细胞，具有储存和释放酚氧化酶原激活系统的作用，只在脱颗粒之后才具有吞噬活性，在吞噬和包囊过程中发挥作用。半颗粒细胞对异物非常敏感，极易脱颗粒，释放酚氧化酶组分。半颗粒细胞球形或卵圆形，细胞核清晰，略偏于细胞一侧，细胞质中有一些黑色小颗粒状物质。

3. 颗粒细胞（granular cell, GC）

在有些文献中也叫大颗粒细胞，含大量的酚氧化酶原，无吞噬能力，可释放大量的活性酚氧化酶促进透明细胞的吞噬，具有储存和释放酚氧化酶、细胞毒和伤口修复等功能。细胞球形或卵圆形，相对较大，细胞核所占比例小，细胞质中含有大量较大颗粒状物质。

二、甲壳动物的细胞免疫

细胞防御屏障是对虾免疫防御的核心，主要由血淋巴细胞承担。在对虾中，吞噬作用是最重要的细胞防御反应。

（一）识别

病原体上的病原相关分子模式被宿主细胞表面的模式识别受体所识别，从而使得机体的相关免疫信号通路被激活，抗病菌的免疫因子被活化，体液免疫和细胞免疫被启动，全面抵御外来入侵病原菌。甲壳动物体内存在许多PRR，目前主要发现的有：革兰氏阴性菌结合蛋白（GNBP）、肽聚糖识别蛋白（PGRP）、脂多糖和葡聚糖结合蛋白（LGBP）、含硫酯键蛋白（TEP）、清道夫受体（SR）、C-型凝集素（CTL）等多种家族蛋白。

血细胞对异物的识别过程由PPR和PAMP的相互作用共同决定，在这个过程中，血细胞分泌的细胞附着因子介导血细胞黏附异物。在外源物质的刺激下，血细胞释放细胞黏附蛋白并经限制性蛋白酶水解后获得细胞黏附活性，进而发挥调理素作用促进细胞吞噬。黏附蛋白和病原菌等形成的连接，可在血液循环里引发黏性物质聚集形成血细胞团，即结节。结节可在血细胞间形成，也可在血细胞和病原菌等异物间形成，有防止病原体扩散的功能，但也可通过血液循环阻塞鳃丝的维管结构，造成病理损伤。

（二）吞噬和杀菌

吞噬是最普遍的细胞免疫防御方式和最重要的非特异性清除异物的途径，该过程包括吸附、吞入、分解和释放废弃物等环节。甲壳动物的血细胞识别出病原/异物后，通过桥联分子及PPR和PAMP的相互作用，外源物质被吸附到血细胞表面，血细胞伸出伪足或细胞膜内陷，两边的细胞膜一经融合，被膜包围的固体物质就被包在细胞内，形成由膜包裹的吞噬小体（phagosome），初级溶酶体很快同吞噬小体融合形成次级溶酶体，此时溶酶体中的底物是从细胞外摄取的，故为异噬性的溶酶体。在异噬性的溶酶体中的溶菌酶、髓过氧化物酶、乳铁蛋白、防御素、活性氧物质、活性氮物质等能杀死病菌，而蛋白酶、多糖酶、核酸酶、脂酶等则可将菌体降解。最后不能消化的菌体残渣，被排到吞噬细胞外。吞噬细胞在吞噬异物的同时，也可由于吞噬的异物过多而解体，随后释放到组织内的各种酶类和活性物质对机体组织也会造成一定的损伤。

吞噬作用的后果随吞噬细胞所吞噬病原生物的种类、毒力及机体的免疫状态不同而异，可分为完成吞噬或不完全吞噬，不完全吞噬的病原微生物，机体可通过包囊作用形成结节将其包裹、隔离并灭杀。包囊作用多发生于个体较大或病原体数量较多，不能被单个/局部吞噬细胞吞噬的病原体，病原体被甲壳动物血细胞聚集成的多层纤维状结构将病原体隔离、包裹，并通过黑化等过程清除病原。例如中国明对虾感染鳗弧菌后多种器官和组织中出现包囊现象，包囊及其后出现的黑化反应有助于机体对病原菌的灭杀。

（三）细胞凋亡

甲壳动物可通过细胞凋亡来抑制和清除细胞内寄生的病原体，通过抑制差减杂交发现，日本对虾（*Peneaus japonicus*）中Caspase基因通过细胞凋亡在对虾抗病毒免疫中发挥重要作用。同时，对虾白斑病毒的结合蛋白V38和V41B可直接调控对虾Caspase的活性，对Caspase启动子活性分别有抑制和激活作用，说明病原体也可利用宿主的细胞凋亡的途径达到侵染的目的。

三、甲壳动物的体液免疫

甲壳动物的体液免疫是由一系列的非特异性的免疫分子完成的，在病原的诱导下，免疫分子大量释放，可凝集病原微生物、直接杀灭微生物或者促进微生物被吞噬消解，从而清除病原微生物。

（一）酚氧化酶原系统

proPO 系统是虾类重要的防御系统，极微量的微生物多糖（如β-1，3-glucan，LPS，PG 等）以及胰蛋白、SDS 等就可激活 proPO 系统。

甲壳动物的酚氧化物酶（PO）是一种含铜的氧化还原酶，酚氧化酶原激活系统是由丝氨酸蛋白酶和其他因子组成的一个复杂酶级联反应系统。当微生物或寄生虫等侵入体内时，其结构成分如真菌中的葡聚糖和革兰氏阴性菌中的脂多糖等作为非己信号按一定顺序激活丝氨酸蛋白酶，丝氨酸蛋白酶随后又激活酚氧化酶原，将其转变成活性的酚氧化酶。

PO 活化过程中会产生一系列的活性物质，可通过多种方式参与宿主的防御反应，包括提供调理素，促进血淋巴细胞吞噬作用，包囊作用和结节形成以及介导凝集和凝固，产生杀菌物质等。

（二）凝集素

甲壳动物体内存在多种能使细菌、脊椎动物红细胞、寄生虫等发生凝集的因子，称为凝集素，其实质是一类糖蛋白，具有结构异质性和异物结合位点的特异性，作用类似脊椎动物的抗体，是虾类体内的另一类免疫识别因子。凝集素借助其分子上的糖基与非己细胞表面相应的糖基受体相结合，形成细胞间桥梁，导致细胞被凝集。虾类凝集素由血淋巴细胞合成，还参与止血、凝固、胞囊、微生物中和作用直至创伤修复等，以保障机体健康。

凝集素具有高度的调理作用，能专一性的结合在非己颗粒的表面，而且还能与吞噬细胞表面的受体相结合，从而像脊椎动物的补体系统的 C3b 成分和免疫球蛋白的 Fc 片段那样促进吞噬作用。凝集素的这种调理作用可能通过如下两种机制完成：①当凝集素与非己物质结合后引起凝集素分子结构发生变化，使其第二活性位点能与血细胞膜上的受体位点结合；②某些凝集素本身就是膜结合凝集素。此外，凝集素能促进血淋巴细胞活化，诱导血淋巴细胞中各种酶（如 proPO 系统成分）的活化和释放，从而将入侵异物灭活。

（三）细胞毒活性氧（呼吸爆发）

虾类血淋巴细胞在吞噬侵入体内的病原微生物后，会产生呼吸爆发现象，释放有毒性的活性氧，包括超氧阴离子、过氧化氢、羟自由基和单态氧等产物，这些物质具有强有力的杀菌作用。透明细胞是产生细胞毒活性氧的场所，而小颗粒细胞和大颗粒细胞不产生活性氧。呼吸爆发的活力与对虾的生存环境和抗病力均有关。

（四）抗微生物多肽

抗微生物多肽是动物界中广泛存在的一种宿主防御机制。对虾素（penaeidins）是虾类中研究最多的一类抗微生物多肽，血淋巴细胞是对虾素产生和存储的场所，机体产生应激反应时可将对虾素从血细胞中释放到血淋巴中。在凡纳滨对虾中发现了 3 类对虾素，其结构共性有氨基端富含 proline 残基，羧基端含有 6 个 cysteine 残基，分子内含 3 个二硫键。对虾素具有广泛的抗微生物作用，包括抗革兰氏阳性细菌和抗真菌。对虾素抗细菌作用表现为在细菌膜上形成孔洞从而使菌膜裂解的快速杀菌作用，而抗真菌作用则通过抑制丝状真菌的孢子的萌发和菌丝的生长而实现。此外，研究还表明，对虾素还具有结合几丁质的性能。

目前已知甲壳类动物抗菌肽不仅能对 100 多种细菌有杀伤作用，而且对某些真菌、原生动物、寄生虫、支原体、衣原体、螺旋体、病毒及肿瘤细胞也有杀伤作用，还具有杀精活性，对耐药性细菌也有杀灭或抑制作用。

（五）溶血素

在日本对虾和中国对虾的体内都曾发现能对鸡红细胞产生溶血作用的溶血素活性。这种溶血作用是由溶血素与血细胞表面的特异性糖链结合后，使细胞膜发生溶解造成的。机体溶血素活性的高低反映了机体识别和排除异种细胞能力的大小，其作用可能类似于脊椎动物的补体系统，可溶解破坏异物细胞，参与调理作用，能溶解革兰氏阳性菌，并可能与酚氧化酶原的激活系统有关。

（六）溶酶体酶

溶酶体酶主要源于血淋巴细胞和血淋巴，研究较多的有溶菌酶、碱性磷酸酶、酸性磷酸酶、过氧化物酶、超氧化物歧化酶等。这些酶的活性和水平在某种程度上与生物体的健康状况及免疫水平密切相关，因此其活性的变化可衡量动物的免疫状态。

第三节 贝类免疫

贝类由于缺乏基于淋巴细胞和抗体的获得性免疫机制，主要依赖固有免疫系统的细胞免疫和体液免疫来完成对病原体的清除。贝类的血细胞是贝类免疫系统的核心和基础（4–1）。贝类免疫反应主要依赖于血细胞的吞噬、包囊、形成细胞结等细胞免疫反应，血淋巴中的一些酶及调节因子，如溶菌酶、β- 葡萄糖苷酶、凝集素等在免疫中也发挥着重要作用。

表 4–1 贝类血细胞的分类

物种	血细胞分类
欧洲扁牡蛎 *Ostrea edulis*	小透明细胞、大透明细胞、颗粒细胞
美洲牡蛎 *Crassostrea virginica*	无颗粒细胞、小颗粒细胞、颗粒细胞
	透明细胞、中间型细胞、颗粒细胞
	透明细胞、小颗粒细胞、颗粒细胞
太平洋牡蛎 *C. gigas*	透明细胞、小颗粒细胞、大颗粒细胞
	无颗粒细胞、透明细胞、颗粒细胞
香港牡蛎 *C. hongkongensis*	透明细胞、小颗粒细胞、大颗粒细胞
近江牡蛎 *C. aralensis*	浆样细胞、透明细胞、颗粒细胞
布拉夫牡蛎 *O. chilensis*	透明细胞、颗粒细胞
海湾扇贝 *Argopecten irradians*	透明细胞、小颗粒细胞、大颗粒细胞
虾夷扇贝 *Patinopecten yessoensis*	透明细胞、小颗粒细胞、大颗粒细胞
节孔扇贝 *Chlamys farreri*	透明细胞、小颗粒细胞、大颗粒细胞
菲律宾蛤仔 *Ruditapes philippinarum*	无颗粒细胞、颗粒细胞
	透明细胞、小颗粒细胞、中颗粒细胞、大颗粒细胞
硬壳蛤 *Mercenaria mercenaria*	无颗粒细胞、颗粒细胞
中国蛤蜊 *Mactra chinensis*	透明细胞、小颗粒细胞、大颗粒细胞
文蛤 *Meretrix lusoria*	透明细胞、小颗粒细胞、大颗粒细胞

续表

物种	血细胞分类
紫石房蛤 *Saxidomus purpurat*	透明细胞、小颗粒细胞、大颗粒细胞
波纹巴非蛤 *Paphia undulata*	透明细胞、小颗粒细胞、大颗粒细胞
双线紫蛤 *Sanguinaria diphos*	透明细胞、小颗粒细胞、大颗粒细胞
沟纹蛤仔 *Ruditapes decussatus*	透明细胞、中间型细胞、颗粒细胞
西施舌 *Coelomactra antiqata*	透明细胞、小颗粒细胞、大颗粒细胞
毛蚶 *Scapharca subcrenata*	透明细胞、大颗粒细胞
褶纹冠蚌 *Cristaria plicata*	淋巴样细胞、透明细胞、小颗粒细胞、大颗粒细胞
角帆蚌 *Topsis cuming*	透明细胞、颗粒细胞
翡翠贻贝 *Perna viridis*	透明细胞、颗粒细胞
	透明细胞、颗粒细胞
紫贻贝 *Mytilus galloprovincialis*	透明细胞、小型半颗粒细胞、大型半颗粒细胞、大颗粒细胞
	透明细胞、小颗粒细胞、大颗粒细胞
	无颗粒细胞、颗粒细胞
砂海螂 *Mya arenaria*	透明细胞、颗粒细胞
角蝾螺 *Tarbo cornutus*	浆样细胞、透明细胞、颗粒细胞
疣鲍 *Haliotis tuberculata*	浆样细胞、透明细胞
盘鲍 *Haliotis discus discus*	浆样细胞、透明细胞
杂色鲍 *Haliotis diversicolor*	透明细胞、小颗粒细胞、大颗粒细胞
海鞘 *Halocynthia moretz*	颗粒细胞（3 类群）、透明细胞（4 类群）、类淋巴细胞

引自《流式细胞术在贝类血细胞分类中的应用》2021，张秀霞等，水产学杂志

贝类能够对损害和渗入体内的外源物质产生多样而且复杂的反应。细菌、酵母、寄生虫及可溶性蛋白等异物进入机体，很快被血细胞吞噬，被水解酶消化

降解。当外来异物的直径大于 10 μm 时，血细胞可将其包围形成包囊，受到机体的排斥，这是机体的细胞防御和体液防御共同起作用的结果。另外有一些外来物质进入机体后可诱导机体内免疫相关因子的数量和活性增加或减少，使得机体的防御能力加强或下降，目前人们对这一复杂过程的反应尚缺乏深入研究，知之甚少。

一、贝的免疫系统

贝类血细胞是贝类抵御系统的最重要的部分，可进行炎症、伤口修复、呼吸爆发、吞噬和包囊等作用。由于贝类的血细胞没有明确的分子标记，因此并没有明确的分类系统。早期研究主要依据形态学和组织化学的标准，从细胞大小、核质比和胞内质物对血细胞进行分类和描述，以双壳贝类为例，紫贻贝（*Mytilus edulis*）的血细胞分为淋巴细胞（无颗粒）、巨噬细胞和嗜酸性颗粒细胞，加州贻贝（*M. califurnianus*）分为小嗜碱性细胞、大嗜碱性细胞和大嗜酸性细胞，长牡蛎（*Crassoatrea gigas*）分为无颗粒的阿米巴状细胞、嗜碱性粒细胞和嗜酸性粒细胞，美洲牡蛎（*C. uirginica*）分为透明细胞、纤维细胞和颗粒细胞等。目前为止，比较公认的双壳贝类血细胞的分类有 3 类，具体说法不同，大致可归为透明细胞、小颗粒细胞和大颗粒细胞，从功能上看，分为透明细胞和颗粒细胞更简便些。

透明细胞在三类细胞中体积最小，其特征是细胞核较大，细胞质较少，核质比较大，没有致密的颗粒性物质存在，也被称为无颗粒细胞。菲律宾蛤仔的透明细胞的细胞核有圆形和“U”形两种，部分细胞表面有丝状体。核质比较大的透明细胞内线粒体和内质网较少，而核质比较小的透明细胞有丰富的粗面型内质网和线粒体。透明细胞的吞噬活性和活性氧产生水平较低，但在凝集作用中发挥着重要的功能。

颗粒细胞呈球形，细胞质中含有大量的囊泡结构和线粒体、粗面型内质网和高尔基体等细胞器结构，还含有大量的高电子密度颗粒。颗粒细胞表面除了能形成丝状体外，还能形成伪足。颗粒细胞在血淋巴细胞总数中占有较大比例，是贝类免疫防御反应中的关键细胞，具有很强的吞噬和分解能力。研究发现牡蛎、鲍、贻贝、扇贝和蛤仔的颗粒细胞富含各种水解酶，并可检测到较高的溶菌酶活性以及较高的活性氧和一氧化氮水平，其吞噬活性、ROS 产生量占了血细胞吞噬活性的90%左右。

二、贝类非特异性免疫

贝类的体液中没有抗体，但存在多种具有活性的体液防御因子，主要有由血细胞分泌的各种水解酶类（磷酸酶、脂酶、蛋白酶、葡萄糖苷酶等）、非特异的抗菌肽类、高等动物细胞因子类似物、调理素和凝集素等，如在贝类中已发现有类IL-1α、IL-1β、IL-2、IL-6、TNF-α样细胞因子存在，并具有类似于高等动物中的功能。由于大多数体液因子是由血细胞分泌到血浆而起防御功能的，所以贝类的细胞和体液防御是相互联系的。

贝类免疫主要依靠免疫识别分子、信号通路分子和众多免疫效应分子的共同作用，及时识别杀伤入侵的病原微生物，并激活免疫系统，诱导产生更强大、更持久的免疫效应。大多数免疫因子是由贝类血细胞分泌到血淋巴而发挥防御功能的，所以免疫细胞和免疫分子相互联系，相互作用，共同介导免疫应答。

（一）免疫识别分子

免疫识别即免疫系统对“自己”与“非己”的识别，是生物体实现有效防御的起始步骤，也是免疫系统发挥免疫功能的重要前提。同甲壳动物一样，在贝类中的模式识别受体PRR主要包括以下六大类：肽聚糖识别蛋白（peptidoglycan recognition proteins，GKP）、革兰阴性菌结合蛋白（gram negative binding protein，GNBP）、凝集素（lectin）、含硫酯蛋白（thioester-containing protein，TEP）、Tol样受体（tol-like receptor，TLR）和清道夫（scavenger receptor，SR）。

（二）免疫信号通路

研究证明，PRR能识别不同PAMP，激活不同的免疫信号通路，从而诱导下游的级联反应，产生不同类型的效应分子，参与机体防御反应。目前，同甲壳动物一样，在贝类动物中发现了若干条重要的免疫信号通路，如TLR信号通路、JAK-STAT通路、MAPK通路、NF-κB信号通路、补体系统、TNF信号通路以及酚氧化酶原激活系统（prophenoloxidase activating system）等，相关研究为进一步解析贝类的免疫防御机制奠定了重要基础。

(三) 免疫效应分子

PRR 分子对病原微生物的识别能够迅速启动免疫信号通路，诱导血淋巴细胞产生并释放大量的免疫效应分子，如抗菌肽（antimicrobial peptide，AMP）、溶菌酶（lysozyme）、细胞因子（cytokine）、抗氧化酶、急性期蛋白等，直接对病原微生物进行破坏和清除。

思考题：

1. 简述鱼类的抗体的类型和特征。
2. 鱼的特异性免疫主要包括哪些过程?
3. 简述甲壳动物的细胞免疫。
4. 贝类血细胞的分类及其主要生物学功能是什么?

第五章
水生微生物的检测技术

对人和动物具有致病性的微生物称为病原微生物，又称病原体，有病毒、细菌、立克次体、支原体、衣原体、螺旋体、真菌、放线菌、朊粒等。这些病原微生物可引起感染、过敏、肿瘤、痴呆等疾病，也是危害食品安全的主要因素之一。水产动物的疾病往往由于传播速度快，流行面积广而造成大量的经济损失，因此对病原体的检测必须做到快速、准确。随着微生物学研究技术的不断发展，水生微生物的检测技术包含了细菌、病毒的分离培养以及快速准确的免疫学检测技术和分子生物学检测技术等，可以精准灵敏地鉴定病原微生物。

第一节　细菌性病原的分离培养鉴定保种技术

一、细菌的分离

从混杂的微生物中获得单一菌株进行纯培养的方法称为细菌的分离。细菌分离的目的是通过对单个细菌个体进行增殖，使其在固体培养基上长出肉眼可见的群体（菌落），然后根据培养特征，用接种针挑取所需菌种并在显微镜下检查，确认为单一形状的菌体。疾病诊断过程旨在从受检样品材料分离出纯种的病原细菌，为后续检测、分析、鉴定提供本底材料。

（一）细菌分离的方法

1. 平板划线分离法

最简单的分离细菌的方法是平板划线法，即用接种环以无菌操作蘸取少许待分离的材料，在无菌平板表面进行连续划线，细菌细胞数量将随着划线次数的增加而减少，并逐步分散开来，如果划线适宜的话，细菌能一一分散，经培养后，可在平板表面得到单菌落。但首次出现单菌落并非都由单个细胞繁殖而来的，故必须反复分离多次才可得到纯种。其原理是将细菌样品在固体培养基表面多次作“由点到线”稀释而达到分离目的的。划线的方法很多，常见的比较容易出现单个菌落的划线方法有斜线法、曲线法、方格法、放射法、四格法等。

2. 稀释倒平板法

首先把细菌悬液作一系列的稀释（如 1∶10，1∶100，1∶1000，1∶10000），然后分别取不同稀释液少许，与已熔化并冷却至 50℃左右的琼脂培养基混合，摇匀后，倾入灭过菌的培养皿中，待琼脂凝固后，制成可能含菌的琼脂平板，恒温培养一定时间即可出现菌落。如果稀释得当，在平板表面或琼脂培养基中就可出现分散的单个菌落，这个菌落可能就是由一个细菌细胞繁殖形成的。随后挑取该单个菌落，或重复以上操作数次，便可得到纯培养的细菌。

3. 涂布平板法

先将已熔化的培养基倒入无菌平皿，制成无菌平板，冷却凝固后，将一定量的细菌悬液滴加在平板表面，再用无菌玻璃涂棒将菌液均匀分散至整个平板表面，经培养后挑取单个菌落进一步纯化。

4. 稀释摇管法

针对厌氧性细菌，可采用稀释摇管培养法进行分离培养，它是稀释倒平板法的一种变通形式。先将一系列盛无菌琼脂培养基的试管加热使琼脂熔化后冷却并保持在 50℃左右，将待分离的材料用这些试管进行梯度稀释，试管迅速摇动均匀，冷凝后，在琼脂柱表面倾倒一层灭菌液体石蜡和固体石蜡的混合物，将培养基和空气隔开。培养后，菌落形成在琼脂柱的中间。进行单菌落的挑取和移植，需先用一只灭菌针将液体石蜡——石蜡盖取出，再用一只毛细管插入琼脂和管壁之间，吹入无菌无氧气体，将琼脂柱吸出，置放在培养皿中，用无菌刀将琼脂柱切成薄片进行观察和菌落的移植。

5. 液体培养基稀释法

将接种物在液体培养基中进行顺序稀释，以得到高度稀释的效果，使一支试管中分配不到一个细菌。如果经稀释后的大多数试管中没有细菌生长，那么有细菌生长的试管得到的培养物可能就是纯培养物。如果经稀释后的试管中有细菌生长的比例提高了，得到纯培养物的概率就会急剧下降。因此，采用稀释法进行液体分离，必须在同一个稀释度的许多平行试管中，大多数（一般应超过 95%）表现为不生长。

6. 单细胞（孢子）分离法

采取显微分离法从混杂群体中直接分离单个细胞或单个个体进行培养以获得纯培养，称为单细胞（或单孢子）分离法。单细胞分离法的难度与细胞或个体的大小成反比，较大的微生物如藻类、原生动物较容易，个体很小的细菌则较难。较大的微生物，可采用毛细管提取单个个体，并在大量的灭菌培养基中转移清洗几次，除去较小微生物的污染。这项操作可在低倍显微镜，如解剖显微镜下进行。对于个体相对较小的微生物，需采用显微操作仪，在显微镜下用毛细管或显微针、钩、环等挑取单个微生物细胞或孢子以获得纯培养。在没有显微操作仪时，也可采用一些变通的方法进行单细胞分离，例如将经适当稀释后的样品制备成小液滴在显微镜下观察，选取只含一个细胞的液滴来进行纯培养物的分离。单细胞分离法对操作技术有比较高的要求，多限于高度专业化的科学研究中采用。

7. 选择培养分离法

如果某种细菌的生长条件是已知的，也可以设计特定环境使之适合特定细菌的生长，因而能够从混杂的细菌群体中把这种细菌选择培养出来。这种通过选择培养进行细菌纯培养分离的技术称为选择培养分离，特别适用于从自然界中分离、筛选有用的细菌。自然界中，在大多数场合细菌群落是由多种细菌组成的，从中分离出所需的特定细菌是十分困难的，尤其当某一种细菌所存在的数量与其他细菌相比非常少时，只采用一般的平板稀释法几乎是不可能的，因此可采用选择培养分离的方法，或抑制使大多数细菌不能生长，或造成有利于该菌生长的环境，经过一定时间培养后使目标菌在群落中的数量上升，再通过平板稀释等方法对它进行纯培养分离。具体包括两种方式：

（1）利用选择平板进行直接分离

根据待分离细菌的特点选择不同的培养条件，有多种方法可以采用。例如要分离高温菌，可在高温条件下进行培养；要分离某种抗菌素抗性菌株，可在加有抗菌素的平板上进行分离；有些细菌如螺旋体、粘细菌、蓝细菌等能在琼脂平板表面或里面滑行，可以利用它们的滑动特点进行分离纯化，因为滑行能使它们自己和其他不能移动的细菌分开。可将细菌群落点种到平板上，让细菌滑行，从滑行前沿挑取接种物接种，反复进行，得到纯培养物。

（2）富集培养

富集培养法原理和方法非常简单，利用不同细菌间生命活动特点的不同，制定特定的环境条件，使仅适应于该条件的细菌旺盛生长，从而使其在群落中的数量大大增加，很容易地分离到所需的特定细菌。富集条件可根据所需分离的细菌的特点从物理、化学、生物及综合多个方面进行选择，如温度、pH、紫外线、高压、光照、氧气、营养等许多方面。在相同的培养基和培养条件下，经过多次重复移种，最后富集的菌株很容易在固体培养基上长出单菌落。如果要分离一些专性寄生菌，就必须把样品接种到相应敏感宿主细胞群体中，使其大量生长。通过多次重复移种便可以得到纯的寄生菌。

8. 二元培养物

培养物中只含有两种细菌，而且是有意识的保持两者之间的特定关系的培养物称为二元培养物。例如二元培养物是保存病毒的最有效途径，由于病毒是细胞生物的严格的细胞内寄生物，有一些具有细胞的微生物也是严格的其他生物的细胞内寄生物，或特殊的共生关系。对于这些生物，二元培养物是在实验室控制条件下可能达到的最接近于纯培养的培养方法。另外，猎食细小微生物的原生动物也很容易用二元培养法在实验室培养，培养物由原生动物和它猎食的微生物两者组成。例如，纤毛虫、变形虫和粘菌。

二、细菌的鉴定

细菌鉴定是指将未知细菌按生物学特征放入系统中某一适当位置和已知菌种比较其相似性，并通过对比分析方法确定细菌分类地位的过程。细菌鉴定方法包括生化鉴定、核酸检测、血清学鉴定、自动化仪器鉴定及质谱技术等。细菌鉴定是分类学的一个组成部分，临床细菌鉴定可将细菌鉴定至属和种，在细菌快速检测、细菌耐药性检测及细菌感染的流行病学调查中得到日益广泛的应用。

（一）细菌鉴定方法

1. 生理生化鉴定

该方法是细菌鉴定中最重要的一种，主要是借助细菌对营养物质分解能力的不同及其代谢产物的差异对细菌进行鉴定，包括蛋白质分解产物试验、触酶试验、糖分解产物试验、氧化酶试验、凝固酶试验等。

2. 血清学鉴定

适用于含较多血清型的细菌，常用方法是玻片凝集试验，并可用免疫荧光法、协同凝集试验、对流免疫电泳、间接血凝试验、酶联免疫吸附试验等方法快速、灵敏地检测样本中致病菌的特异性抗原。用已知抗体检测未知抗原（待检测的细菌），或用已知抗原检测患者血清中的相应抗细菌抗体及其效价。血清学鉴定操作简单快速，特异性高，可在生化鉴定基础上为细菌鉴定提供确定诊断。

3. 分子生物学鉴定

适用于人工培养基不能生长、生长缓慢及营养要求高不易培养的细菌，检测方法包括核酸扩增技术、核酸杂交、生物芯片及基因测序等。常见的核酸扩增技术有聚合酶链反应、连接酶链反应等。核酸杂交有斑点杂交、原位杂交等，也可用于常见致病菌的进一步检测和验证。生物芯片包括基因芯片和蛋白质芯片，主要是对基因、蛋白质、细胞及生物个体进行大信息量分析的检测技术。

4. 微生物自动鉴定系统

（1）基于表型的鉴定方法：如美国 Biolog 公司的 Microstation 和 Omnilog 自动微生物鉴定系统，基于 95 种碳源或化学敏感物质的利用为原理，可鉴定细菌、酵母和霉菌超过 2650 种；另外还有基于脂肪酸鉴定的方法，采用气相色谱分析微生物细胞壁的脂肪酸构成；在临床领域，梅里埃、BD、热电和西门子都有相应的自动微生物鉴定系统，其数据库主要以鉴定致病菌为主，通常是 200 ~ 600 种数据库，一般可同步进行药敏测试；

（2）基于基因型的鉴定方法：如基因测序法及基因条带图谱法，以 Life 和杜邦为典型代表。

（3）基于蛋白的鉴定方法：以布鲁克和梅里埃为代表，基于蛋白质飞行质谱平台，分析不同高度保守的微生物核糖体蛋白电解离后的电子飞行时间进行鉴定。

三类方法各有优缺点，理论上不冲突，应该互为补充，应根据需要进行选择。

5. 质谱鉴定技术

质谱鉴定技术近年来发展起来的一种新型的软电离生物质谱，用于分析细菌的化学分类和鉴定，具有高灵敏度和高质量检测范围的优点。主要是对核酸、蛋白质、多肽等生物大分子串联质谱进行分析。其原理主要基于细菌全细胞蛋白质组指纹图谱分析的技术，与 Sherlock 全自动微生物鉴定系统的细胞脂肪酸成分分析相类似，质谱分析亦需要通过专门的数据分析和专家系统对未知细菌的特殊蛋白图谱与菌种文库中收集的菌种蛋白质组指纹图谱进行比较。由于细菌质谱分析的蛋白质大分子适合于飞行时间质量分析器，因此，微生物的质谱鉴定被统称为基质辅助激光解吸电离的飞行时间质谱技术（matrix-assisted laser desorption ionization time-of-flight mass spectrometry，MALDI-TOF MS）。MALDI-TOF MS 能直接对微生物的蛋白质混合物进行分析，具有适应范围广、准确、灵敏、特异、鉴定快速、高通量、经济实惠等优点，对于微生物的菌种的鉴定具有革命性的重大意义。

（二）常见鉴定方法的操作流程

1. 生理生化鉴定

菌株生理生化特性主要进行糖类（葡萄糖）发酵（设对照）、产气试验，运动性实验（半固体琼脂穿刺、镜检），氧化酶、触酶（过氧化氢酶）反应，O/129 试纸测试等内容，同时包括菌株的菌落形态和菌个体形态。

（1）菌落形态观察：对菌落的形状、颜色、表面和边缘粗糙或光滑、菌落直径等进行观察记录，如有可能还可通过高倍显微镜观察菌体形态大小。

（2）细菌形态观察：细菌形态观察主要通过各种染色后用显微镜进行观察，包括光学显微镜和电子显微镜。革兰氏染色、鞭毛染色、芽孢染色、荚膜染色、美兰染色、抗酸性染色等是常用的细菌形态观察用的染色方法，其中革兰氏染色是最为重要而且是必须进行的鉴定步骤，革兰氏染色的结果可以决定后续的生理生化试验选择的项目内容和自动鉴定系统的分类单元。

（3）糖类（葡萄糖）发酵：观察细菌对各种糖的利用。用生理盐水洗脱斜面上菌苔，取适量稀释至 10^9 CFU/mL，加入装有葡萄糖液体培养基和产气管的安培瓶中，于恒温生化培养箱中培养，18 ～ 24 h 观察结果。产气管内有气泡为产气，液体培养基变黄色为糖类（葡萄糖）发酵阳性，无变色为阴性。

（4）氧化酶、触酶（过氧化氢酶）活性：用无菌竹签挑取适量菌苔分别涂在氧化酶试纸上和过氧化氢液体中，观察细菌本身是否具有氧化酶、过氧化氢酶活性。涂有菌苔的试纸 60 s 内变红色为氧化酶阳性，不变色为氧化酶阴性。过氧化氢液体中 10 s 内产生气泡为过氧化氢酶阳性，如无气泡为过氧化氢酶阴性。

（5）胞外酶活性：是指细菌的蛋白酶、淀粉酶、脂肪酶、氨基酸水解酶、氨基酸脱酸酶、半乳糖苷酶等胞外蛋白酶的活性。一般是将细菌接种在含有各种物质作为底物的培养基中，检测其在生长过程中能否产生相应的酶类来利用这些物质。

（6）唯一碳源试验：在无碳源的基础培养基中分别添加不同种类的碳源，观察细菌是否能利用该碳源进行生长。

（7）代谢产物试验：通过各种化学试剂，检测细菌生长后是否产生某类化合物，如硫化氢、吲哚、VP 试验、甲基红试验。

2. 16S rDNA序列分析鉴定

16S rDNA 指的是细菌染色体基因组中编码核糖体 RNA（rRNA）分子的对应的 DNA 序列，存在于所有细菌染色体基因中。16S rDNA 是细菌的系统分类研究中最有用的和最常用的分子钟，其种类少，含量大（约占细菌 DNA 含量的 80%），在结构与功能上具有高度的保守性，素有“细菌化石”之称。16S rDNA 序列分析有细菌基因组 DNA 的提取、PCR 扩增、测序、比对分析几步。细菌基因组 DNA 的提取常用细菌基因组 DNA 提取试剂盒提取出目标菌株的基因组 DNA，获得的 DNA 低温保存备用，也可采用煮沸法进行提取，即将病原菌纯培养菌液煮沸（或 100℃水浴）后离心取上清。一般 16S rDNA 的 PCR 扩增产物是 1.5 kb 目标片段，随后对 PCR 产物进行 DNA 序列测定，将序列与 Genebank 数据库中的所有核酸序列进行比对，确定目标菌的种类。由于 16S rDNA 的保守性，鉴定的准确性一般只能到属。

二、细菌的保种

细菌具有容易变异的特性，因此，在保藏过程中，必须使细菌的代谢处于最不活跃或相对静止的状态，才能在一定的时间内使其不发生变异而又保持生活能力。低温、干燥和隔绝空气是使细菌代谢能力降低的重要因素，所以，菌种保藏方法虽多，但都是根据这三个因素而设计的。需要注意的是有些方法如滤纸保藏法、液氮保藏法和冷冻干燥保藏法等均需使用保护剂来制备细胞悬液，以防止因冷冻或水分不断升华对细胞的损害。保护性溶质可通过氢和离子键对水和细胞所产生的亲和力来稳定细胞成分的构型，常用的保护剂有牛乳、血清、糖类、甘油、二甲亚砜等。保种方法主要有传代培养保种法、液体石蜡覆盖保种法、载体保种法、寄主保种法、冷冻保种法、冷冻干燥保种法等。

（一）传代培养保种法

包括斜面培养、穿刺培养、疱肉培养基培养等（后者作保藏厌氧细菌用），培养后于 4 ～ 6℃冰箱内保存。常用的有斜面低温保种法、寄主保种法和液体石蜡保种法。

1. 斜面低温保种法

将菌种接种在适宜的固体斜面培养基上，待菌充分生长后，密封，移至 2 ～ 8℃的冰箱中保藏。保藏时间依微生物的种类而有不同，霉菌、放线菌及有芽孢的细菌保存 2 ～ 4 个月，移种一次。酵母菌 2 个月，细菌最好每月移种一次。此法为常用菌株临时保藏法，优点是操作简单，不需特殊设备，能随时检查所保藏的菌株是否变异与污染杂菌等，缺点是容易变异，因为培养基的物理、化学特性不是严格恒定的，屡次传代会使微生物的代谢改变，而影响微生物的性状，同时污染杂菌的机会亦较多。斜面低温保种还需注意某些菌株会进入活的非可培养状态，难以再次接种。

2. 液体石蜡保种法

是传代培养保藏法的进阶版，能够适当延长保藏时间，它是在斜面培养物和穿刺培养物上面覆盖灭菌的液体石蜡，一方面可防止因培养基水分蒸发而引起菌种死亡，另一方面可阻止氧气进入，以减弱代谢作用。液体石蜡用 121℃灭菌 30 min，再用灭菌吸管吸取灭菌的液体石蜡，注入已长好菌的斜面上，其用量以高出斜面顶端 1 cm 为准，使菌种及斜面与空气隔绝，最后将试管直立，置低温或室温下保存。此法霉菌、放线菌、芽孢细菌可保藏 2 年以上，酵母菌可保藏 1 ～ 2 年，一般无芽孢细菌也可保藏 1 年左右，甚至部分用一般方法很难保藏的球菌，亦可保藏 3 个月之久。此法的优点是制作简单，不需特殊设备，且不需经常移种。缺点是保存时必须直立放置，所占位置较大，同时也不便携带。

3. 寄主保种法

用于目前尚不能在人工培养基上生长且必须在生活的动物、昆虫、鸡胚内感染并传代的微生物，如立克次氏体、螺旋体等。

（二）载体保种法

是将微生物吸附在适当的载体，如土壤、沙子、硅胶、滤纸上，而后进行干燥的保藏法，例如沙土保藏法和滤纸保藏法应用较广泛。

1. 滤纸保种法

先将滤纸剪成小条，装入安瓿管中，每管 1 ～ 2 条，121℃灭菌 30 min。取灭菌脱脂牛乳 1 ～ 2 mL 滴加在灭菌培养皿或试管内，取数环菌苔在牛乳内混匀，制成浓悬液。用灭菌镊子自安瓿管取滤纸条浸入菌悬液内，使其吸饱，再放回至安瓿管中。将安瓿管放入内有五氧化二磷作吸水剂的干燥器中，用真空泵抽气至干，用火焰熔封，保存于低温下。菌种复活培养时，可取出滤纸，放入液体培养基内，置温箱中培养。细菌、酵母菌、丝状真菌均可用此法保藏，前两者可保藏 2 年左右，有些丝状真菌甚至可保藏 14 ～ 17 年之久。此法较液氮、冷冻干燥法简便，不需要特殊设备。

2. 沙土保种法

取河沙加入 10% 稀盐酸，加热煮沸 30 min，倒去酸水，用自来水冲洗至中性，烘干，用 40 目筛子过筛，备用。另取不含腐殖质的瘦黄土或红土，加自来水浸泡洗涤数次，直至中性。烘干，碾碎，通过 100 目筛子过筛。按一份黄土、三份沙的比例掺合均匀，装入 10 mm × 100 mm 的小试管中，每管装 1 g 左右，加塞，彻底灭菌、烘干。选择培养成熟的优良菌种，制成孢子悬液。于每支沙土管中加入孢子悬液（约 0.5 mL），拌匀。放入真空干燥器内，用真空泵抽干水分，抽干时间越短越好（务必在 12 h 内抽干）。每 10 支抽取一支，用接种环取出少数沙粒，接种于斜面培养基上，进行培养，观察生长情况和有无杂菌生长，若经检查没问题，用火焰熔封管口，放冰箱或室内干燥处保存。每半年检查一次活力和杂菌情况。此法多用于能产生孢子的微生物如霉菌、放线菌，因此在抗生素工业生产中应用最广，效果好，可保存 2 年左右，但应用于营养细胞效果不佳。

（三）冷冻保种法

可分低温冰箱（−20 ～ −30 ℃，−50 ～ −80 ℃）、干冰酒精快速冻结（约 −70 ℃）和液氮（−196 ℃）等保藏法。

1. 冷冻干燥保种法

冷冻干燥保种法为先使细菌在极低温度（−70℃左右）下快速冷冻，然后在减压下利用升华现象除去水分（真空干燥），是菌种保藏方法中最有效的方法之一，对一般生命力强的微生物及其孢子以及无芽孢菌都适用，即使对一些很难保存的致病菌亦能保存。适用于菌种长期保存，一般可保存数年至十余年，但设备和操作都比较复杂。用脱脂牛乳 2 mL 左右加入已培养好的斜面试管中，制成浓菌液，用无菌安瓿管分装（每管 0.2 mL）。将分装好的安瓿管放低温冰箱或冷冻剂中如干冰（固体 CO_2）酒精液或干冰丙酮液进行冷冻，随后进行冷冻真空干燥，在真空干燥过程务必使样品保持冻结状态。封口抽真空干燥后，取出安瓿管，接在封口用的玻璃管上，于真空状态下，以煤气喷灯的细火焰在安瓿管颈中央进行封口，封口以后，保存于冰箱或室温暗处。

2. 液氮冷冻保种法

准备安瓿管用于液氮保藏的安瓿管，要求能耐受温度突然变化而不致破裂，因此，需要采用硼硅酸盐玻璃制造的安瓿管，安瓿管的大小通常使用 75 mm × 10 mm 的。加保护剂与灭菌保存细菌、酵母菌或霉菌孢子等容易分散的细胞时，则将空安瓿管塞上棉塞，121 ℃灭菌 15 min；若作保存霉菌菌丝体用则需在安瓿管内预先加入保护剂如 10%的甘油蒸馏水溶液或 10% 二甲亚砜蒸馏水溶液，加入量以能浸没以后加入的菌落圆块为限，而后再用 121 ℃灭菌 15 min。接入菌种将菌种用 10% 的甘油蒸馏水溶液制成菌悬液，装入已灭菌的安瓿管；霉菌菌丝体则可用灭菌打孔器，从平板内切取菌落圆块，放入含有保护剂的安瓿管内，然后用火焰熔封。浸入水中检查有无漏洞。冻结再将已封口的安瓿管以每分钟下降 1 ℃的慢速冻结至 −30 ℃。保藏经冻结至 −30 ℃的安瓿管立即放入液氮冷冻保藏器的小圆筒内，然后再将小圆筒放入液氮保藏器内。液氮保藏器内的气相为 −150 ℃，液态氮内为 −196 ℃。复活菌株时，将安瓿管取出，立即放入 38 ～ 40 ℃的水浴中进行急剧解冻，直到全部融化为止。再打开安瓿管，将内容物移入适宜的培养基上培养。

第二节　病毒性病原的分离培养鉴定技术

一、水生动物病毒性病原的分离培养技术

动物病毒的分离培养一般有三种方法，动物接种、鸡胚接种以及细胞培养。水生动物病毒不能在鸡胚中生长，只能采用动物接种和细胞培养方法。

（一）动物接种

动物接种是最原始的病毒分离培养方法，该方法简便，实验结果易观察。一些缺乏敏感细胞系的水生动物病毒只能通过动物接种进行培养。

选择试验动物时，应根据病毒的亲嗜性选择敏感动物，需考虑品种和年龄。特别注意是否感染过该病毒，对该病毒是否有免疫力。 接种时，一般将病毒制成病毒悬液，通过肌肉、腹腔注射或侵泡感染，有时可也通过投喂含病毒的饵料鱼

进行感染，饲养水温应与自然发病时水温相同。若被接种鱼死亡，或出现与自然发病相同的病变，且该情况能够被已知的特异性抗病毒血清中和，即可判定病毒的种类。

（二）细胞培养

细胞是维持病毒增殖的必须场所，细胞培养法是病毒分离鉴定中最常用的方法。体外培养动物细胞最先采用的是组织培养，50年代后，开始将组织分离，以单层细胞进行培养。根据细胞的来源、染色体特征及传代次数，可分为原代细胞，二倍体细胞和传代细胞系。1961年Clem建立了世界上第一个鱼类传代细胞系，石鲈鳍条细胞系GF（Grunt fin），Wolf等（1962）又相继建立了虹鳟性腺细胞系RTG11，随后BF-2、EPC、FHM等常见鱼类细胞系相继建立并在全球范围内获得广泛的应用，极大地促进了鱼类病毒的研究。至今GF、RTG11、BF-1、EPC、FHM和SSN-1等鱼类细胞在全球范围内依然得到非常广泛的应用。

国内最早的鱼类细胞系是浙江淡水研究所张念慈先生于1979年建立草鱼吻端细胞系ZC7901及其亚株ZC7901s1，用于草鱼呼肠孤病毒的分离培养、鉴定及疫苗研究。稍后，长江水产研究所建立的草鱼肾脏组织细胞系CIK和性腺细胞系GCO等细胞在国内得到广泛的应用。随着海洋鱼类的养殖和病毒病研究的发展，牙鲆鳃细胞系FG等海洋鱼类细胞培养也随之发展起来。牙鲆、海鲈、石斑鱼、大黄鱼、卵形鲳鲹等主要海水鱼类组织来源传代细胞相继获得成功培养。但对于虾蟹贝等无脊椎动物，目前还没有连续传代细胞系，至今仍是国际难题。

二、水生动物病毒性病原的鉴定技术

水生动物病毒性病原的鉴定技术包括显微镜检测、基于抗原抗体反应的血清学鉴定技术和基于核酸的分子生物学鉴定技术。血清学鉴定技术包括免疫荧光技术、病毒中和试验和酶联免疫吸附测定ELSA等，分子生物学鉴定技术包括常规PCR、荧光定量PCR、环介导等温扩增反应LAMP、原位杂交等。据世界动物卫生组织（OIE）给出的病原病毒的确诊标准，动物病原病毒的诊断金标准包括：基于常规PCR的分子检测，基于细胞培养的病毒分离和基于病原抗体抗原反应的免疫荧光鉴定。该标准适合于已知病毒病的确诊，但对于新生未知病原，在病原背景尚不清楚的情况下，该标准显然并不适合。

（一）显微镜检测

显微镜包括普通光学显微镜、电子显微镜和荧光显微镜。

光学显微镜主要是通过观察病毒感染组织或细胞内形成的包涵体及组织病理改变对病毒属性进行初步判断。该方法简单易行，但敏感性不高，特异性不强。但对于有特殊形态的病毒、能产生特殊包涵体如疱疹病毒以及引起特征性病理改变的病毒如肿大细胞病毒，为较好的鉴定方法。

电子显微镜简称电镜，是一种用电子束和电子透镜代替光束和光学透镜，使物质的精细结构可在百万倍数下成像的显微镜。分辨率能达到 0.1 nm，是光学显微镜的 2000 倍，在病毒学研究中不可或缺。借助电子显微镜可直接观察分离的病毒颗粒形态大小，初步判断病毒属于哪一类。目前发现的有些水生动物病毒尚未分离培养成功，还只限于电镜观察。如虾类杆状病毒、贝类疱疹病毒和鲤鱼水肿病毒等。在病毒检测中，常用的电镜技术有两种：①负染法，主要用于细胞外病毒颗粒的检查。将待检测的病毒悬液，经超速离心后，铺展在铜网上，用重金属盐（如磷钨酸、醋酸双氧铀）对样品进行染色，然后置于电镜下观察；②超薄切片法，主要用于检查组织细胞内的病毒。应从活的发病鱼体采取病变组织，修剪为约 1 mm^3 大小的颗粒，或收集感染病毒的细胞，经戊二醛和锇酸固定后，包埋在环氧树脂中，超薄切片后，置于铜网上，经醋酸铀和枸橼铅酸溶液分别染色后，在电镜下观察。免疫电镜是将电镜与免疫技术相结合，用于检测病毒浓度低的样品。

荧光显微镜是以紫外线为光源，用以照射被检物体，使之发出荧光，然后在显微镜下观察物体的形状及其所在位置。在病毒检测中，利用抗体抗原反应，用直接或间接荧光素标记的病毒特异性抗体与组织切片标本、病理学细胞涂片或血液标本反应，通过荧光显微镜观察，可在病毒富集部位观察到相应的病毒。

（二）病毒在细胞内增殖的检测

1. CPE：病毒在细胞内增殖通常可引起细胞退行性病变，主要表现为细胞皱缩、变圆、出现空泡、死亡和脱落等。有的只有轻微的病变或无可见变化。多数水产病毒可产生特征性的 CPE 变化，在光镜下观察细胞病变，结合临床症状可做出预测性诊断。

2. 包涵体和红细胞吸附现象（hemadsorption phenomenon）：有些病毒在感染

细胞内形成特征性的包涵体，有些具有血凝素的病毒感染细胞后，在细胞膜上可出现病毒的血凝素，能吸附某些动物的红细胞。如果加入相应的抗血清，可中和病毒血凝素，抑制红细胞吸附现象的发生，称为红细胞吸附抑制试验。这些均可作为病毒增殖的指征，也可用于病毒种和型的初步鉴定。

3. 干扰现象（interference phenomenon）：一种病毒感染细胞后，不一定能产生细胞病变，但能干扰以后进入的病毒的增殖，这种现象称为干扰现象。

（三）病毒感染性的定量测定

将待测定病毒适当稀释后接种到动物体或细胞，根据动物发病死亡或细胞病变情况，测定病毒感染力强弱或病毒数量，主要有以下两种方法。

1. 空斑形成单位（plaque forming unit，PFU）测定：是目前测定病毒感染性比较准确的方法。将适当浓度的病毒悬液接种到单层细胞中，待病毒吸附于细胞上后，再覆盖一层熔化的半固体琼脂，凝固后，继续孵育培养。因琼脂的限制作用，每一个感染性病毒颗粒在细胞内增殖后，仅能在感染的单层细胞及其周围产生一个局限性病灶，并逐渐扩大。当用中性红等染料染色时，活细胞呈现红色，被感染的病变细胞不着色，呈现出清楚可见的未着色空斑。每个空斑原则上代表一个感染性病毒颗粒，病毒悬液中感染性病毒量可以每毫升空斑形成单位（PFU）来表示。感染细胞不能产生细胞病变的病毒可采用不同的方法显示感染细胞的数量，如红细胞吸附显斑、加抗体后用葡萄球菌 A 蛋白（SPA）显斑、干扰病毒显斑等。

2. 50% 终点法：用此法可以估计病毒感染性的强弱及含量，但不能准确测定感染性病毒的多少。一般将病毒悬液做 10 倍梯度稀释，接种于动物或培养细胞，培养一定时间后，观察动物发病或死亡情况，或细胞病变情况，将结果绘制成曲线，经统计学方法找出造成 50% 动物发病、死亡或细胞病变的稀释度，以此为病毒的感染浓度，分别用 LD50（造成 50% 动物死亡的病毒含量）、ID50（造成 50% 动物感染的剂量）及 TCID50（造成 50% 细胞病变的剂量）表示。

（四）血清学检测

血清学检测是病毒鉴定技术中重要的方法，特别是对于不能培养的病毒。常用的方法包括：一般方法，如酶联免疫吸附试验（ELISA）、免疫荧光技术、补体结合试验和免疫胶体金等；特殊方法，如中和试验，血凝抑制试验，琼脂扩散等，下面介绍中和试验和血凝抑制试验。

1. 中和试验（neutralization test，NT）能与病毒结合，使其失去感染力的抗体称为中和抗体，在活体或活细胞内测定病毒被特异性抗体中和而失去致病力的试验称为中和试验。该试验是病毒血清学试验的经典方法之一，具有敏感性高，特异性强等优点，但试验较复杂，影响因素较多。可用来检查患病后或人工免疫后机体血清中抗体的增长情况，也可用来鉴定病毒或研究抗原结构。

2. 血凝抑制试验（hemagglutination inhibition test，HIT）

某些病毒能凝聚鸡、豚鼠、鱼等动物和人的红细胞，而相应的抗体与病毒结合后能抑制这种现象，称为血凝抑制试验。若双份血清抗体效价升高大于或等于4倍时，可诊断为该类病毒感染。本试验方法简便，经济快速，且特异性高，常用于流行病学调查等。

（五）病毒核酸检测

核酸检测在病毒快速检测及早期诊断等方面发挥了重要作用，对不能分离培养的病毒及新发病毒是重要的检测手段。基于核酸序列的多种分子生物学检测技术，如聚合酶链反应（PCR）、实时荧光定量PCR技术、核酸杂交检测技术、基因芯片检测技术和宏基因组等均可用于病毒的鉴定，其中PCR因简便经济，最为常用。而宏基因组方法可对病毒进行快速测序、组装和注释，在新生未知病毒的鉴定上具有独特的优势。

第三节　免疫学检测技术

一、酶联免疫吸附试验

酶联免疫吸附试验（enzyme-linked immunosorbent assay，ELISA）是以免疫学反应为基础，将抗原、抗体的特异性反应与酶对底物的高效催化作用相结合起来的一种敏感性很高的试验技术。试验主要包括抗原或抗体的固相化以及抗原或抗体的酶标记，结果通过酶活力测定来确定抗原或抗体的含量。ELISA在水产中多用于检测药残和免疫因子。

将酶分子与抗体或抗抗体分子共价结合，此种结合要求既不改变抗体的免疫反应活性，也不影响酶的生物化学活性。用于标记抗体的酶很多，常用的有辣根过氧化物酶（Horseradish peroxidase，HRP）、碱性磷酸酶（alkaline phosphatase，AP）等。标记方法有氧化法与交联法。氧化法常采用过碘酸钠，故又称过碘酸钠法。过碘酸钠是一种强氧化剂，能将酶的甘露糖部分（如HRP中与酶活性无关的部分）的羟基氧化成醛基，然后与抗体的氨基结合，形成酶标抗体。交联法常用的交联剂是戊二醛，故又称戊二醛法，主要利用戊二醛分子上对称的两个醛基，分别与酶和蛋白质分子中游离的氨基、酚基等以共价键结合而进行标记。

二、免疫斑点试验

免疫斑点试验（Dot Immunobinding Assay, DIBA）是利用硝酸纤维素膜N、C或醋酸纤维素膜作为固相支持物，进行抗原抗体反应的免疫学检测方法。该法具有微量、快速、经济、方便等特点，可用于检测抗体或抗原。

其原理是硝酸纤维素膜和醋酸纤维素膜具有很强的静电吸附力，在中性条件下即可有效地吸附蛋白质等生物大分子。因而将抗原吸附于纤维素膜后，当加入抗体即可与膜上的抗原结合，再加入带有标记物的抗体，使标记通过抗抗体和相应抗体的结合间接地交联于纤维素膜上。随后加入标记物相应的底物，标记物即可与底物作用形成不溶性产物，呈现斑点状着色，从而判定结果。根据所用的标记物不同，可分为：辣根过氧化物酶免疫斑点试验（使用辣根过氧化物酶作为抗体的标记物），碱性磷酸酶免疫斑点试验（使用碱性磷酸酶抗碱性磷酸酶复合物作为酶标记物）和金银染色免疫斑点试验（使用胶体金作为抗抗体的标记物）等。

三、免疫胶体金技术

免疫胶体金技术（Immune colloidal gold technique）是以胶体金作为示踪标志物应用于抗原抗体的一种新型的免疫标记技术，英文缩写为：GICT。胶体金是由氯金酸（HAuCl4）在还原剂如白磷、抗坏血酸、枸橼酸钠、鞣酸等作用下，聚合成为特定大小的金颗粒，并由于静电作用成为一种稳定的胶体状态，称为胶体金。胶体金在弱碱环境下带负电荷，可与蛋白质分子的正电荷基团形成牢固结合，由于这种结合是静电结合，所以不影响蛋白质的生物特性。胶体金除了与蛋白质结合以外，还可以与许多其他生物大分子结合，如SPA、PHA、ConA等。根据胶体金的一些物理性状，如高电子密度、颗粒大小、形状及颜色反应，加上结合物的免疫和生物学特性，因而使胶体金广泛地应用于免疫学、组织学、病理学和细胞生物学等领域。

胶体金作为免疫标记物始于1971年，由Faulk和Taylor将其引入免疫化学。Faulk和Taylor首先将兔抗沙门氏菌抗血清与胶体金颗粒结合，用直接免疫细胞化学技术检测沙门氏菌的表面抗原。此后，他们还把胶体金与抗胶原血清、植物血凝素、卵白蛋白、人免疫球蛋白轻链、牛血清白蛋白结合应用。层析法检测试剂最早出现于1988年，是Unipath公司利用染料颗粒开发生产的一种非常方便使用的怀孕检测试剂。此后，免疫胶体金在快速检测试剂中得到了广泛的应用和发展，相伴随的层析法检测试剂在组成结构、生产用的材料等方面也取得了长足的进步。

免疫胶体金技术的优点是：①使用方便快速，便于基层使用和现场使用，所有反应能在15 min内完成；②成本低，不需要特殊的仪器设备；③应用范围广，可适应多种检测条件；④可以进行多项检测，若阳性样本比较难获得，多项检测可以节省样品，降低成本；⑤标记物稳定，标记样品在4℃贮存两年以上，无信号衰减现象；⑥胶体金本身为红色，不需要加入发色试剂，省却了酶标的致癌性底物及终止液的步骤，对人体无毒害。

四、免疫组化技术

免疫组化技术（IHC）是在组织化学的基础上发展起来的，利用抗原与抗体特异性结合的原理，以抗体作为特异性染色的载体，将一些物质标记在抗体分子上，使抗原抗体复合物可以在显微镜下直接观察，主要用于抗原的组织分布试验。

常用的高敏感性标记分子有荧光素、酶分子等。经过数十年的发展，常用的IHC方法由常规的直接染色、间接染色法发展出高灵敏性的生物素系统和非生物素系统的染色方法。IHC逐渐成为一个强有力的检测工具，显著加强了诊断疾病的能力。IHC可以在石蜡切片、冰冻组织和细胞制品上检测组织中种类广泛的抗原。

随着IHC方法的不断改进，由原来灵敏性较差的直接、间接染色方法，发展到了灵敏性极高的ABC法、SP法、PowerVision、二步法等。

五、免疫传感器

免疫传感器就是利用抗原（抗体）对抗体（抗原）的识别功能而研制成的生物传感器。免疫传感器使用光敏元件作为信息转换器，利用光学原理工作。光敏器件有光纤、波导材料、光栅等。生物识别分子被固化在传感器，通过与光学器件的光的相互作用，产生变化的光学信号，通过检测变化的光学信号来检测免疫反应。

免疫传感器是一种新兴的生物传感器，将传统的免疫测试和生物传感技术融为一体，减少了分析时间、提高了灵敏度和测试精度，也使得测定过程变得简单，易于实现自动化，有着广阔的应用前景。有夹层光纤传感器、位移光纤传感器、表面等离子体共振（SPR）传感器、光栅生物传感器等。

第四节　分子生物学检测技术

分子检测技术是现今进行病原检测和诊断的主要技术方法，其根据目标生物的一段特异性的基因序列，进行序列扩增或是特异性探针结合，通过电泳或是显色或是荧光等方式进行阳性结果判定。分子检测的靶物质是核酸，包括有核酸扩增的 PCR 技术、荧光定量 PCR（qPCR）技术、环介导等温扩增反应（LAMP）技术；非核酸扩增的斑点杂交技术、原位杂交技术和基因芯片技术。

一、传统 PCR 技术

聚合酶链式反应（Polymease Chain Reaction，PCR）是体外酶促合成特异 DNA 片段的一种方法，由高温变性、低温退火及适温延伸等几步反应组成一个周期，循环进行，其目的使 DNA 得以迅速扩增。具有特异性强、灵敏度高、操作简便、省时等特点。可用于基因分离、克隆和核酸序列分析等基础研究，也可用于疾病的诊断或任何有 DNA、RNA 的地方，因此又称无细胞分子克隆或特异性 DNA 序列体外引物定向酶促扩增技术。PCR 由变性、退火、延伸三个基本反应步骤构成。每完成一个循环需 2 ～ 4 min，2 ～ 3 h 就能将待扩目的基因扩增放大几百万倍。常见的巢式 PCR、多重 PCR、原位 PCR 等，这些 PCR 技术叫传统 PCR 技术。

1. 巢式 PCR：采用两对引物进行 PCR，其中第二对引物位于第一对引物内。以第一次扩增产物为模板进行二次检测，能有效提高检测效率。

2. 多重 PCR：在一个 PCR 反应管里加入多对 PCR 引物，针对不同基因 / 细菌，可同时检测多个微生物类型。

3. 原位 PCR：直接用细胞涂片或石蜡包埋组织切片在单个细胞中进行 PCR 扩增。可进行细胞内定位和检测病理切片中含量较少的靶序列。

二、荧光定量 PCR 技术

荧光定量 PCR（real time fluorescence quantitative PCR，RTFQ PCR）是 1996 年由美国 Applied Biosystems 公司推出的一种新定量试验技术，是在 PCR 指数扩增期间，通过连续检测荧光信号强弱的变化来即时测定特异性产物的量，并根据此推断目的基因的初始量的核酸检测技术。该技术实现了 PCR 从定性到定量的飞跃，使得临床检验结果更具有精确性。目前实时定量 PCR 作为一个极有效的实验方法，已被广泛地应用于分子生物学研究的各个领域，在微生物的检测方面具有很好的应用前景和研究价值。

荧光定量 PCR 过程的检测模式可分为：DNA 结合染料、杂交探针、水解探针模式（TaqMan）、分子信标、Scorpion 探针、Sunrise 引物、LUXTM 引物。

三、数字 PCR 技术

数字 PCR 是一种核酸分子绝对定量技术，是基于单分子 PCR 方法来进行计数的核酸定量，是一种绝对定量的方法。主要采用当前分析化学热门研究领域的微流控或微滴化方法，将大量稀释后的核酸溶液分散至芯片的微反应器或微滴中，每个反应器的核酸模板数少于或者等于 1 个。这样经过 PCR 循环之后，有一个核酸分子模板的反应器就会给出荧光信号，没有模板的反应器就没有荧光信号。根据相对比例和反应器的体积，就可以推算出原始溶液的核酸浓度。

基于分液方式的不同，数字 PCR 主要分为 3 种：微流体数字 PCR（Microfluidic digital PCR，mdPCR）、微滴数字 PCR（Droplet digital PCR，ddPCR）和芯片数字 PCR（Chip digital PCR，cdPCR）。分别通过微流体通道、微液滴或微流体芯片实现分液，分隔开的每个微小区域都可进行单独的 PCR 反应，其中 mdPCR 基于微流控技术，对 DNA 模板进行分液，微流控技术能实现样品纳升级或更小液滴的生成，但液滴需要特殊吸附方式再与 PCR 反应体系结合，mdPCR 已逐渐被其他方式取代。ddPCR 技术是相对成熟的数字 PCR 平台，利用油包水微滴生成技术，目前的仪器主要有 Bio-rad 公司的 QX100/QX200 微滴式 dPCR 系统和 RainDance 公司的 RainDropTM dPCR 系统，其中 Bio-rad 公司的 dPCR 系统利用油包水生成技术将含有核酸分子的反应体系生成 20000 个 nL 级微滴，经 PCR 扩增后，微滴分析仪逐个对每个微滴进行检测。cdPCR 利用微流控芯片技术将样品的制备、反应、分离和检测等集成到一块芯片上，利用集成流体通路技术在硅片或石英玻璃上刻上许多微管和微腔体，通过不同的控制阀门控制溶液在其中的流动来实现生物样品的分液、混合、PCR 扩增，实现绝对定量，目前的仪器主要有 Fluidigm 公司的 Bio-Mark™ 基因分析系统和 Life Technologies 公司的 QuantStudio 系统。

数字 PCR 技术适用于依靠 Ct 值不能很好分辨、样品含量低微、背景较复杂的应用领域，如拷贝数变异、突变检测、基因相对表达研究（如等位基因不平衡表达）、二代测序结果验证、miRNA 表达分析、单细胞基因表达分析等。

四、等温扩增技术

等温扩增技术（isothermal amplification technology，ITA）是后来发展起来的基于恒温扩增的新型核酸扩增技术，即在某一特定温度下扩增特异性 DNA 的分子生物学技术。ITA 技术突破了 PCR 技术需要在退火和延伸 2 个温度循环的特点，可以在单一温度下完成退火、延伸过程，加大了扩增效率，减少了对扩增仪器的依赖程度，是良好的快检技术。其主要包括环介导等温扩增（loop-mediated isothermal amplification，LAMP）、交叉引物扩增（crossing priming amplification，CPA）、链替代扩增（strand displacement amplification，SDA）、重组酶聚合酶扩增（recombinase polymerase amplification，RPA）、依赖核酸序列的扩增（nucleic acid sequence-based amplification，NASBA）、滚环扩增（rolling circle amplification，RCA）和依赖解旋酶的扩增（helicase-dependent amplification，HDA）。尽管各种等温扩增技术均采用恒温扩增，但引物设计与扩增原理差异较大。

（一）环介导等温扩增（LAMP）

2000 年，日本学者 Notomi 等报道了 LAMP 技术。LAMP 在 60 ～ 65℃条件下进行，需要 4 条引物和具有链置换功能的嗜热脂肪芽孢杆菌 DNA 聚合酶（DNA polymerase of *Bacillus stearothermophilus*，BstDNA 聚合酶）。60 ～ 65 ℃是双链 DNA 复性和延伸的中间温度，DNA 处于动态平衡状态，可以在等温状态下完成扩增反应。LAMP 法的特征是针对靶基因上的六个区域设计四条引物，利用链置换型 DNA 聚合酶在恒温条件下进行扩增反应，可在 15 ～ 60 min 内实现 10^9 ～ 10^{10} 倍的扩增，反应能产生大量的扩增产物即焦磷酸镁白色沉淀，可以通过肉眼观察白色沉淀的有无来判断靶基因是否存在。LAMP 方法的优势除了高特异性和高灵敏度外，操作还十分的简单，在应用阶段对仪器的要求低，一个简单的恒温装置就能实现反应，结果检测也非常简单，直接肉眼观察白色沉淀或者绿色荧光即可，不像普通 PCR 方法需要进行凝胶电泳观察结果，是一种适合现场、基层快速检测的方法。

（二）交叉引物扩增（CPA）

CPA 在 63℃左右进行，依赖 Bst DNA 聚合酶、甜菜碱和交叉引物。根据交叉引物数量的不同，可分为双交叉引物扩增和单交叉引物扩增。

双交叉引物扩增使用两条交叉引物和两条剥离引物。两条交叉引物分别与模板链互补结合后延伸，随后剥离引物在 Bst DNA 聚合酶的作用下将新合成的单链剥离，最后两条交叉引物在 Bst DNA 聚合酶的作用下以新生单链为模板合成大量目的片段。

单交叉引物扩增使用一条交叉引物、两条剥离引物和两条普通引物。首先交叉引物与模板链结合并延伸为双链，而剥离引物在 Bst DNA 聚合酶的作用下将新链与模板分离；随后普通引物以新链为模板，合成两条不同长度的单链 DNA ；最后以这两条单链为模板，以交叉引物与普通引物为引物对，形成扩增循环。

（三）链替代扩增（SDA）

SDA 的反应温度约为 37℃，反应需要限制性核酸内切酶、链置换 DNA 聚合酶和两对引物，且其中一对引物（P1 和 P2）含有内切酶识别序列。反应开始时 P1 和 P2 与模板链互补结合，在聚合酶的催化下延伸为双链，随后内切酶识别双链两端的酶切位点，切割形成黏性末端。第二对引物结合模板链末端，在聚合酶的作用下合成新链同时置换出一条单链。

（四）重组酶聚合酶扩增（RPA）

RPA 的反应温度为 37 ～ 42℃，反应体系包括 1 对引物和 3 种关键酶：能与寡核苷酸引物结合的重组酶、单链 DNA 结合蛋白（single strand DNA-binding protein，SSB）和链置换 DNA 聚合酶。反应开始时引物与重组酶结合形成引物重组酶复合物，并与模板链上相应位点互补结合，导致双链 DNA 构象发生改变，并在具有链置换特性的 DNA 聚合酶的催化下延伸形成完整双链。反应时单链结合蛋白结合游离单链，保持其稳定性。RPA 有很高的特异性和扩增效率，冻干试剂也可用；但扩增体系存在大量酶类，去除蛋白后才能电泳或后续试验。

（五）依赖核酸序列的扩增（NASBA）

NASBA 技术是检测 RNA 的等温扩增方法，通常在 42℃左右进行，需要 AMV（avian myeloblastosis virus）逆转录酶、RNA 酶 H、T7 RNA 聚合酶和一对引物来完成。其正向引物包含 T7 启动子互补序列。反应过程中正向引物与 RNA 链结合，由 AMV 酶催化形成 DNA-RNA 双链；RNA 酶 H 消化杂交双链中的 RNA, 保留 DNA 单链；在反向引物与 AMV 酶的作用下形成含有 T7 启动子序列的 DNA 双链；在 T7 RNA 聚合酶的作用下完成转录过程，产生大量目的 RNA。NASBA 的优点在于产物是单链 RNA，不易造成遗留污染；由于转录过程产生大量 RNA，具有更高的灵敏度；将反转录和扩增反应一步完成，适用于 RNA 样品的分析，缺点是需用 RNA 酶抑制剂防止 RNA 降解。NASBA 可用于病原体（尤其是 RNA 病毒）检测。

（六）滚环扩增（RCA）

RCA 借鉴了自然界中环状 DNA 复制方式。所需酶为 phi29DNA 聚合酶，在 37℃左右进行。普通 RCA 的过程为：引物与环状 DNA 模板结合后延伸，生成含有大量目的基因的 DNA 单链。在此基础上还发展出了多种改进技术，如多位点同时进行扩增的多引物 RCA、使用两条引物提高扩增效率的指数 RCA。RCA 的优点有：扩增效率高，种类多，应用广，产物为单链 DNA，能与探针直接结合实现信号放大。局限性在于所需模板为环状 DNA。RCA 及其改进技术有着广泛的应用。RCA 产物经纳米材料信号放大，结合生物传感器，用于检测双酚 A 含量，检测限为 5.4×10^{-17} mol/L ；切口增强 RCA 结合生物传感器和荧光，用于检测 miRNA（microRNA），检出限为 10 pmol/L ；超支化 RCA 结合分子信标与荧光，可以定量检测低至 1×10^{-18} mol/L 的 miRNA-21；Ciftci 等设计了一种基于 RCA 的检测方法，结合链霉亲和素 – 生物素系统，在电极网上通过葡萄糖氧化酶催化产生 H_2O_2，将化学信号转化为电流信号，检测埃博拉病毒 RNA，检出限为 10 pmol/L。

（七）依赖解旋酶的扩增（HDA）

HDA 模拟体内 DNA 半保留复制过程，该反应在 37℃左右进行，依赖于解旋酶、SSB、DNA 聚合酶以及一对引物。过程为：DNA 双链在解旋酶的作用下解开，SSB与单链DNA结合保持其稳定；同时引物与单链结合，在聚合酶的催化下形成双链；新合成的DNA双链作为模板进入新一轮扩增。HDA的优点是反应迅速，灵敏度高，全程恒温，可直接用于热处理裂解后的鼻咽拭子等样本。缺点是受解旋速度限制，只能扩增短片段；易产生引物二聚体、脱靶杂交体和非规范的褶皱等。

五、膜杂交技术

膜杂交是将被检标本点到膜上，烘烤固定。依据DNA两条单链碱基严格配对的原则，用便于检测的物质（如放射性同位素、生物素、荧光素、地高辛等）标记已知核酸分子的一条链作为探针，然后与膜上的样品中的核酸分子进行反应。如果样品中有标记核酸分子的同源序列则结合成杂交分子，检测杂交分子有无即可判断样品中同源片段的异同。可分为Southern blot（检测DNA）和Northern blot（检测RNA）。常用的杂交方法有原位杂交、转印杂交、斑点杂交和完整细胞斑点杂交。杂交种类有DNA-DNA杂交、DNA-RNA杂交、RNA-RNA杂交。

六、基因芯片技术

基因芯片（gene chip）也叫DNA芯片、DNA微阵列（DNA microarray），是指将许多特定的寡核苷酸片段或基因片段作为探针，采用原位合成或显微打印手段，将数以万计的DNA探针有规律地排列固化于支持物表面上，产生二维DNA探针阵列，微生物样品DNA经PCR扩增后制备荧光标记探针，与位于芯片上的已知碱基顺序的DNA探针按碱基配对原理进行杂交，最后通过扫描仪定量和分析荧光分布模式来确定检测样品是否存在某些特定微生物。基因芯片技术可实现对生物样品快速、并行、高效的检测。

基因芯片最大的特点在于其高通量，一次杂交反应就可达到检测众多靶点的目的，克服了PCR等传统分子生物学检测方法和免疫学检测方法低通量的弱点，并且减少了每次实验之间所产生的检测误差，大大提高了检测的准确性且缩短了检测时间。基因芯片技术具有灵敏度低的缺陷，特别是在检测低拷贝的基因时更为突出，只能通过对样品进行PCR或RT-PCR扩增以提高检测的灵敏度。基因芯片的制作成本较高，应用操作和信号读取的设备昂贵，这是目前DNA芯片应用中普遍存在的问题。

思考题：

1. 简述水生细菌常用鉴定方法的优点和缺点。
2. 简述 16S rDNA 序列分析鉴定需要注意的操作要点。
3. 简述细菌常用的保种方法及主要操作步骤。
4. 简述细胞培养在病毒分离培养鉴定中的作用。
5. 病毒的鉴定技术有哪些?
6. 简要介绍一下 ELISA 的工作原理。
7. 简述核酸扩增法的检测技术类别和原理。

第六章
水产疾病研究新技术

目前，以健康养殖技术为基础的水产疾病综合防控体系被国内外普遍认可和接受，总体的发展趋势为在病害防治方面注重消除水产品质量安全隐患，建立科学的水产疾病检疫网络系统，尤其不断完善和规范重要病原检测分析相关的前沿技术，推动新型技术及高品质检测产品的发展，因此，对相关疾病的基础研究，包括病原致病因子、侵染机理、核酸组成、基因组结构及功能等研究具有重要的意义，将为前沿技术研究提供必要的数据基础和科学的参考依据。近年来，组学等技术在水产动物疾病中的研究备受关注，如宏基因组学技术、病毒组学技术、代谢组学技术等，为传染性疾病的发生机制及防控研究提供新的手段和更快捷的途径。而通过多技术的进一步关联分析，可更深入了解疾病的发生规律和重要机理，是目前常用的研究策略。

第一节　宏基因组学技术

一、宏基因组学

（一）定义

宏基因组学（Metagenomics）又叫微生物环境基因组学、元基因组学，是由 Handelsman 等在 1998 年提出的，其定义为“the genomes of the total microbiota found in nature”，即环境中全部微小生物遗传物质的总和。它包含了可培养和不可培养微生物的基因。宏基因组学的技术原理主要是通过直接从环境样品或动物组织样品中提取全部微生物的 DNA，构建宏基因组文库，利用基因组学的研究策略分析环境样品所包含的全部微生物的遗传组成及其群落功能。它是在微生物基因组学的基础上发展起来的一种研究微生物多样性、开发新的生理活性物质（或获得新基因）的新理念和新方法。宏基因组学作为新型研究工具，可以完整获得环境样本中全部微生物的物种信息和功能基因信息。但是，二代短 reads 高通量测序很难有效获得微生物群落各方面的特性，而基于 Nanopore 和 PacBio 的长读长测序技术，在组装完整度、物种注释准确度、基因完整度以及抗性基因与物种归属关联分析等方面远超二代测序平台，从而更有利于阐明微生物群落在生态系统中发挥作用的机制。

（二）研究对象

宏基因组学研究的对象是特定环境或动物组织（如水生动物的肠道组织）的总 DNA，不是某特定的微生物或其细胞中的总 DNA，与传统微生物技术的最大区别就是不需要对微生物进行分离培养和纯化，这对我们认识和利用 95% 以上的不可培养微生物提供了一种新的方法手段。虽然目前通过测序平台得到的宏基因组的分析结果中常包含微生物多样性分析结果，实际上宏基因组分析和微生物多样性分析的研究原理和目的有所差别，宏基因组分析是将基因组 DNA 随机打断成若干条小片段，然后在片段两端加通用引物进行 PCR 扩增测序，将得到的 reads 进行组装后再进行基因预测得到基因序列，众多基因构成环境中微生物的基因集，从而认知微生物的组成和基因功能；而微生物多样性主要针对核糖体小亚基基因序列进行测序（16s rDNA 或 18s rDNA），该基因既存在高度保守的区域还包括高变区，通过特异性引物对某一段高变区（如 V3 区）或某几段高变区（如 V3 ~ V4 区）进行扩增测序，然后与数据库比对，可特异性识别微生物的种类。总的来说，微生物多样性分析主要告诉我们环境里有什么微生物，而宏基因组分析主要告诉我们环境里的微生物在做什么、能做什么。

（三）应用

目前，有很多物种尚未获得完整的基因组信息，甚至没有被发掘到，尤其是难培养的微生物。而基于长读长序列的宏基因组测序，可以组装获得更完整的基因组，甚至单 contig 级的基因组，直接绕过培养、获取基因组信息，大大减少了科研工作量，降低了新种发掘难度。采用宏基因组技术及基因组测序等手段，可发现难培养或不可培养微生物中的天然产物以及处于“沉默”状态的天然产物。宏基因组不依赖于微生物的分离与培养，因而减少了由此带来的瓶颈问题。

随着新一代测序技术的迅猛发展，研究宏基因组的方法也已经发生了翻天覆地的变化：早期的方法是测定微生物基因组上的 16S rRNA 基因（基因的长度约 1500 个碱基），广泛分布于原核生物，既能提供足够的信息，又具有相对缓慢的进化过程；其保守性与特异性并存，通过保守区和特异区来区别微生物的种属。基于这些特性，科学家们通过选择这些基因区域，可更高效地研究环境中物种的组成多样性，但还不能全面分析环境中的基因功能。新一代高通量低成本测序技术的广泛应用，科学家们可以对环境中的全基因组进行测序，在获得海量的数据后，全面地分析微生物群落结构以及基因功能组成等。

短短几年来，宏基因组学的研究已经渗透到各个领域，从海洋到陆地，再到空气，从白蚁到小鼠，再到人体，从发酵工艺到生物能源，再到环境治理等。近年来大量的研究表明，利用宏基因组学对特定样品的微生物区系进行研究，已发现多种与疾病相关的新菌种，也发现了许多新的微生物种群和新的基因或基因簇，通过克隆和筛选，获得了新的生理活性物质，包括抗生素、酶以及新的药物等。

目前也有研究采用了具高灵敏性和准确性、对研究目标不会产生任何影响的环境 DNA（eDNA）技术，通过对采集的环境样品（如海水、底泥等），分析水生生物遗留的遗传物质，深入分析获取相关水生生物的信息，建立高丰度的 eDNA 富集方案，同时结合宏条码技术可解析和追踪水域环境中目标生物的种类组成及其行踪。已有实践证明，环境 DNA（eDNA）技术作为一种不干扰研究目标的行为活动、非入侵的“无损”的研究采样方法，十分适合于珍稀濒危动物的监测。

（四）技术流程

宏基因组学的技术流程主要包括样品的采集，样品中所有微生物基因组 DNA 的提取，宏基因组文库的构建，测序数据的统计分析，目的基因及相关通路等的进一步筛选和分析。由于水生环境的复杂性，目前针对水产领域的宏基因组研究关键在于样品的采集及后期数据的分析（包括相应数据库的完善、多组学关联等个性化分析）。具体操作如下：

1. 样品的采集

（1）水样

通常采用将一定体积的水样经过抽滤泵将水样中微生物过滤到滤膜上，细菌采集常用 0.22 μm 孔径滤膜，微藻体积较大的微生物常用 0.45 μm 孔径滤膜，立即用液氮速冻 1 min 以上，然后转移到 −80℃冰箱中保存备用。

（2）泥沙或土壤样品

一般取 200 mg 以上，立即用液氮速冻 1 min 以上，然后转移到 −80℃冰箱中保存备用。

（3）组织样品

动物组织样品一般包括肠道组织、鳃组织、肝胰腺等内脏组织，一般取 100 mg 以上，用 95% 酒精进行固定，常温保存备用。

（4）细胞或较小个体的幼苗

一般需通过低速低温离心收集，离心后去除上清液，留底部沉淀，约黄豆大小的量，立即转入液氮速冻 1 min 后于 −80℃冰箱中保存备用。

2. 微生物基因组DNA的提取

DNA 抽提主要由 4 步组成：①裂解；② DNA 与离心柱的特异结合；③去除残留污染物和抑制剂；④ DNA 的洗脱回收。整个过程大约 30 min。目前多数采用市面上流通的提取试剂盒产品，按照说明书进行操作，获得高纯度 DNA 即可保存至 −80℃冰箱备用。

3. 宏基因组文库的构建

宏基因组的构建策略取决于整体的研究目标，基因文库的构建过程需要选择合适的克隆载体和宿主菌株。文库制备基本已是标准化流程，有很多成熟的试剂盒，近年来出现了基于转座酶的 tagmentation 方法，其所需的 DNA 量更少，操作更为简便，已经广泛应用于各种高通量测序样本的文库制备。然而，由于转座酶有特殊的插入序列偏好性，其对于宏基因组带来的测序偏好还未被评估。同时，考虑到 PCR 带来的偏好性，目前也有很多 PCR-free 的方法来制备文库，应根据实际情况进行选择。测序平台的选择往往要依据实验目的而定，如果希望挖掘样本中低丰度的微生物信息，需要一个高通量、大数据的测序结果，Illumina 推出的 NextSeq、NovaSeq 平台通量可达 TB 级别；如果研究目的仅为分析样本中微生物的组分、谱系等，就可考虑经典的 MiSeq、HiSeq 平台；如果以序列拼接、组装为目的，则可考虑进一步使用第三代长读长的测序平台。

4. 序列拼接及比对

目前常见的分析思路有两种，一种是基于序列拼接，重组微生物基因组，另一种则直接将序列比对至已有的微生物基因组数据库。两种思路各有优劣，主要如下表 6−1 ：

表 6−1　基因组学中不同分析思路的比较

技术特点	基于组装	基于比对
全面性	可构建多物种基因组，但只有达到足够覆盖度的物种才能被较好地组装。低丰度菌株信息容易被丢掉，因而 reads 利用率低	可提供多物种功能、结构信息，但局限于数据库提供的已知信息，且在 mapping 时可能产生误判
群落复杂性	对于复杂群落，只有部分物种可以被很好地组装	只要数据库内容足够、测序量足够，可以有效地分析大多数复杂群落
探索性	可以组装出新物种的基因组，提供更多数据支持	无法解决未知序列的来源问题
计算开销	需求较大	需求较小
人工辅助	基因组组装需要经验与技巧，还需要其他实验验证或辅助填 gap	选择合适数据库即可

5. 数据分析

（1）重要概念

① OTU ：操作分类单元（Operational Taxonomic Unit），即按照某种标准将相

似的序列归为一类，如相似度大于97%或相似度大于99%。

② GC含量：在DNA 4种碱基中，鸟嘌呤和胞嘧啶所占的比率称为GC含量。在双链DNA中，腺嘌呤与胸腺嘧啶（A/T）之比以及鸟嘌呤与胞嘧啶（G/C）之比都是1。但是，（A+T）/（G+C）之比则随DNA的种类不同而异。GC含量愈高，DNA的密度也愈高，同时热及碱不易使之变性，因此利用这一特性便可进行DNA的分离或测定。

③ α多样性：一个集合体或一个生境内的物种多样性总数。

④ β多样性：指沿环境梯度不同生境群落之间物种组成的相异性或物种沿环境梯度的更替速率也被称为生境间的多样性，控制β多样性的主要生态因子有土壤、地貌及干扰等。

⑤ γ多样性：描述区域或大陆尺度的多样性，是指区域或大陆尺度的物种数量，也被称为区域多样性。控制γ多样性的生态过程主要为水热动态，气候和物种形成及演化的历史。

（2）常见操作软件

数据需借助主流软件进行分析，如LEfSe、MetaPhlAn2、HUMAnN2、GraPhlAn、MetaMaps、MetaWRAP等。其中的LEfSe（Linear discriminant analysis Effect Size）通过将用于统计显着性的标准检验与编码生物一致性和效果相关性的检验相结合，确定最有可能解释类别之间差异的特征。LEfSe分析可以实现多个分组之间的比较，还进行分组比较的内部进行亚组比较分析，从而找到组间在丰度上有显著差异的物种（即biomaker）。MetaPhlAn2是分析微生物群落（细菌、古菌、真核生物和病毒）组成的工具，只需一条完命令即可获得物种丰度信息。软件整理了超过17000个参考基因组，包括13500个细菌和古菌，3500个病毒和110种真核生物，汇编整理了100万+类群特异的标记基因，可以实现精确的分类群分配、准确估计物种的相对丰度、种水平精度、株鉴定与追踪、超快的分析速度，结果同时提供脚本可进一步统计和可视化。MetaPhlAn2是基于标记基因的快速物种分类和定量工具，由哈佛大学Curtis Huttenhower团队和意大利特轮托大学Nicola Segata（出自Curtis Huttenhower组）团队共同出品，是MetaPhlAn工具的升级版，是肠道宏基因组研究中物种组成分析的首选工具。HUMAnN2是一款快速获得宏基因组、宏转录组物种和功能组成的软件，与传统的纯翻译比对方法相比，采用分层式搜索策略确定物种、比对到泛基因组、对基因家族和代谢通路定量，速度更快且准确率更高，其结果不但能获得功能通路中具体物种组成，还引入“贡献多样性”的概念，建立起物种与功能的联系，从类多样性角度重新认识微生物组功能组成以及物种间的联系。MetaMaps 是一种专为长读长开发的新方法，能够将长读长宏基因组比对到 RefSeq 数据库，数据库中包括大于 12000 个基因组，可在 12GB 内存的笔记本电脑上运行，而且在微生物种水平分配的准确率达 94%，高于同类软件。MetaMaps 输出所有未分类读长的比对位置和质量，实现功能研究基因存在 / 不存在和检测样品与参考基因组之间的差异。MetaWRAP 是一款整合了质控、拼接、分箱、提纯、评估、物种注释、丰度估计、功能注释和可视化的分析流程，纳入超 140 个工具软件，可一键安装，流程整合了 CONCOCT、MaxBin、metaBAT 等三款分箱工具以及提纯和重组装算法。在此基础上，MetaWRAP 还可实现宏基因组分析从原始数据到结果可视化的全部流程，同时也可灵活使用各个模块独立分析，弹性多变。

第二节　代谢组学技术

代谢组学作为系统生物学的一部分，主要通过使用气相色谱 – 质谱联用（Gas chromatography-mass spectrometry，GC-MS）、液相色谱 – 质谱联用（Liquid chromatography-mass spectrometry，LC-MS）和核磁共振（Nuclear magnetic resonance，NMR）等分析技术对暴露于不同条件的生物样本的所有代谢物进行定性、定量分析，再结合化学计量学等多元统计方法来寻找样品之间的差异，从而鉴定出可用做标记特定条件的生物标记物。它的研究对象大多是内源性和外源性低分子量代谢物质（<1.5 KDa），包括各种有机物质例如氨基酸、脂肪酸、核酸、碳水化合物、有机酸、维生素、多酚和脂质等。这些小分子量化合物大量参与生物体内的生物过程，并且与诸如细胞生长、繁殖和对环境的细胞应答的活性相关。代谢组学对生物体内代谢物进行研究，可用于描述关键蛋白的状态或评估整个通路的活性，弥补基因型和表型之间的差距。相应地，代谢组反映被研究的细胞、组织、器官或生物体的状态。作为基因表达的下游产物以及对疾病或环境影响的最终响应，代谢组被认为是生物体分子表型的最可靠研究。因此，代谢组学的目的是通过研究生物样品与遗传变异或外部刺激有关的全部代谢轮廓，从而全面了解生物

体代谢状态。

从研究目的和方法的角度看，代谢组学通常可分为非靶向代谢组学和靶向代谢组学两种类型。非靶向代谢组学旨在通过无偏向性地分析整个代谢组以期获得尽可能多的代谢物；靶向代谢组学有针对性地采用代谢物的标准品建立优化分析方法和标准曲线，然后对样品进行分析，准确地定量特定的代谢物。非靶向代谢组学尽管信息丰富，但存在数据复杂、重复性差、线性范围窄等缺点；而靶向代谢组学数据质量好，但通常只检测已知代谢物，覆盖度低。近年来，结合非靶向和靶向两种方法优势的拟靶向、广泛靶向代谢组学等方法也得到一定程度的发展。

一、代谢组学研究流程

代谢组学研究必须经过许多步骤才能获得可靠的结果。在下面的小节中，我们主要概述代谢组学分析中几个关键的部分，包括样品制备、分析平台的选择和数据分析（6–1）。

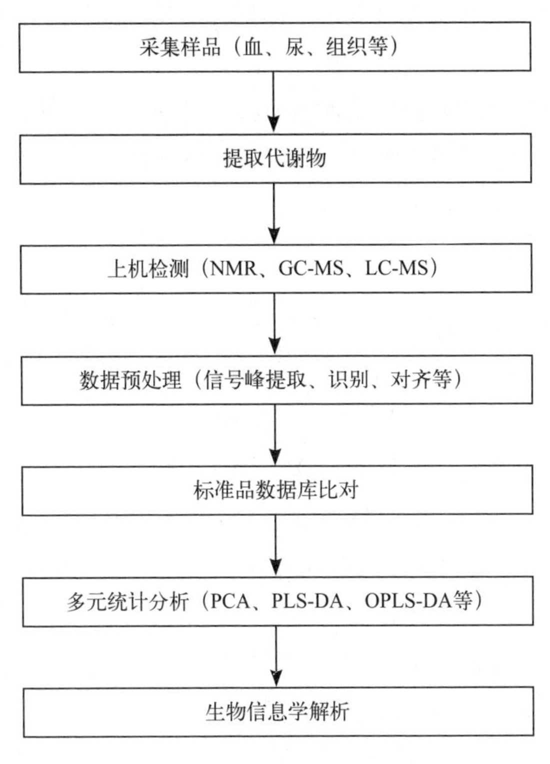

图6–1　代谢组学的主要研究步骤

（一）样品制备

在代谢组学实验中样品选择和制备最为关键。正确的采样方式才能提供某个时间点代谢组的真实情况，因此必须保证采样的无偏性。取样策略和样品制备方法根据实验设计，可以采用不同的取样方式来进行代谢物取样。例如对于人或动物体液中的胞外代谢物可以使用非侵入性（尿）或侵入性（血清、血浆、脑脊液）方法进行取样。采样的过程可能改变代谢物组成。样品储存也是代谢组学分析中一个关键点，因为样品的频繁冷冻 / 解冻可能影响其分子稳定性。为了保持样品的生化组成不变，同时抑制酶的活性，收集到的样品通常要通过液氮速冻后，再储存于 −80℃。

关于代谢物的提取，一般根据代谢物的性质来采用相对应的方法。对于非靶向方法，目的是以非偏向的方式从许多化学类别中提取最大数量的代谢物，要求代谢物的损失最小。对于代谢轮廓分析，通常需要破坏细胞结构并将代谢物溶解到极性（甲醇、水）和非极性（氯仿、己烷、乙酸乙酯）溶剂中，然后除去细胞残余物来进行提取。

用于最后检测样品的制备方法通常取决于所使用的代谢组学方法。靶向分析需要将代谢物按化学类别进行组分分离。对于非靶向分析，通常直接分析样品而不需要对代谢物进一步分离。

（二）分析技术

代谢物的分离和鉴定需要依靠先进的分析技术。目前 NMR、GC-MS 和 LC-MS 是最常用的分析技术。NMR 是代谢组学中应用最早的技术之一，其优点是对样品无特殊要求，处理方式简单，无需提前分离，无需损坏样品，稳定性高，并且可对样品进行定量研究，但其缺点是敏感度低，低浓度的代谢物检测出来的概率较低。MS 因其灵敏度比 NMR 高出了好几个数量级，正成为代谢物检测的主要方法。其中 GC-MS 适用于分析挥发性化合物，具有分辨率高、选择性好、数据库相对完备等特点，但其样品前处理过程较为繁琐，难挥发性物质或半挥发性物质需要衍生化后才能进行分析，会导致许多非衍生化的化学物质在分析中丢失。LC-MS 特别适用于分析非极性化合物，灵敏度、分辨率高，可以分析不稳定、不易衍生化、难挥发和分子量较大的代谢物，缺点主要表现在数据库不健全，定性相对困难。总之，所有技术都有优点和缺点，目前还没有哪种分析技术能完全满足代谢组学研究（表 6-2）。

表 6-2　代谢组学中主流技术的比较

分析平台	优点	缺点
NMR	高通量；普适性；良好的客观性和重现性；预处理简单，不需要衍生化和分离；无损伤性；能检测样品中大多数有机类化合物；仪器使用寿命长	检测动态范围窄；灵敏度和分辨率较 MS 低；样品用量相对大；仪器成本高
GC-MS	高通量；高精密度、灵敏度及重现性；具有可参考的标准谱图数据库，易于定性；可检测样品中大多数有机分子	需要衍生化；需要分离；较难鉴定新化合物；不适用于难挥发性、热不稳定性物质的分析
LC-MS	高通量；高分辨率、灵敏度；检测动态范围宽；样品处理简单，不需要衍生化；适用于热不稳定性、不易挥发、不易衍生化和分子量较大的物质	缺少可以参考的标准谱图数据库；较难鉴定新化合物；成本较高；仪器寿命较短

（三）数据分析

代谢组学工作流程中的另一个关键因素是数据分析。数据分析主要包括数据预处理、数据分析及代谢物鉴定。受到仪器设备性能、样本中溶剂和实验环境等因素的干扰，原始代谢组学数据中包含了一些噪声点，谱峰的出峰时间可能发生迁移。因此，在进行分析之前必须对代谢组的原始数据进行预处理，处理过程一般包括归一化、标度化、滤噪、谱峰对齐等步骤，之后才能更准确地挖掘其中的生物信息。

由于代谢谱图中存在来自代谢物的数百甚至数千的信号以及每个样品的个体差异，为了最大程度找到相关代谢特征或者生物标志物，高效的数据挖掘与处理技术是代谢组学研究中不可缺少的一部分。这就需要使用一些多变量统计方法从许多复杂的化学数据中最大限度地提取信息。目前代谢组学中主要使用的统计学可以分为非监督和监督方法。非监督方法如主成分分析（PCA）通常根据不同的代谢特征探索总体代谢差异，检测异常点。在代谢组学中通常需要有监督的统计方法，例如偏最小二乘判别分析（PLS-DA）和正交偏最小二乘判别分析（OPLS-

DA)，以检测不同类别的生物标志物。除了多变量统计分析，相关分析已广泛应用于系统生物学的研究，并已被证明是代谢组学领域中有价值的工具，它通常用于探索不同代谢物之间浓度的关系。

代谢物谱图的鉴别目前仍依赖标准品数据库，主要通过参照标准品谱图来对代谢组中检测到的物质进行判断。一系列公开、方便、注释良好的代谢组学数据库，作为信息共享联动的平台，改进了代谢组学数据的分析。这些数据库包括：京都基因与基因组百科全书（Kyoto Encyclopedia of Genes and Genomes，KEGG）、Mass Bank 数据库、METLIN 数据库、人类代谢组学数据库（Human Metabolome Database，HMDB）等。然而，标准数据库中包含的多数物质源于有机化学领域，生物体系中的代谢物种类相对较多，因此，代谢物在标准谱库中往往找不到对应的化合物，造成识别和鉴定困难，是影响代谢组学发展的瓶颈之一。解决这一问题的方法不应只依靠标准品物质库的完善，而应积极开发计算机自动推算方法，利用软件进行图谱的自动比对，对获得的海量代谢数据完成高通量的快速鉴定。

二、代谢组学在水产病害领域中的应用

疾病管理已成为水产养殖业的首要任务之一。疾病通常与宿主、环境和病原体之间的相互作用有关。疾病爆发的原因可能是来自野生种群的传播、农场之间意外转移患病动物、受病原体感染的饲料、缺乏卫生屏障、未能识别和隔离不健康的生物体以及由于过度饲养和营养不足导致动物健康受损等。严重的流行性疾病所引发的大规模死亡甚至会导致行业崩溃（例如牡蛎的疱疹病毒、对虾的白斑综合征病毒等）。

大量的研究表明代谢途径的微妙变化可能会导致特定疾病的发生和发展。由遗传、营养或环境因素引起的代谢失衡可降低免疫功能，从而导致组织器官更易受到病原体的影响。宿主可在病原体持续存在的情况下保持健康的生活，只有在压力胁迫下，平衡才会发生变化，有利于病原体占主导地位。另一方面，一个健康的生物体被高毒性的病原体感染包围后，病原体可以迅速压倒免疫系统，引发代谢紊乱，最终导致生物体死亡。因为代谢网络参与了疾病的启动和扩散，所以代谢组学不仅可以解析病原体暴露对生物体的影响，而且还能提供宿主抵抗机制的独特见解。此外，代谢组学可以作为一个有价值的工具来确定疾病治疗和管理的效果。

代谢组学在水产养殖病害领域主要用于评估水产动物的健康状态以及调查水产动物与病原体相互作用。大量的代谢组学研究发现病原体胁迫往往会严重干扰宿主体内的能量代谢、渗透调节、氧化应激等。而一系列的研究发现，针对各种病原体胁迫，水产动物的响应机制在不同细菌菌株、宿主的性别和不同组织之间存在显著差异。这些结果强调并强化了针对特定条件开发不同疾病管理策略的需求。

Schock 等的研究是代谢组学应用于评估水产动物健康参数的一个很好的例子。研究人员使用基于 NMR 的代谢组学来监测养殖的凡纳滨对虾（*Litopenaeus vannamei*）一生的健康因素。为了增加产量，虾通常生活在一个超级密集的水产养殖系统中。此外，该系统配置了极少水交换的生物絮凝剂系统来减少疾病的发生，促进益生菌的生长。在约 2 个月的育苗期和 4 个月的生长期，每周收集虾类样本。分析结果发现化合物碘苷和海藻糖是该物种面对胁迫的生物标志物。同时发现虾养殖过程中易减产的三个时期：育苗池中总氨氮的飙升时期、因养殖池表面浮渣过多而减少喂养的时期以及苗种从育苗池向养殖池的转运时期。显然，这项基于代谢组学的研究确定了养殖从业人员可以集中精力提高养殖效率的具体方向。如果用传统的实验方法来阐明这些结果，可能需要更多的时间和资金投入。Guo 等采用 GC-MS 技术，比较迟缓爱德华氏菌（*Edwardsiella tarda*）感染金鱼（*Carassius auratus*）后，存活组与濒临死亡组的代谢物组学差异，发现存活组鲫鱼肝组织中棕榈酸上升和 D- 甘露糖显著下降；代谢通路中不饱和脂肪酸合成增加，果糖和甘露糖代谢降低，可以显著提高鲫鱼感染迟缓爱德华氏菌后的存活率。这个结果不仅确定了可用于表征鱼类感染的生物标志物，而且还确定了可能参与应对迟缓爱德华氏菌感染的免疫生化途径。总之，通过代谢组学技术发现生物标志物，并通过外源添加的方式来影响机体的代谢水平，提高水产动物对病原微生物的抵抗力，为病原性疾病的防控开辟了一条新的道路。

环境因素对水产动物疾病的发生起着至关重要的作用，包括温度、pH、重金属污染、药物毒副作用和低氧胁迫等因素，均可影响水产动物疾病的爆发。水质差是许多地区水产养殖业面临的一个主要问题。快速的工业化和城市化导致各种有机合成污染物被引入水生生态系统，对水产养殖生物的健康构成严重威胁。被释放到环境中的新污染物数量正在增加，它们对生物体的影响往往是未知的。水产动物疾病的发生与养殖水体环境的恶化密切相关。通过检测机体在特定环境中的代谢组，为了解环境污染对水产动物生理功能的影响提供全局的认识。目前代谢组学已广泛应用于水产动物应对环境胁迫的机制研究。这些研究结果清楚地表明了代谢组学有广阔的应用前景。预计未来代谢组学将被广泛用于监测指示物种的健康，提高生态毒理学评估的敏感性，并为制定新的监管准则提供参考信息。水产动物在养殖过程中暴露于环境污染物和病原相关因素，对生物安全、产品质量、产品价值以及最重要的食品安全有重大影响。

近年来，研究者通过各种代谢组学技术获得了大量的代谢物信息与代谢通路变化，筛选到大量疾病相关生物标志物。这些信息对我们认识水产动物疾病的发生、水产动物免疫状况及环境应激等具有重要作用。但代谢组学技术的发展还存在一定的阻碍。首先，与其他组学技术相比，现有的分析手段在灵敏度和动态检测的范围方面有一定的局限性，且其检测手段受到样品量的限制，这是代谢组学技术要解决的问题。其次，代谢物数据信息量大，但却无相对应的代谢数据库，信息处理较为繁琐。另一方面，水产动物代谢物数据和代谢通路普遍缺少，无法对代谢物数据进行全面系统的分析与比较。因此，解决代谢组学检测技术及水产动物数据库建设问题，对于水产动物代谢组学技术的发展具有重要作用。但是，随着技术平台的不断提高和研究方法的不断改进，在可以预见的将来，代谢组学技术必将在水产养殖领域有更加广泛的应用。

第三节　基因敲除技术

基因敲除又称基因打靶，是 20 世纪 80 年代发展起来的一种分子生物学技术，目前已广泛应用于微生物基因功能等相关领域的研究中。细菌基因敲除技术是遗传工程研究的重大飞跃之一，为细菌的改造以及功能和疫苗研究提供了重要的技术支撑。目前，基因敲除技术已从传统的同源重组策略中衍生出越来越多的新方法，如 λRed 同源重组系统、Cre/LoxP 位点特异性重组、插入突变、RNA 干扰、锌指核酸酶（zinc finger nuclease，ZFN）技术及转录激活因子样效应物核酸酶（transcription activatorlike effector nuclease，TALEN）技术等，特别是近年来发展起来的 CRISPR/Cas9（clustered regularly interspaced short palindromic repeat and associated protein 9）基因编辑系统，目前已被逐渐应用于原核和真核生物等基因功能的研究中，而且展现出广阔的应用前景。根据研究目的，环状自杀性质粒介导的同源重组基因敲除策略和转座子介导的随机插入突变是目前水产病原菌基因功能研究中使用频率最高的基因敲除技术。基因敲除技术、点突变技术和过表达技术的结合使用，将为基因功能研究提供更加全面的技术支撑。

一、基于同源重组的基因敲除策略

同源重组是指在 DNA 分子内或分子间发生同源序列联会和片段交换的过程。利用水平基因转移（转化、转导和接合转移）技术，将含有侧翼同源序列和 / 或外源打靶基因的重组载体送入靶细胞，通过侧翼上同源序列的重组配对，使打靶基因整合并替换靶基因或者直接将靶基因缺失，再经复制传代，筛选出靶基因失活的菌株。

（一）环状自杀性质粒介导的同源重组

环状自杀质粒介导的同源重组技术是 20 世纪 80 年代发展起来的基因编辑技术，主要通过构建含有靶基因同源序列的自杀性质粒，利用宿主菌的重组系统，借助于同源序列间的交换对靶基因进行敲除。该重组策略有单交换和双交换。同源单交换只发生一次同源重组，简便易行且较稳定。单交换发生后，整个质粒载体插入靶基因内部并产生无活性靶基因。经过两次单交换才达到敲除靶基因的目的，称为同源双交换。同源双交换可通过部分或完全缺失靶基因编码区，或基因敲除后插入额外基因，如抗生素抗性基因和 *sacB* 等负筛选标志基因等，达到目的基因失活的目的。此种方法的发展经历了很长时间的探索，传统的方法主要是利用菌株本身编码的 RecA 和 RecBCD 蛋白作为媒介，存在较多缺陷：一方面，本身就有内切酶的功能，会将转入菌株的线性打靶片段降解掉；另一方面，所需要的同源臂比较多，往往需要几百个碱基，增加了碱基之间的错误配对，重组效率比较低。

目前报道的自杀质粒主要有 pRE112、pKY719、pYAK1、pDM4、pKAGb4、pSW7848 等。以自杀质粒 pSW7848（Val et al., 2012）详细介绍其基因敲除原理。

pSW7848 属于 R6 质粒的衍生物，其复制需要特定的 Pir 蛋白，Pir 蛋白在特定的细菌中才能合成，如通常用于接合转移的供体菌大肠杆菌 Π3813（Roux et al., 2007）和 GEB883（Nguyen et al., 2018）。pSW7848 含有用于筛选的氯霉素

抗性标记基因 *cat*，用于启动接合转移起始的转移起始基因 *oriT*，毒素编码基因 *ccdB*。*ccdB* 的启动子 pBAD 受阿拉伯糖诱导；此外，*araC* 编码 pBAD 的抑制子，且 pBAD 受葡萄糖代谢阻遏调控，即葡萄糖的存在进一步抑制 pBAD 启动子活性（图 6–2）。

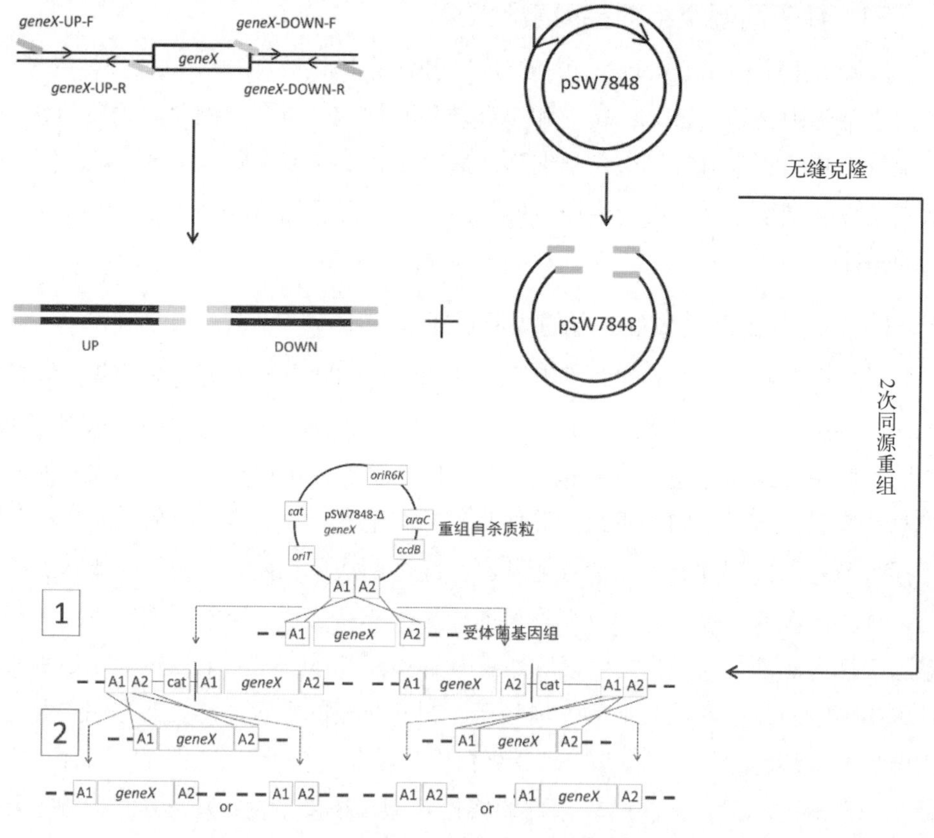

图6–2　pSW7848自杀质粒介导的基因敲除策略

pSW7848 自杀质粒介导的基因敲除策略如下：先根据宿主染色体上需敲除的靶基因 *geneX* 两端的序列设计引物合成靶基因上下游同源臂 A1 和 A2，根据插入位点设计质粒线性化引物，PCR 扩增获得上下游同源臂片段和线性化自杀质粒。利用无缝克隆试剂盒（或者 Overlap PCR，或者酶切连接的方式），将靶基因上下游同源臂和线性化自杀质粒连接，得到重组自杀质粒。利用电转化或者化学转化方式，将重组自杀质粒转化进入 Pir^+ 的接合转移供体菌，如大肠杆菌 GEB883。接着，通过接合转移的方式，将重组自杀质粒从供体菌送入受体菌，经过两次同源重组之后得到潜在的 geneX 缺失株，最后利用 PCR 扩增和测序鉴定 *geneX* 的缺失。

目前，该技术已被应用到多种细菌基因的功能研究中，包括水产病原菌弧菌（*Vibrio* spp）、*Aeromonas* spp、*Edwardsiella* spp、*Flavobacterium* spp、*Streptococcus* spp 等。主要涉及蛋白酶、毒素、菌毛以及分泌系统相关编码基因的功能研究。如学者利用 pSW7848 自杀质粒对海鲈病原 *Vibrio harveyi* 345 株的 *cqsA* 和 *vscDC* 基因进行敲除，发现基因缺失后，细菌对海鲈的毒力分别增强和减弱；利用 pDM4 自杀质粒对大菱鲆病原菌 *Vibrio scophthalmi* 的 *luxS* 和 *luxR* 基因进行敲除，发现 *V. scophthalmi* 生物膜形成能力和膜蛋白表达谱改变；利用自杀性质粒 pRE112 对 *Aeromonas veroniiC4* 株的 *smpB* 基因进行了敲除，结果发现，*A. veroniiC4* 感应蛋白激酶编码基因 *bvgS* 的转录水平明显降低，而且缺失菌株对盐的耐受能力也明显下降；利用 pKAGb4 自杀性质粒对 *A. veronii*MC88 株 MSHA 型菌毛相关基因进行了敲除，结果显示，所有相关基因缺失株的黏附能力和生物被膜形成能力均明显减弱，表明 MSHA 型菌毛与 *A. veronii*MC88 株的黏附能力和生物被膜形成能力密切相关。

（二）基于聚合酶链式反应（polymerase chain reaction，PCR）的诱变重组技术

基于 PCR 反应的诱变重组技术是一种不依赖于载体媒介，直接将线性基因序列导入宿主菌对靶基因进行敲除的方法。其基因敲除策略如下：分别扩增靶基因两端的同源臂序列，同时扩增靶基因破坏盒子 EmAM 序列，并通过 Overlap PCR、无缝克隆试剂盒或借助酶切位点等将 3 个基因片段进行连接，将其转化入宿主菌，侧翼同源序列进行同源交换，最终将宿主菌的靶基因替换为 EmAM 序列（图 6-3）。PCR 连接诱变技术最大的优势是不需要额外导入载体，减少了外源性载体在基因功能研究时可能造成的影响，但是 PCR 连接诱变技术要求受体菌具有可转化的特性。目前，该方法主要被应用于链球菌 *Streptocccus* spp 和酵母菌 *Saccharomyces* spp 等细菌的研究。

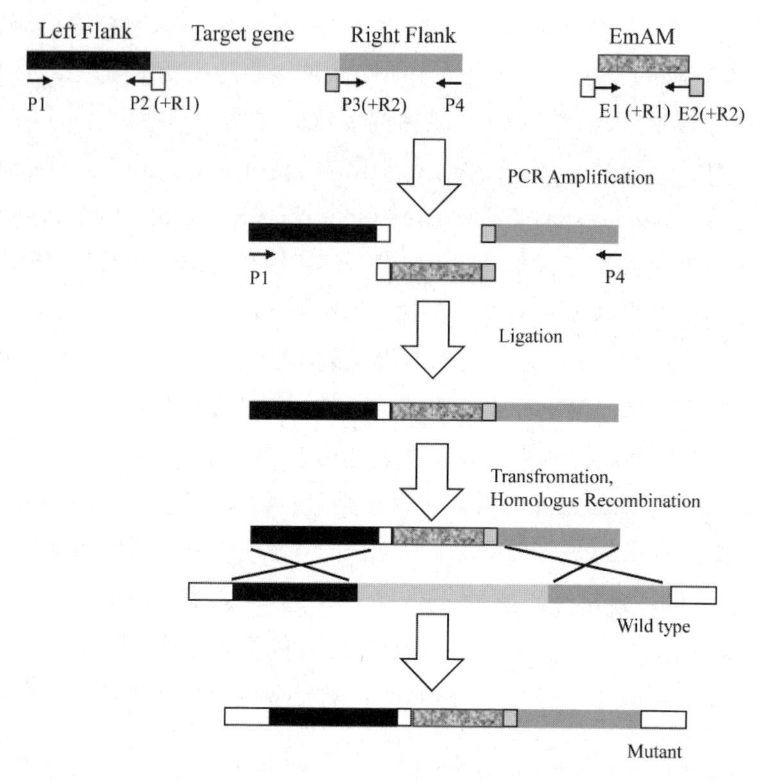

图6-3　基于聚合酶链式反应（polymerase chain reaction，PCR）反应的诱变重组基因敲除策略

（三）基于λ噬菌体的Red 同源重组系统

λRed 重组系统为 λ 噬菌体重组系统，是利用整合到细菌染色体上或质粒中的 Red 系统编码的重组酶来实现外源性 PCR 片段与基因组中靶基因的同源重组。Red 系统编码基因由 *exo*、*bet* 和 *gam* 组成（图 6–4A），其中 exo 基因的产物为 λ 核酸外切酶，可将双链 DNA 5’ 端切开，产生 3’ 端突出 DNA 区段；bet 基因编码的 β 蛋白可与单链 DNA 结合促进互补链复性，并可介导退火和交换反应，β 蛋白和 λ 核酸外切酶形成的复合物具有调节核酸溶解和重组启动的作用；*gam* 基因产物为一个多肽，结合到宿主的 RecBCD 蛋白形成二聚体，发挥外切酶活性。当 Beta 蛋白与单链 DNA 的 3’ 突出端结合形成丝状体后，重组机制分为两种：若参与重组的另一同源序列为没有断裂的双螺旋 DNA 链，单链 DNA 在 RecA 蛋白的作用下侵入双链 DNA, 完成重组过程，这一机制称为链侵入（strand invasion）模型；若另

一同源序列为单链 DNA，Beta 蛋白介导互补单链 DNA 退火，完成重组过程，这一机制称为单链退火（single strand annealing）模型。

λRed 重组系统的基因敲除策略如下：先根据宿主染色体上需敲除的片段两端的序列设计合成一对引物，使每条引物的 5' 端有约 50 bp 的长度与靶序列同源，3' 端与筛选基因同源。以含筛选基因的质粒为模板，PCR 获得中间为筛选基因（如 Sm）、两端为同源臂 Ha 和 Hb 的线性打靶 DNA。将线性打靶 DNA 转化入含有 Red 重组系统的宿主菌，Red 重组系统表达，λ 核酸外切酶则结合到线性打靶 DNA 的同源臂 Ha 和 Hb 末端进行酶切，产生游离的 3' DNA 突出。此时，β 蛋白则介导 DNA 链复性，从而使得同源臂和宿主 DNA 间以链入侵的方式重组。宿主 DNA 上 Ha 和 Hb 之间的序列被线性打靶 DNA 同源臂 Ha 和 Hb 之间的筛选基因替换，从而完成对靶基因的定向敲除，得到靶基因缺失的突变株（图 6–4B）。

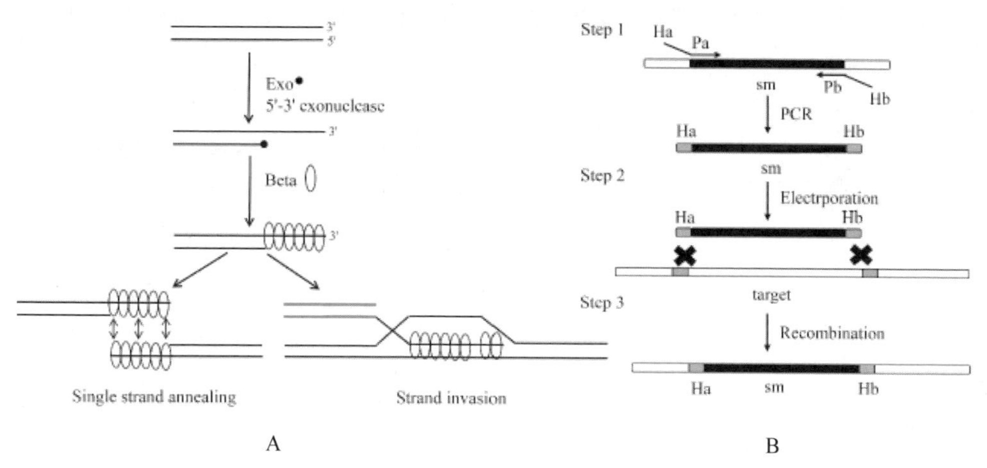

图6–4 Red重组机制（A），Red同源重组技术用于基因敲除（B）

Red 重组系统是一个独立的重组系统，在同源重组时不依赖细菌自身的重组系统，利用线性打靶 DNA，不需体外构建重组质粒，缩短了试验周期，重组效率较传统方法明显提高。Red 重组系统主要应用于结肠杆菌并有大量报道，但因其在其他微生物基因工程中存在同源臂长度过长或效率较低的缺点，仅在绿脓杆菌、沙门氏菌、副溶血弧菌和嗜水气单胞菌中被少量报道。在一定的试验条件下，如与 Rac 噬菌体系统重组为 Red/ET 重组系统，或与 Cre-loxP 系统和 CRISPR/Cas9 等其他技术结合使用，Red 重组系统也可能更广泛地应用于结肠杆菌以外的微生物中。

（四）Cre/LoxP位点特异性重组

Cre-loxP 重组系统是应用较普遍的一种条件性基因敲除方法，来源于结肠杆菌噬菌体 P1，包含 2 个重要的组成部分：一个是 LoxP 位点，另一个是识别 LoxP 位点的 Cre 重组酶。Cre 重组酶是 1 个 38 ku 蛋白，属于 Int 家族，是一种无须辅助因子进行位点特异性重组的生物酶，可作用于多种结构的 DNA 底物，且位点专一。*loxP* 位点是一种长 34 bp 的回文序列结构，包括两侧 13 bp 的反向重复序列和中间 8 bp 的非对称间隔序列。Cre 重组酶识别并结合 LoxP 位点两侧的反向重复序列，并与中间的间隔区发生重组，不需任何辅助因子。在 Cre 酶的介导下，根据 LoxP 的方向性，可在各种底物（超螺旋环状型，松驰型和线型 DNA 分子）上介导三种不同的重组事件：①基因序列的插入（图 6–5A）；②同向位点之间序列的缺失（图 6–5B）；③两个反向位点之间序列颠倒（图 6–5C）。值得注意的是，Cre 重组酶所催化的是一个可逆的重组事件。重组结果代表着正负反应的平衡；重组的程度与重组酶的表达水平相关。

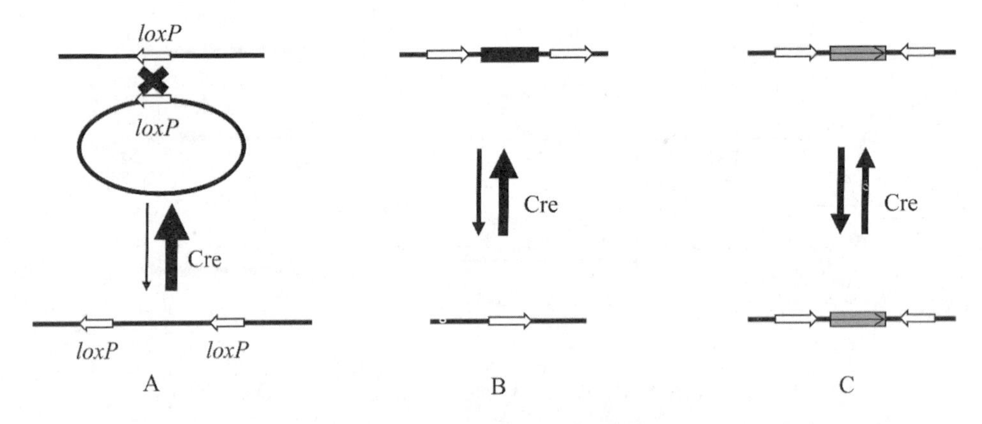

图6–5　Cre介导的三种重组事件

*Cre-lox*P 系统短小专一，特异性敲除基因不携带抗性标志物，避免了抗生素的应用，不影响基因的正常表达和调控，为后续研究提供了非常有效的手段。*Cre-lox*P 重组系统目前已成功应用于多种真核细胞，在原核微生物的基因敲除中也有报道，如肺炎链球菌、变异链球菌、乳酸链球菌、枯草芽孢杆菌、伤寒杆菌和炭疽杆菌等，其在微生物基因敲除研究中有着良好的应用前景，但在水产病原菌中目前未有报道。

二、基于随机插入的基因敲除策略

插入缺失突变是利用可随机插入基因序列的病毒、细菌或其他基因载体，在靶基因组中进行随机插入突变，构建一个随机的基因组突变文库，再通过筛选标记进行筛选或通过已知的序列标签进行分析，最终鉴定基因突变位点。目前应用于原核微生物较为有效的插入缺失方法，主要通过噬菌体或转座子插入突变。转座子或噬菌体可随机插入到革兰氏阳性菌或革兰氏阴性菌染色体的多个位点上，且插入后稳定性好，不易回复突变。但是，基因插入过程是随机的，一般不能用于特定基因的敲除，通常需将该策略与直接突变的方法，如自杀质粒进行互补。

相比于噬菌体插入突变，转座子插入突变应用较为广泛。转座子是一种 DNA 序列单元，其两端为两个颠倒的重复序列，中间为抗性基因和转座酶转座子可在不同的复制子间转移，以一种非正常重组的方式随机插入到细菌 DNA 位点上，改变原有基因序列的排序，导致插入位置的基因突变或失活。目前研究和应用得较多的有 Tn3、Tn5 和 Tn10。以 Tn5 为例说明转座原机理。

Tn5 最早是在大肠杆菌中被发现的，序列全长 5818 bp，由三个抗生素（新霉素、博莱霉素、链霉素）抗性基因的核心序列和两条倒置的 IS50 序列组成（IS50R 和 IS50L）。IS50R 和 IS50L 高度同源，只是 IS50L 的第 1442 碱基处存在一个赭石突变。IS50 具有 19 bp 的倒置末端（外末端 OE 和内末端 IE），两倒置末端有 7 个碱基不相同，此倒置末端是转座酶（Tnp）的作用位点。IS50R 编码 53 Kda 的转座酶 Tnp 和 48 Kda 的转座阻遏蛋白（Inh）。Inh 和 Tnp 使用同一阅读框，但启动子不同。Inh 比 Tnp 少了 N 端的 55 个氨基酸。由于 IS50L 上的赭石突变，翻译提前终止，不能产生有活性的 Inh 和 Tnp（图 6–6A）。

转座分为复制型转座（replication transposition）和非复制型转座（nonreplication transposition）。Tn5 的转座是非复制型、多步骤的复杂过程。首先在有 Mg^{2+} 存在的条件下，两个 Tnp 分子的 N 末端和活性中心的几个氨基酸残基分别结合到 Tn5 的 OE 末端，形成两个 Tnp-OE 的复合体，随后两个复合体联会，Tnp 的 C 末端相互作用而二聚体化，形成一个联会复合体。只有形成该联会复合体，Tnp 才具有切割 DNA 的活性。结合在左末端的 Tnp 负责催化右末端的磷酸二酯键水解，而结合在右末端的 Tnp 负责催化左末端的磷酸二酯键水解。Tnp 活化水分子，此活化的水分子水解 DAN 链，在 Tn5 的两末端分别形成两个 3’-OH 亲核基团。3’-OH

进而攻击互补链形成发夹结构。随后另一活化的水分子水解该发夹结构，形成平末端的 Tn5。整个联会复合体离开供体链，并结合到靶 DNA 上。Tn5 的 3'-OH 亲核攻击靶序列，在转座子插入位点之间形成 9 bp 的黏性末端，转座子的 3'-OH 同靶 DNA 的 5'-P 之间形成共价键，转座子就插入到靶序列之中。在 DNA 聚合酶的作用下补平缺口，转座子的两端形成 9 bp 的正向重复序列。为了修复因 Tn5 的插入而损伤的靶 DNA 链，曾同 DN A 牢固结合的 Tnp 必须在某些蛋白或者因子的介导下从联会复合体上移走（图 6–6B）。

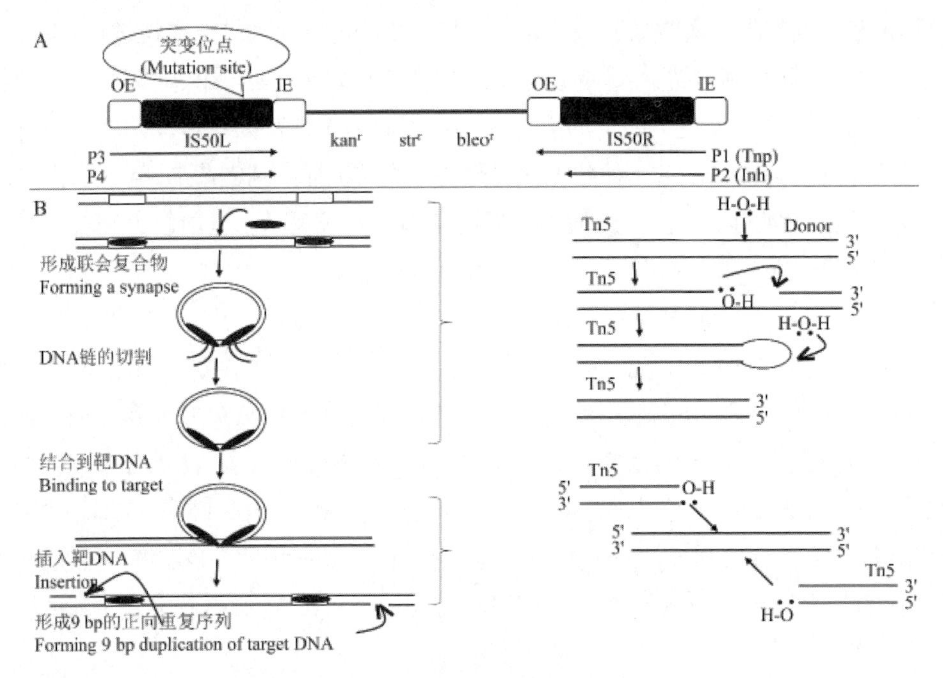

图6–6　Tn5的结构（A）和Tn5的转座过程（B）

转座子插入突变目前已被应用于弧菌（*Vibrio* spp）、气单胞菌（*Aeromonas* spp）、爱德华氏菌（*Edwardsiella* spp）等水产病原菌的基因功能研究中。如学者利用 mini-Tn10 转座子构建哈维弧菌 TS-628 株约 3000 个转座子的突变文库后，筛选得到 3 株运动缺陷型菌株，并且这 3 株菌株在细菌生长、黏附以及生物膜形成方面与野生株显著差异；利用转座子诱变技术获得维氏气单胞菌 HM21R 株的 *viuB* 基因的插入突变株，并发现突变后菌株无法利用宿主铁离子，且在水蛭消化道中的定殖能力显著改变。

三、基于核酸内切酶的基因敲除策略——CRISPR/Cas9 技术

CRISPR/Cas9 基因编辑技术是继第一代（ZFN）和第二代（TALEN）基因组编辑技术之后的第三代技术。CRISPR/Cas 系统是最早发现于细菌和古细菌中的一种获得性免疫系统，后来在Ⅱ型 CRISPR 系统基础上，经改造形成 CRISPR/Cas9 基因编辑系统。该系统发挥作用的主要过程是质粒或噬菌体间隔序列的两端通常含有几个保守的碱基序列，即 PAM 域（protospacer adjacent motif），当外源性噬菌体或质粒入侵携带有 CRISPR 系统的宿主细胞时，宿主细胞通过识别 PAM 域将噬菌体或质粒的 protospacer 序列整合至宿主细胞基因组中 CRISPR 序列的 5′ 端，产生新的间隔序列；当噬菌体或质粒再次入侵宿主细胞时，CRISPR 位点转录水平上升，转录生成前体 CRISPR RNA 即 pre-crRNA（包括重复序列和间隔序列），再经 Cas 蛋白剪切形成成熟的 crRNA ；crRNA 与 Cas 蛋白结合形成复合物 crRNP（crRNACasribonucleoproteins），复合物中的 crRNA 可特异性识别噬菌体或质粒等外源 DNA 序列并结合，最终在复合物中将其降解。与第一代和第二代技术相比，CRISPR/Cas9 基因编辑技术更为简便、快捷和高效，与其他基因编辑技术相比优势非常明显，存在的问题主要是脱靶效应。目前已广泛应用于多种真核和原核生物的基因编辑。尽管在水产病原菌如弧菌（*Vibrio* spp.）、气单胞菌（*Aeromonas* spp.）、爱德华氏菌（*Edwardsiella* spp.）等均有发现 CRISPR 系统，但是基于 CRISPR 系统的基因敲除研究鲜有报道。

四、其他基因敲除技术

（一）RNA干扰（RNA interference，RNAi）技术

RNAi 是一种 RNA 依赖的基因表达沉默现象，即将双链 RNA（double stranded RNA，dsRNA）分子导入细胞，特异性降解细胞内与其同源的靶 mRNA，阻止内源性目的基因表达，从而实现目的基因的敲除。RNAi 普遍存在于真核生物中，可抑制单个基因、整个基因组甚至基因家族的基因表达，具有操作简便快捷、穿透性强、特异性强和效率高等特点。

目前，该技术已在真菌、线虫、果蝇及拟南芥等真核生物中建立基因敲除模型。随着对原核生物研究的进一步深入，原核细胞中同样存在着类似于小分子干扰 RNA（small interferingRNA，siRNA）大小的 msRNA，其功能可能与 siRNA 相似，

可能存在着类似于 RNAi 的干扰机制，从而应用于原核生物的基因敲除。

（二）ZFN技术和TALEN技术

ZFN 和 TALEN 技术分别是第一代和第二代核酸内切酶基因编辑工具，其单体均有特异性识别 DNA 序列的蛋白质和一个非特异性核酸内切酶 Fok Ⅰ单体融合形成，具有在特异区域结合并形成二聚体发挥切断 DNA 双链的功能。目前，ZFN 最有效的构建策略可能是 CompoZr 方法。该方法效率高，特异性强；而 TALEN 主要的组装方法有三种：标准的限制性酶切、连接组装、GoldenGate 组装和固相组装。ZFN 和 TALEN 技术因其靶点在基因组上的序列高度特异性，而且无细胞类型限制，可以靶向编辑任意基因的特点，并使其在真菌、植物细胞、斑马鱼、爪蟾、果蝇、动物细胞及人类干细胞等基因敲除中均有应用；但 ZFN 和 TALEN 技术在细菌基因敲除中的应用目前尚无报道。

思考题：

1. 简述微生物宏基因组学分析与微生物多样性分析的差别。
2. 简述宏基因组的主要操作流程。
3. 设计一个基于代谢组学的水产动物病害的实验方案。
4. 简述几种基于同源重组的基因敲除策略。
5. 简述 CRISPR/Cas9 技术的工作原理。

第七章
常见水产疾病

中国养殖水域辽阔、养殖品种丰富，养殖模式众多，水产养殖业为人类提供了丰富的蛋白质食物来源。然而随着水产养殖业的快速发展，水产病害问题日渐突出，常规疾病持续发生，新疾病不断出现，经济损失重大，生态环境压力与食品安全问题凸显，严重威胁水产养殖业的健康可持续发展。近年来，水产养殖动物主要病害的发生呈现以下特点：①新疾病出现的频率加快。水产养殖已从鱼类迅速扩散到甲壳类、两栖爬行类，鱼类养殖的品种也日益增多，这些品种从野生到养殖，生态环境发生了较大的变化，因而导致了很多新的疾病发生；②急性暴发型疾病占据了较重要的地位，从疾病流行与危害的情况分析，可分为急性暴发型、周年季节性流行与波动流行型；③病原体抗原结构变异和血清型复杂多变，使得水产动物疾病的预防与控制越来越困难；④疾病流行的速度加快，区域扩大，危害增加，很多疾病成了全球性的疾病；⑤多病原性的混合感染增加、并发，继发性疾病普遍。

第一节 贝类疾病

一、病毒性疾病

（一）杂色鲍疱疹病毒病

病原与症状：病原为鲍疱疹病毒（Abalone herpesvirus，ABHV），病毒为球状或多角状，大小 100 ～ 130 nm。病鲍腹足表面变黑，触角收缩，鳃瓣色淡，肝胰腺部分萎缩，头部伸出，嘴张开、微外翻；鲍死后仍然紧贴于鲍笼或池底。或部分腹足僵硬，附着不牢，腹足表面黏液层消失（正常鲍腹足表面有滑腻感），外套膜边缘脱落，部分向内萎缩。

流行情况：该病可感染各种规格的鲍，死亡快，死亡率高，可达 100%，养殖成鲍和鲍苗全部同时死亡。该病的流行季节是 11 月至次年的 2 月，发病高峰是 1 月前后，一般水温较低时（14 ～ 17℃）该病容易暴发。

诊断与检测：根据症状可进行初步判断诊，确诊需取病鲍消化腺、外套膜、鳃和肠等组织作超薄切片，电镜观察若见球状病毒即可判断（图 7–1）。

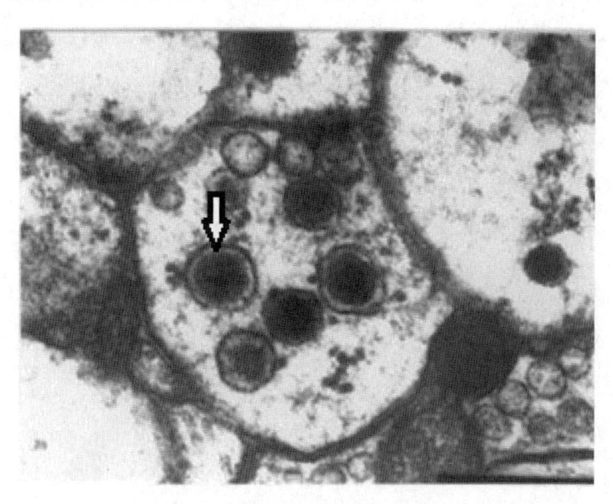

图7–1 腹足组织细胞内病毒粒子，箭头示病毒粒子

（二）牡蛎疱疹病毒感染

病原与症状：病原是牡蛎疱疹病毒 1 型（Ostieid herpesvirus 1, OsHV-1），病毒球形，直径约为 150 nm。患病贝类幼虫游动能力下降、摄食量减少，快速死亡。

患病幼贝和成贝出现双壳闭合不全、外套膜萎缩、反应迟钝、内脏团苍白和鳃丝糜烂等症状。

流行情况：OsHV-1 感染病例首次报道于 1991 年的法国和新西兰，引发两国多家育苗场长牡蛎幼虫的大量死亡。随后该病毒病引发的贝类死亡案例在欧洲、亚洲、北美洲、大洋洲和南美洲的 16 个国家相继出现（图 7–2）。1997 年，中国首次发现 OsHV-1 的感染病例，该变异株（后被命名为扇贝急性病毒性坏死病毒 Acute Viral Necrotic Virus，AVNV）引起中国北方海区养殖栉孔扇贝成贝的大规模死亡。2012 年 OsHV-1 新变异株（后被命名为 OsHV-1 魁蚶株，OsHV-1-SB）引起中国贝类育苗场和加工企业暂养魁蚶成贝的大规模死亡，长牡蛎幼虫也偶见 OsHV-1 感染案例发生。利用 PCR 检测技术还在其他 10 种双壳贝类（包括牡蛎、扇贝、蚶类和蛤类）的样本中检测到 OsHV-1 DNA，但尚未发现这些贝类因感染 OsHV-1 出现大规模死亡的案例。

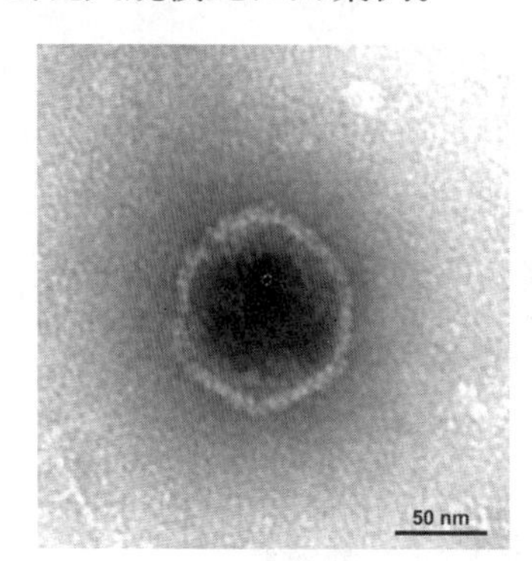

A

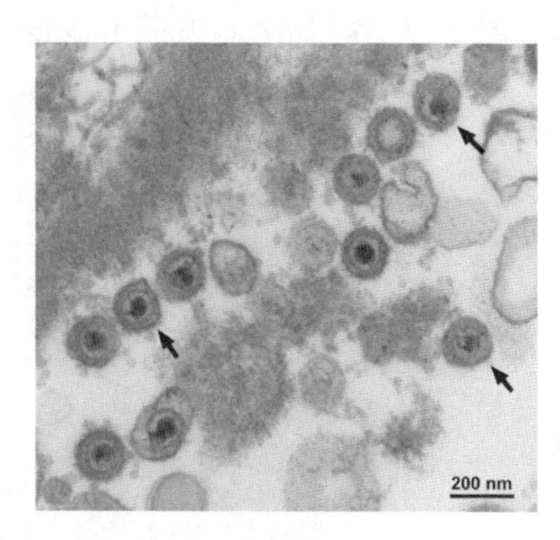

B

图7–2　牡蛎疱疹病毒1型核衣壳与空衣壳电镜照片

A. 纯化病毒粒子（负染）；B. 具囊膜包被的完整牡蛎疱疹病毒1型病毒（箭头所示）

诊断与检测：新鲜组织使用 Davidson’s AFA 固定后，再经组织脱水、切片和 HE 染色后，镜检可观察到受感染组织与细胞的典型变化，适用于对患病濒死贝类进行初步诊断。通过普通 PCR 和实时定量 PCR 可检测 OsHV-1 的特定基因，具有较高的灵敏度，实时定量 PCR 方法还可以对样品的感染程度进行评估。原位杂交法采用非放射性的地高辛标记的 cDNA 探针进行，敏感性高于传统的病理组织学诊断法，适用于对疑似感染病例的确诊。电镜检测法结合 PCR 检测法被广泛用于 OsHV-1 感染的确诊。

二、细菌性疾病

（一）鲍肌肉萎缩症

病原与症状：病原为哈维弧菌和副溶血弧菌。其中哈维弧菌革兰氏染色阴性，短杆状，稍弯曲；电镜负染极生单鞭毛；副溶血性弧菌为革兰氏阴性杆菌，呈弧状、杆状、丝状等多种形状，无芽孢，人类进食含有该菌的食物可致食物中毒。病鲍足部肌肉异常消瘦，颜色加深，部分腹足变得僵硬，内脏团和外套膜萎缩，反应为迟钝，触角伸向壳内，用手轻触即从养殖笼内壁脱落，鲍软体部分与壳长比例严重失调，濒死鲍脱落于养殖笼底部，足肌朝上，但无明显病灶。

流行情况：该病主要流行季节是 8 月和 9 月，水温低于 20℃时不会发生。该病的死亡率达 80% 以上。

诊断与检测：从外观症状可初步判断，从患肌肉萎缩症的鲍组织中分离出哈维氏弧菌（图 7–3）或副溶血弧菌可确诊。

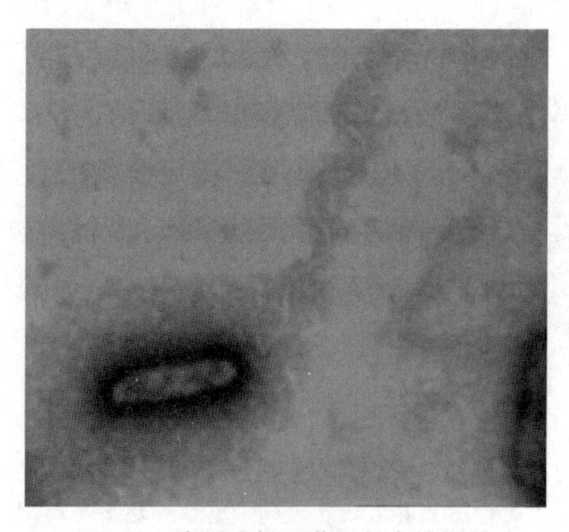

图7–3　病原哈维弧菌透射电镜照片

（二）杂色鲍幼苗急性脱板症

病原与症状：病原主要是溶藻弧菌（*V. alginolyticus*）和溶珊瑚弧菌（*V. coralliilyticus*）。杂色鲍幼苗“急性脱板症”具体表现可分为几种情况：①鲍苗在浮游阶段就沉底死亡，根本不能附着；②在整个附着期内，鲍苗从附着板上逐渐脱落，直至最后全部死亡；③在附着期的某一天或几天内（一般在附着后的第 10 ～ 20 d 左右），鲍苗突然大量脱落死亡。以最后一种现象最为普遍。鲍幼体附在采苗板（塑料透明薄膜板）上生长期间，出现严重脱板，第1呼吸孔尚未形成之前鲍苗壳色变白，且在1 ～ 2 d内脱落死亡。

鲍苗活力很差，壳色发白，摄食不正常，鲍苗很快死亡变成空壳，壳内充满原生动物，死亡的鲍苗壳长为0.1 ～ 0.3 mm。同时附苗板上的底栖硅藻老化，部分脱落，用手摸上去发黏；而正常的鲍苗壳色偏红，活力很好，正常的底栖硅藻呈金黄色。

流行情况：该病自2002年开始在广东、福建、海南等地流行，流行水温低于25℃，该菌可能会存在于不同的宿主中。

诊断与检测：发生大规模死亡的鲍苗池内采集已经死亡及未死亡、规格为0.1 ～ 0.3 cm的病鲍苗，直接置于显微镜下观察；或利用LAMP快速检测方法检测可确诊。

（三）皱纹盘鲍脓疱病

病原与症状：病原为哈维弧菌。早期病鲍足部出现白点，白点逐渐增大形成“脓疱”（最大直径可达2 cm），后期“脓疱”破裂，有白色“脓液”流出，最后“脓疱”中心形成深2 ～ 5 mm的小坑；足部和外套膜萎缩，病鲍活力差，干瘦状。

流行情况：流行水温16℃以上，水温越高流行越严重，北方辽宁、山东等地夏天发病较多，南方福建、广东养殖的皱纹盘鲍均可发生该病。

诊断与检测：足肌上出现多处微微隆起的白色脓疱，几天以后脓疱破裂，流出大量的白色脓汁，并留下2 ～ 5 mm不等的深孔，足面肌肉呈现不同程度的溃烂可予判断为此病。确诊需进行病原分离与鉴定。

（四）方斑东风螺肿吻症

病原与症状：病原为哈维弧菌。正常的螺一般藏身于沙中，或爬行于沙面，触角伸出，对外界刺激敏感，而发生该病的东风螺爬出沙面，有些侧卧于沙面，对外界刺激反应迟钝，可见到吻管明显肿大。病螺活力下降，减少摄食，吻部红肿，最后衰竭至死。此病来势凶猛，染病的螺摄食量突然减少，2 ～ 3 d后，大量爬出沙面，呈无力状，吻管突出，严重时全部死亡。

流行情况：该病是方斑东风螺 *babylonia areolata* 养殖过程中经常发生的一种严重病害，该病全年均可发生，尤其在春夏、春秋之交的季节容易暴发。

诊断与检测：若病螺在养殖池中爬出沙面（正常的螺一般藏身于沙中），侧卧于沙面，对外界刺激反应迟钝，并可见到吻管明显肿大等现象可初步判断；确诊需从病螺中分离出哈氏弧菌。

三、寄生虫病

贝类派琴虫病病原与症状：病原为奥氏派琴虫 *Perkinsus olseni*，属顶复体门、派琴虫纲、派琴虫目、派琴虫属（图 7-4）。奥氏派琴虫一般经历滋养体、休眠孢子、游动孢子等 3 个主要的生活期，游动孢子长约 4 ~ 6 μm，直径约 2 ~ 3 μm。肉眼可见在肌肉和外套膜上的坏死结节(直径 0.5 ~ 8.0 mm)。因其在组织中增生，足和外套膜中产生脓疱，而降低宿主的商品价值。形成的圆形褐色脓疱中，包含一个干酪似的乳褐色沉淀。

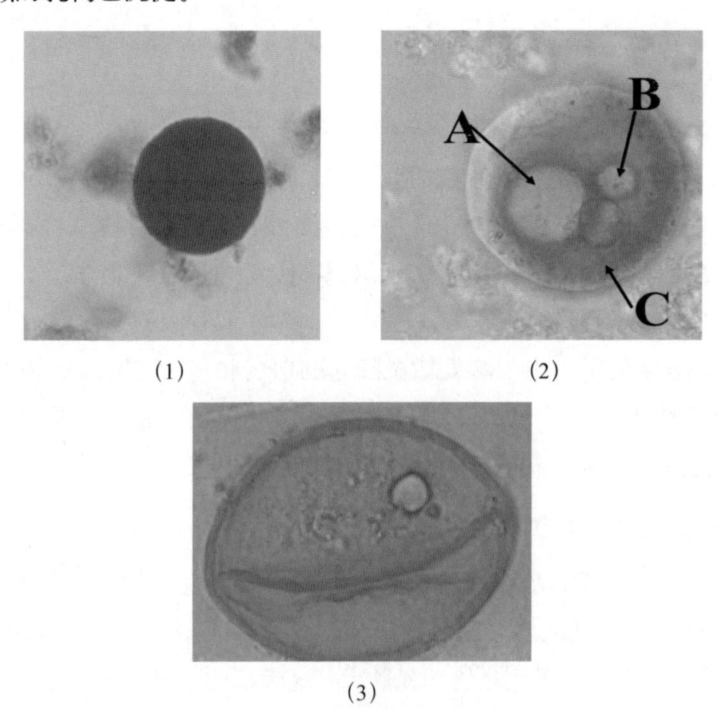

(1) (2) (3)

图7-4 派琴虫休眠孢子

(1) 卢戈氏液染色，休眠孢子成深黑色；(2) 未染色休眠孢子，示偏心囊泡（A）和细胞核（B），细胞壁厚（C）；(3) 未染色休眠孢子，顶面观，球形，壳瓣状（王江勇）

流行情况：该病主要危害黑唇鲍、绿鲍、黑鲍、红鲍、文蛤等，寄生于贝类的鳃、肌肉和外套膜上。冬季的高温有助于派琴虫的越冬，而高盐则可能导致宿主的抵抗力减弱。如果夏季高温期较长，派琴虫的增殖和传播就有充足的时间；贝类的高密度养殖有利于派琴虫的传播。如果冬季温度较低，夏季的降水较多，就会抑制派琴虫的繁殖，阻断流行条件。但派琴虫的休眠孢子能够抵御低温和低盐，一旦温度回升，盐度增加，适于派琴虫的生长发育，造成病害流行。

诊断与检测：用液体巯基醋酸盐培养基检测法，置于显微镜下观察是否有派琴虫孢子；也可用 PCR 分子检测方法进行诊断。

第二节　虾蟹类疾病

一、病毒性疾病

（一）对虾白斑综合征

病原与症状：该病是由对虾白斑综合征病毒（White spot syndrome virus，WSSV）感染引起的，具有发病急、死亡率高的特点。虾患病初期停止摄食，随后有濒死虾在池塘边的水面上游动，其表皮具圆形的白色颗粒或斑点。随着病情加重，虾体变软，白色斑点扩大甚至连成片状；最后全身都有白斑，伴有肌肉发白，肠胃无食物，能挤出黄色液体，头胸甲容易剥离，病虾的肝胰脏肿大，颜色变淡且有糜烂现象，血凝时间长，甚至不凝。许多感染 WSSV 濒死的对虾通体淡红色到棕红色，有些甲壳上有少量白斑。但外界环境应激因素如高 pH 或细菌病，也可以导致对虾甲壳上出现白斑，而有时患白斑病的濒死虾甲壳上白斑很少或不出现白斑。因此，白斑症状不能完全作为感染 WSSV 的诊断依据。该病在不同国家和国际组织有着不同的称呼，世界动物卫生组织（OIE）的名录中简称为白斑病。

流行情况：WSSV 可水平传播和垂直传播感染多种对虾，在养殖过程中经口传播是一种重要的传播途径，并造成严重的死亡，3 ～ 7 d 内死亡率可达 100%。当气温在 26 ～ 29℃时发病尤为严重，水温超过 33℃不再发病。

对虾白斑综合征在中国、日本、东南亚、印度、美洲地区都有发现。斑节对虾、日本对虾、中国对虾、墨吉对虾、白对虾、长毛对虾都曾因 WSSV 感染严重致病；泰国株可人工感染凡纳滨对虾、蓝对虾、褐对虾、桃红对虾和白对虾，发生严重致死，到目前为止还没有发现抗 WSSV 的虾群。

诊断与检测：从外观症状可初步诊断，可用巢式 PCR、荧光定量 PCR、Western blot 和 DNA 原位杂交技术来检测 WSSV 并确诊该病（图 7–5）。

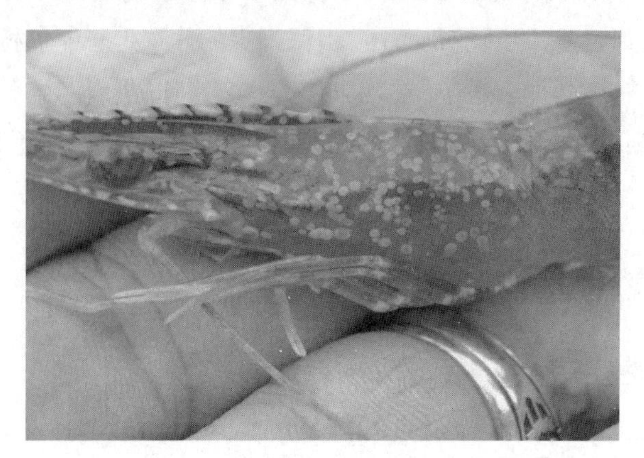

图7–5　患白斑综合征的斑节对虾

（二）对虾黄头病

病原与症状：该病病原为黄头病毒（Yellow head virus，YHV），患黄头病的斑节对虾症状特异，50 ~ 60 d 龄的幼虾在患病后几天内摄食量骤增，后一天内完全停止摄食，第三天大量死亡，全池覆没。濒死的对虾通体苍白，头胸部黄色肿大，鳃由白到淡黄到棕色，肝胰腺变为淡黄色，故称之为“黄头病”。

流行情况：黄头病危害极大，1990 年最先在泰国东部和中部地区的养殖斑节对虾中出现，曾在泰国和我国台湾地区养殖的斑节对虾中引起虾瘟，对印度尼西亚、马来西亚、中国大陆、密西西比斑节对虾养殖也造成严重打击。YHV 主要通过水平传播，鸟类也是传播媒介之一。此病毒可感染斑节对虾、蓝对虾和毛虾。刀额新对虾和墨吉对虾在池中有抗性，但人工感染可致病。凡纳滨对虾、蓝对虾、褐对虾、白对虾和桃红对虾幼虾投喂带毒虾尸体，8 ~ 10 d 内发生严重感染，但仔虾抗性相对较强。

诊断与检测：在疾病爆发期间，可以用组织病理做初步诊断。将濒死虾的鳃、皮下组织制成压片或切片，并用 HE 染色后，可以观察到大量圆形的强嗜碱性细胞质包涵体；用外观正常的感染虾制备血淋巴涂片，能看到中度到大量的血细胞核发生固缩和破裂。而濒死虾由于血淋巴已丢失，则通常看不到。黄头病的确诊，需要用 RT-PCR 方法、Western blot 方法或核酸原位杂交分析等方法。

（三）对虾桃拉综合征

病原与症状：对虾桃拉综合征由桃拉综合征病毒（Taura syndrome virus，TSV）感染引起的。该病毒主要感染 14 ～ 40 d 龄仔虾，出现桃拉病毒感染时，虾体会变红，变成透明状态，在甲壳上有色素点不断扩散，而且色素点还会变粗、变疏，白对虾的触须、尾扇边缘出现鲜红色，甲壳变软，同时出现空肠、空胃、肝胰腺肿大等现象。发病的白对虾一般喜欢靠在岸边或者在池中漫游。

对虾桃拉综合征可分为急性期、过渡期和慢性期三个症状明显不同的阶段。急性期病虾厌食，游动缓慢，身体虚弱，外壳柔软，消化道无食物，全身呈暗淡的红色，而尾扇和游泳足呈明显的红色，用放大镜观察细小附肢（如未端尾肢或腹肢）的表皮可见到上皮坏死的病灶；过渡期的病虾表皮出现多处随机、不规则的黑色素沉着的病灶，可据此对疾病作出初步诊断；慢性期病虾无明显症状，但淋巴器官会有病毒。淋巴器官中的球状体是唯一最明显的病灶，这是由细胞形成的球状堆积，导致正常淋巴器官小管的中心导管缺失。

流行情况：对虾桃拉综合征病毒主要感染凡纳滨对虾和南美蓝对虾，发病十分迅速，传染性很强，一般在发病 4 ～ 5 d 之后就可能导致病虾死亡，死亡率高。人工感染还能感染褐对虾、桃红对虾、中国对虾、斑节对虾和日本对虾。该病在美洲许多国家流行，现已扩散到亚洲很多国家。

诊断与检测：可以用观察临床症状、组织学进行初步诊断，用 LAMP、cDNA 探针或 PCR 等方法确诊。

（四）对虾传染性皮下和造血器官坏死病

病原与症状：该病是由传染性皮下和造血器官坏死病毒（Infectious hypodermal and hematopoietic necrosis virus，IHHNV）感染引起的。IHHNV 主要感染表皮、前肠和后肠的上皮、性腺、淋巴器官和结蹄组织的细胞，很少感染肝胰腺。感染急性 IHHNV 的南美蓝对虾虾苗厌食，体表特别在腹部的表皮或内皮常见有多个白色或浅黄色的坏死斑点，濒死的蓝对虾和斑节对虾明显变蓝，腹部肌肉浑浊，会在池中慢慢升起，静止一会儿后翻滚，接着腹面朝上沉入池底，几小时内重复此过程直至筋疲力尽或被其他健康虾吃掉。凡纳滨对虾感染该病毒表现为“慢性矮小残缺综合征”，稚虾表现额角弯曲、变形，触角鞭毛皱起，表皮粗糙或残缺，生长慢，处于慢性消耗状态，只引起生长缓慢和表皮畸形；在养殖群体中表现为体长普遍偏小，且个体之间差异很大。

流行情况：IHHNV 存在于包括中国在内的美洲和亚洲大部分地区。自然感染的有蓝对虾、凡纳滨对虾、西方对虾、加州对虾、斑节对虾、短沟对虾和日本对虾，引起南美蓝对虾 90% 的死亡率。该病毒主要通过带毒虾及其他甲壳类受病毒污染水体传播，虾类同类残食或海鸟也可传播病毒。感染此病毒的凡纳滨对虾不会死亡，但终生明显带毒，并可进行水平和垂直传播。

诊断与检测：IHHNV 的初步诊断，用组织学方法观察到上述组织的细胞核内明显的嗜伊红包涵体，边缘常出现光环，带包涵体的细胞核肥大、染色质边缘分布。IHHNV 的确诊要用 PCR、DNA 探针进行检测。

（五）对虾肝胰腺细小病毒病

病原与症状：该病由肝胰腺细小病毒（Hepatopancreatic parvo-like virus，HPV）感染引起。病虾外观无明显特殊症状，幼体被感染后行动不活跃，食欲减退，生长缓慢、很少蜕皮，体表常挂有污物；养殖期的幼虾或成虾，虾体瘦弱、体色较深，甲壳表面有大量黑色斑点。有的甲壳变软，腹部肌肉变白、浑浊。病毒主要感染消化腺即肝胰腺。感染虾的肝胰腺压片或切片，可以观察到细胞中形成核内包涵体，感染细胞的核也变得肿大，并像一顶帽子在包涵体上方。

流行情况：首先发现在新加坡和马来西亚养殖的墨吉对虾内，此后又发现在野生的和养殖的中国明对虾、波斯湾的短沟对虾、菲律宾的斑节对虾和澳大利亚的食用对虾。在流行病发生后 4 ～ 8 周内，墨吉对虾的累积死亡率为 50%，短沟对虾的死亡率则高达 100%，并常发生弧菌或索兰氏镰刀菌等条件致病菌的继发性感染。在中国明对虾上的致病性尚不十分明显。受感染的种群在人为的拥挤条件下会加重病情。流行区域有印度洋和太平洋地区、西非、马达加斯加、中东和美洲。

诊断与检测：临床诊断可依据病虾的病状，也可用肝胰腺涂片以 T-E（曲利本蓝－伊红）或 Giemsa（吉姆萨）法，或组织切片 H-E 染色，显微镜检查病变细胞核内的包涵体。可以用 PCR 方法检测，但没有一种 PCR 引物可以检测各地区所有的 HPV 株，要根据不同地区选用不同的引物。

（六）对虾传染性肌肉坏死病

病原与症状：该病是由传染性肌肉坏死病毒（Infectious myonecrosis virus，IMNV）感染引起的。凡纳滨对虾被感染后横纹（骨骼）肌出现大量白色坏死区域，尤其是在腹部远端部分和尾扇，个别虾可在这些部位坏死和发红。这些症状可能在对虾受到应激后突然出现，有时可能由于刚刚投喂过，肠道呈现饱食状态。该病和发生在罗氏沼虾的白尾病在临床症状和组织病理方面比较相似。

流行情况：传染性肌肉坏死病流行于巴西东北部和东南亚（印尼的爪哇）海水和半咸水养殖的凡纳滨对虾中，能影响幼体、虾苗和成虾。养殖凡纳滨对虾的虾苗和半成虾出现大量病虾和高死亡率，但发展到慢性阶段时会出现持续的低死亡率。因在养殖过程中各个阶段均可感染，累计死亡率可达 70%。已报告 IMNV 实验感染的有太平洋蓝对虾、蓝对虾、黑虎虾、斑节对虾。

诊断与检测：用常规的石蜡切片和 HE 染色观察做初步诊断，用 RT-PCR 或者用 cDNA 探针的原位杂交检测确诊。

（七）斑节对虾杆状病毒病

病原与症状：斑节对虾杆状病毒病是由斑节对虾杆状病毒（Monodon baculovirus，MBV）感染引起的。受感染后的幼体除体色加深外，并无特别的症状，多数携带病毒的虾活动正常。但此病毒对幼体危害大，常无明显症状出现而大量死亡。从无节幼体 2 期和糠虾期开始，仔虾 9 和 10 期最严重，累积死亡率达 98%，仔虾 20 期死亡率迅速下降。成虾可能带毒，甚至感染严重，但只要养殖环境好，对 MBV 感染耐受力强。感染会引起宿主摄食量减少，生长慢及体表和鳃的附着物增多，可造成斑节对虾“公孙虾”。在肝胰腺和中肠腺感染了病毒的细胞核内出现成堆的球状包涵体，或在粪便中裂解的细胞碎片内有游离的包涵体。受感染的对虾粪便压片可观察到带折光性的近似球形的包涵体，大小约 2μm，在新鲜粪便中，包涵体常成团聚集，被核膜包裹。

流行情况：斑节对虾杆状病毒病在东亚、东南亚、印度次大陆、中东、澳大利亚、印度尼西亚、东非、马达加斯加养殖和野生虾中广泛分布，随着斑节对虾的引进，病毒也传入地中海、西非、塔希提岛和夏威夷，还有南美洲、北美洲和加勒比海的一些养殖地区。

斑节对虾杆状病毒可感染对虾属、明对虾属、囊对虾属和沟对虾属的多种对虾，主要宿主为日本对虾、斑节对虾和东方巨对虾，人工感染发现中国对虾和短沟对虾也能感染，而刀额新对虾对其有抗性。除了卵和无节幼体阶段都可被该病毒感染。MBV 是对虾幼体、仔虾和稚虾早期阶段的潜在病原，病毒宿主范围广，在养殖和野生对虾中广泛分布。但在正常情况下并不会生病，只在环境恶劣时会爆发疾病，引起斑节对虾大量死亡。

相互残食和粪-口途径的经口传播为该病的主要传播方式。亲虾产卵时排泄被病毒污染的粪便，而使病毒传给下一代种群。

诊断与检测：镜检肝胰腺中有没有球形的包涵体是最简单的方法。用基因探针作原位杂交和 PCR 方法也可以检测病毒。

（八）对虾杆状病毒病

病原与症状：该病由对虾杆状病毒（Baculovirus penaei，BP）感染引起。病毒主要侵害肝胰腺腺管、中肠等上皮细胞。患病对虾肝胰腺肿大、软化、发炎或萎缩硬化、肠道发炎等。在肝胰腺和中肠腺的上皮细胞内出现大量的三角形的核内包涵体，或在粪便中裂解的细胞碎片内有游离的三角形包涵体。病虾体色呈蓝灰色或蓝黑色，胃附近白浊化。病虾浮头，靠岸，厌食，昏睡。患病虾摄食量减少，生长慢及体表和鳃附着物增多，容易并发褐斑病等细菌性疾病，病虾最终侧卧于池底死亡。

流行情况：BP 是严重威胁对虾幼体、仔虾和稚虾的病原，广泛感染南北美洲（包括夏威夷）的养殖和野生对虾。对幼体危害大，有发病急、死亡率高的特点，从无节幼体和糠虾期开始，糠虾期最为严重，累积死亡率超过 90%，到仔虾后期死亡率迅速下降，此时一般为亚急性或慢性发病。

此病毒地理分布广，宿主范围宽，在墨西哥海湾北部沿海和中美洲太平洋沿岸广泛分布，在巴西、日本、泰国和我国福建也有报道。宿主有桃红对虾、褐对虾、凡纳滨对虾、边缘对虾、蓝对虾、白对虾、长毛对虾、斯氏对虾、圣保罗对虾、小褐对虾、斑节对虾和厚糙对虾，以幼体、仔虾和早期幼虾对病毒最为敏感。病毒主要经对虾相互残食以及粪-口途径经口传播，亲虾产卵时排泄带毒粪便也可使病毒传给下一代种群。

诊断与检测：镜检肝胰腺中有特征性的三角形包涵体是最简单的诊断方法。用基因探针作原位杂交和 PCR 方法也可检测病毒。

（九）日本对虾中肠腺坏死杆状病毒病

病原与症状：该病是由中肠腺坏死杆状病毒（Baculoviral midgut gland necrosis virus，BMNV）感染导致的、引起日本对虾幼体大规模死亡的传染病。BMNV 感染的主要靶器官是肝胰腺。幼体和仔虾患病后，首先可看到白浊的肝胰腺（中肠腺）呈雾状，随着疾病的发展，白浊化越来越明显。严重感染的仔虾(长度为 6 ~ 9 mm)从症状上很容易区别。病虾缺乏活力,漂浮在水面。发作突然，死亡率高。

流行情况：在日本南部的孵化场中，每年 5—9 月常发生中肠腺坏死杆状病毒病造成大批死亡。生病的仔虾主要为 P2 ~ P12。发病时的水温为 19 ~ 29.5℃，pH 为 7.8 ~ 8.8。不患此病的仔虾死亡率一般为 30%以下，患此病者死亡率一般为 70%~ 100%。在巴西和夏威夷养殖的日本囊对虾也发生此病。该病主要感染日本对虾，并可人工感染斑节对虾、中国对虾和短沟对虾。在日本、韩国、菲律宾、澳大利亚和印度尼西亚流行。

（十）青蟹呼肠孤病毒病

病原与症状：该病是由青蟹呼肠孤病毒（Mud crab reovirus，MCRV）感染引起的，在不同地区又被称作“昏睡病”“清水病”或“慢爪病”。患病青蟹没有特殊的特征，主要表现为虚弱、运动迟缓、没有食欲、对外界刺激反应缓慢。病毒在宿主细胞质中形成包涵体，呈晶状排列，HE 染色呈深红色。

流行情况：青蟹呼肠孤病毒对拟穴青蟹有较强的侵染性，在养殖青蟹和野生青蟹都有很高的携带率，春季和秋季为发病高峰期，能够造成养殖拟穴青蟹大量死亡。

诊断与检测：MCRV 目前多种 MCRV 检测方法均已被建立。其中包括利用巢式逆转录 PCR（nRT-PCR）法、Real time-PCR 法 、环介导等温（LAMP）以及双重巢式 PCR 方法等。

（十一）青蟹双顺反子病毒病

病原与症状：病原为青蟹双顺反子病毒 -1（Mud crab dicistrovirus-1，MCDV-

1)，是从患“昏睡病”的青蟹中分离得到的，经常与青蟹呼肠孤病毒同时感染青蟹。单独感染该病毒的青蟹症状与青蟹呼肠孤病毒病类似，除了虚弱、运动迟缓、没有食欲、对外界刺激反应缓慢外，没有特别的症状。

流行情况：人工感染发现青蟹双顺反子病毒 -1 对拟穴青蟹也有较强的侵染性，在养殖青蟹和野生青蟹都有携带，春季和秋季为感染高峰期，但携带率低于青蟹呼肠孤病毒。

诊断与检测：可以利用巢式逆转录 PCR（nRT-PCR）法、Real time-PCR 法、环介导等温（LAMP）以及双重巢式 PCR 方法等检测该病毒。

二、细菌性疾病

（一）对虾幼体弧菌病

病原与症状：该病可由鳗弧菌、海弧菌、溶藻胶弧菌、副溶血弧菌、假单胞菌和气单胞菌等多种条件致病菌单独或共同感染引起。患病幼体游动不活跃，趋光性差，病情严重者在静水中下沉于水底，不久就死亡。病情进展缓慢的幼体，在体表和附肢上往往黏附许多单细胞藻类、原生动物和有机碎屑等污物；在急性感染中，体表一般没有污物附着，有污物附着者也不一定就是弧菌病。

流行情况：对虾幼体的弧菌病是世界性的，我国沿海各地的对虾育苗场，无论哪种对虾的幼体从无节幼体到仔虾都经常发生弧菌性流行病，但以蚤状幼体Ⅱ期以后发病率最高，因为从此期开始投喂人工饲料，残饵污染水体，滋生细菌。完全投喂活饵料的育苗池则发病率明显较低或不发病。对虾幼体的弧菌病一般是急性型的，发现疾病后 1 ～ 2 d 内就可使几百万的幼体死亡，甚至使全池幼体死灭，造成重大经济损失。

诊断方法：诊断时取游动不活跃或下沉水底的幼体置于载玻片上，加 1 滴清洁海水和盖玻片，在 400 倍显微镜下，就可看到细菌在幼体体内各组织间的血淋巴中活泼游动，在身体比较透明的地方最容易看到；在糠虾幼体和仔虾阶段，幼体较大，透明度差，有时需要轻压盖玻片，甚至将幼体压破后才能看到细菌；有时在患病下沉的幼体中寄生有许多纤毛虫，这是幼体活动能力降低后，纤毛虫钻入体内导致的，不是原发性病原。

（二）对虾红腿病

病原与症状：该病可由副溶血弧菌、鳗弧菌、溶藻弧菌、气单胞菌和假单胞菌等多种条件致病菌单独或共同感染引起，主要症状是附肢变红色，特别是游泳足最为明显；头胸甲的鳃区呈淡黄色或浅红色。病虾一般在池边缓慢游动或潜伏于岸边，行动呆滞，不能控制行动方向，在水中旋转活动或上下垂直游动，停止吃食，不久便死亡。解剖可见肠空，肝脏呈浅黄色或深褐色，肌肉无弹性；头胸甲的鳃区呈淡黄色。血淋巴变稀薄，血细胞减少，凝固缓慢或不凝固；鳃丝尖端出现空泡；心肝组织中有血细胞凝集的炎症反应。血淋巴、肝胰脏、心脏、腮丝等器官组织内均可看到细菌。

流行情况：全国养虾地区都有病例，发生在中国对虾、长毛对虾、斑节对虾、凡纳滨对虾上，发病率和死亡率可达90%以上，是对虾养成期危害较大的一种病。流行季节为6—10月，8—9月最常发生，可持续到11月。有些虾池发病后几天之内几乎全部死亡。

诊断方法：一般靠外观症状就可初诊，但对虾在环境条件不利时，如拥挤、缺氧等，附肢也会暂时变红色，但鳃区不变黄色，并且在条件改善后很快就可恢复，因此，确诊必须用下列方法检查血淋巴中是否有细菌存在：在显微镜下检查到血淋巴中有细菌活动。用血清学方法,荧光检测技术或酶联免疫测定法（ELISA）检测。

（三）对虾烂鳃病

病原与症状：病原包括弧菌、假单胞菌、气单胞菌等多种条件致病菌，患病对虾鳃丝呈灰色、肿胀、变脆，严重时鳃尖端溃烂，溃烂坏死的部分发生皱缩或脱落。有的腮丝在溃烂组织与尚未溃烂组织的交界处形成一条黑褐色的分界线。病虾浮于水面，游动缓慢，反应迟钝，厌食，最后死亡，特别是在池水溶解氧不足时，病虾首先死亡。镜检溃烂处有大量的细菌游动，严重者血淋巴中也有细菌，超薄切片可见在鳃丝的几丁质和表皮层中有许多细菌，菌体周围的组织被腐蚀成空斑。

流行情况：各种养殖对虾均可发生该病，特别是高温季节，可引起对虾死亡；发病率较低，但已烂鳃的虾很少成活。

诊断方法：剪取少量鳃丝，用镊子分散后做成水浸片，在低倍显微镜下观察溃烂情况，再用高倍镜观察鳃丝内的细菌。

（四）烂眼病

病原与症状：养成期烂眼病由非01群霍乱弧菌感染引起。越冬亲虾烂眼病有两种病原，一种为细菌，一种真菌，均未鉴定出属名和种名。在养成期间的烂眼病，病虾伏于水草或池边水底，有时浮于水面旋转翻滚。疾病开始时眼球肿胀，逐渐由黑变褐，以后一般从眼球前部开始溃烂，严重者眼球脱落，只剩眼柄。越冬亲虾烂眼病一般发生在眼球的前外侧面，病虾游动缓慢或伏于水底，摄食困难，有的双眼一齐溃烂，有的仅一边溃烂，严重者眼球脱落。

流行情况：烂眼病的分布地区很广，在养成期间几乎全国各地都有发生。发生季节为7—10月，以8月最多，感染率一般为30% ~ 50%，最高的达90%以上。一般是散发性死亡，死亡率不太高，但严重影响生长，病虾明显小于同期的健康虾。越冬亲虾的烂眼病同样发生在全国各越冬点，感染率达90%以上，死亡率为40% ~ 50%。

养成虾烂眼病的流行与池底没有清除淤泥或清瘀不彻底有密切关系。越冬亲虾的烂眼病除了池底污浊以外，可能与光线强，亲虾沿池边不停地游动，眼球摩擦受伤后，细菌或真菌侵入有关。

诊断方法：通过肉眼观察眼球的颜色和溃烂情形可初步诊断，确诊必须刮取眼睛的溃烂组织和液体，在显微镜下检查，以确定病原是细菌还是真菌。

（五）甲壳溃疡病

病原与症状：病原为弧菌、假单胞菌、气单胞菌、螺菌、黄杆菌等。病虾体表甲壳发生溃疡，形成黑褐色的凹陷，周围较浅，中部较深。溃疡多数为圆形，但也有长形或不规则形。溃疡发生的部位不固定，躯干上和附肢上都可发生，但以头胸甲和第1 ~ 3腹节的背面以及侧面较多。肉眼看去对虾体表有许多黑褐色点，所以也叫作黑斑病或褐斑病。越冬期的亲虾，除了体表的褐斑以外，附肢和额剑也烂断，断面也呈黑褐色。

溃疡的深度未达到表皮者，在对虾蜕皮时就随之蜕掉，在新生出的甲壳上并不留痕迹；但如果溃疡已深达表皮层之下，在蜕皮时往往在溃疡处的新壳与旧壳发生黏连，使蜕皮困难，严重者细菌侵入甲壳以下的内部组织，引起对虾死亡。

流行情况：甲壳溃疡病在我国的越冬亲虾中最为流行，危害性也较大，诱发原因主要是亲虾在捕捞、运输、选择等过程中操作不慎，使虾体受伤，或在越冬期间跳跃碰撞受伤后分解几丁质的细菌或其他病菌乘机侵入，引起溃疡，从而使越冬亲虾陆续死亡，累积死亡率可高达 80% 以上。发病季节一般在越冬的中后期，即 1—3 月。

在我国池塘养殖的对虾中甲壳溃疡病也偶有发生，但一般发病率很低，危害性不大。不过在天津地区的养虾场，曾有较多的对虾发生过褐斑病。一般发生于 8 月。

诊断方法：一般根据外观症状就可初诊，但要注意与维生素 C 缺乏病的区别。维生素 C 缺乏病的症状是黑斑位于甲壳之下，甲壳表面光滑，并不溃烂；要确诊还需要用镊子刮取黑斑处的物质做成水浸片在显微镜下检查。

（六）气单胞菌病

病原与症状：病原包括嗜水气单胞菌、豚鼠气单胞菌和索布雷气单胞菌。病虾体色变暗，鳃区发黄，绝大多数病虾体表和附肢有损伤。体表、鳃和附肢都有污物、聚缩虫、硅藻等。部分鳃丝末端溃烂。血淋巴为灰白色、混浊，凝固性差甚至不凝固，血细胞明显减少，血液内有细菌。肝胰脏有萎缩现象。消化道内无食物，有较多的细菌。最显著的病理变化是在病虾的淋巴器官中出现结构不同的黑色结节（或称为多发性肉芽肿）。大多数黑色结节的中心是细菌，细菌周围是一圈黑色素带，外围有多层细胞包围。在心肌、肠壁组织和鳃丝内也有这样的结节。肝胰脏中没有发现黑色结节，但感染严重的病虾肝胰脏呈失血性萎缩，大部分上皮细胞的胞核消失而呈现空泡样变性。

流行情况：1990 年 10—12 月山东莱州市的越冬亲虾，陆续发病死亡，研究表明是索布雷气单胞菌引起的疾病。其他地方的越冬亲虾和养殖亲虾也常有类似症状与病理变化的疾病发生。1992 年 7 月上旬在青岛市黄岛区养殖的中国对虾，体长 8 ~ 11 mm，曾发生嗜水气单胞菌与豚鼠气单胞菌引起的败血病，短期内引起大批死亡。6—7 月北方少雨，养殖水体盐度升高，适于此两种菌的繁殖，使池水中含菌量增加，易于发病。

诊断方法：根据病虾外观症状及从围心窦中吸取血淋巴镜检发现有细菌游动就可初诊；确诊必须做病原菌的分离、培养和鉴定。

（七）丝状细菌病

病原与症状：病原为毛霉亮发菌（*Leucothrix mucor*）和发硫菌（*Thiothrix* sp.）。丝状细菌附着在对虾的卵、各期幼体、成虾的鳃和体表各处。附着在对虾鳃上时对于虾的危害性最大，往往附生的数量很多，成丛的菌丝，布满鳃丝表面，菌丝之间还往往黏附着许多原生动物、单细胞藻类、有机物碎屑或其他污物，因而使鳃的外观呈黑色。但在显微镜下检查时鳃丝组织一般并不变黑，仅有少数病例鳃丝内部有棕色点。鳃丝外观的黑色是菌丝间的黏附物造成的。这些菌丝和黏附的污物阻碍了水在鳃丝间的流通，隔绝了鳃丝与水的接触，妨碍了呼吸，并且细菌和污物也消耗氧，这是引起对虾死亡的主要原因。另外，在体表和鳃上附着丝状细菌数量很多的虾往往蜕皮困难，引起死亡。这可能是因为丝状细菌对于蜕皮有机械的阻碍，并且对虾在蜕皮时需氧比平时多，细菌阻碍了氧的供应所致。

流行情况：丝状细菌不仅着生在各种对虾及其各个生活时期，而且在海水鱼类的卵上，其他虾、蟹等多种海产甲壳类的各个生活阶段以及海藻上都可发现。分布的地区几乎是世界性的。在我国广西壮族自治区的长毛对虾、广东的墨吉对虾以及沿海各省市的中国对虾都已发现，可见全国养虾地区无处不有，并且有些地方也引起了对虾的死亡。

丝状细菌的发生与养虾池中的水质和底质有密切关系。池水和底泥中含有机质多时最易发生。因此，丝状细菌也可作为水环境污染的指标。

诊断方法：虾卵和幼体患病时将其整体做成水浸片在显微镜下镜检。养成期的虾和越冬亲虾患丝状细菌病时，主要剪取一部分病虾鳃丝做成水浸片镜检。丝状细菌的菌体较大，一般在低倍镜下就可看到，但要确诊必须在高倍镜下仔细观察菌丝的构造。

（八）蟹弧菌病

病原与症状：主要由鳗弧菌、溶藻胶弧菌和副溶血弧菌等感染引起。此病在蚤状幼体各个时期均有发生，尤其在各期变态时更为严重，发病严重时在 4 ～ 6 h 死亡率高达 80%以上。具体症状表现为对饵料的捕捉能力下降，甚至消失，趋光性减弱，幼体活动不正常，严重时胸部及附肢发红。

流行情况：大多数弧菌为条件致病菌，当环境污染，水质恶化，弧菌大量繁殖达到一定数量时，体质弱或受伤的梭子蟹易发生弧菌病，特别是在人工育苗阶段，大量投饵，尤其是投喂代用饵料，换水量不够或换水不及时，最容易发生该病，主要发病期在高温季节。

诊断方法：同虾弧菌病。

（九）蟹甲壳溃疡病

病原与症状：甲壳溃疡病的病因复杂，曾分离到弧菌、假单胞菌、气单胞菌和粘细菌等具有分解几丁质能力细菌，但人工感染都未成功。主要发生在养成期，并且甲壳上有数目不定的黑褐色溃疡性斑点，在蟹的腹部较多。早期症状为一些褐色斑点，斑点中心稍下凹，并呈微红褐色；到晚期溃疡的斑点扩大，并且边缘变黑。

流行情况：该病主要在成蟹养殖后期及越冬期，特别是池塘底质发黑、淤泥较多的情况下易发此病。但该病不会造成致命性危害，只是影响商品蟹的品质。

诊断方法：通过症状诊断。

三、真菌性疾病

（一）链壶菌病

病原与症状：链壶菌病是由链壶菌（*Lagenidium callinectes*）与链壶菌状（*Lagenidium-like*）的真菌寄生引起的。链壶菌从甲壳动物的卵细胞质和幼体较薄的柔软体节处入侵，并向机体扩展，快速长出菌丝，不断消耗组织内营养，使机体充满菌丝，从薄弱部分伸出放出管，形成动孢子囊；最终使寄主机体组织耗竭殆尽，成为空壳而解体。

流行情况：该病可通过亲虾、其他中间宿主或海水传播。可感染几种蟹、美洲龙虾、白对虾、卤虫、砂虾类等，养殖的虾蟹幼体感染死亡率为 12% ~ 100%，主要是卵、无节幼体和蚤状幼体，感染后 24 ~ 72 h 出现大量死亡。

诊断方法：可把病灶组织或菌丝制成涂片，吉姆萨染色后显微镜观察细胞、孢子以及菌丝的结构进行诊断。

（二）镰刀菌病

病原与症状：引起本病的病原体为镰刀菌（*Fusarium sp.*），环境适宜时，大、小分生孢子和厚膜孢子出芽发育成新的菌株。只有无性繁殖，可向附肢的组织血窦侵入，迅速繁殖。镰刀菌最常出现的部位是鳃丝、颚足和步足基部，宿主不同所表现的病理症状和病变部位不同。随着感染程度的加深，颜色由白色变为橙红色，最后变为黑色。日本对虾被感染时，在鳃、步足、颚足基部出现病变，尤以鳃最为明显；红对虾的病变部位在鳃和触角，加州对虾在步足基部和临近体壁的鳃部，凡纳对虾在眼球，美洲龙虾稚体和成体主要在鳃和表皮，有黑斑者往往在蜕壳前或蜕壳时死亡，罗氏沼虾主要在头胸甲、步足、游泳足和尾节部分。镰刀菌感染致死的主要原因是机械损伤，也可产生真菌毒素，使宿主中毒。镰刀菌为典型的条件致病菌，即对虾由于创伤、摩擦、化学物质或其他生物伤害发生后，病原才能趁机侵入，逐渐发展成严重的疾病，引起宿主死亡。

流行情况：镰刀菌对十足目甲壳类的动物危害很大，其宿主种类和分布地区都很广。在海水中的各种对虾和龙虾、淡水中的罗氏沼虾甚至鲤鱼都可感染，但斑节对虾对其抵抗力很强。此菌呈世界性分布，美洲、亚洲和欧洲都有报道。在我国人工越冬的中国对虾亲虾 1985 年曾因该病引起大量死亡。美国的加州对虾对此病最为敏感，感染率可达 100%，死亡率可达 90%，其次为蓝对虾和凡纳滨对虾。

诊断方法：镰刀菌属包含的种类很多，在中国对虾上已鉴定出 4 种，包括腐皮镰刀菌（*F.solani*）、尖孢镰刀菌（*F.oxysporum*）、三线镰孢菌（*F.tricinctum*）、禾谷镰刀菌（*F.graminearum*），并且同一种的形态变异较大，分类鉴定比较困难；但是各种所引起的症状、病理变化、危害情况和防治方法未发现差别，在生产上鉴定到属即可。此病为慢性病，只有在显微镜下发现有镰刀形的大分生孢子或在真菌培养基上培养后形成大小分生孢子，并产生褐色、黄棕色、红色或紫色色素才能确诊。

（三）海壶菌病

病原与症状：此病的病原菌为一种海壶菌（*Haliphthoros milfordensis*），从寄主组织损伤处或组织结构比较柔弱的部位侵入，原发部分黑色素沉积严重。海壶菌感染会阻碍虾体蜕壳，在新旧虾壳之间出现黏连，使虾在蜕壳中期死亡。在虾鳃上寄生的菌丝周围没有色素，但菌丝侵袭鳃组织，布满鳃丝，使鳃丝变性坏死。

流行情况：此病可通过含有孢子的海水传播，也可通过亲虾或丰年虫传染。该病可感染美洲龙虾、欧洲龙虾的稚虾，也可感染蓝蟹卵胚胎和丰年虫的成体。红对虾成虾感染海壶菌后在 5 d 内死亡率可达 100%。

诊断方法：同链壶菌。

（四）水霉病

病原与症状：虾的水霉病是由艾特金菌属（*Atkinsielladubia*）的真菌感染引起的。此类真菌寄生于卵和幼体，先是附着其表面，继而深入组织内部，逐步消耗寄主内物质满足生长和繁殖的需要，使染病组织机体局部以至整体细胞、组织变性坏死。

流行情况：在多数情况下，水霉主要寄生在寄主伤口和腐烂的部分，或是失去生命活力的卵和幼体上，可通过存在水霉真菌孢子的水进行传播。可感染豆蟹、梭子蟹、黄道蟹、互爱蟹、中华绒螯蟹等。

诊断方法：同链壶菌。

第三节　鱼类疾病

一、病毒性疾病

（一）细胞肿大属虹彩病毒病

病原与症状：虹彩病毒科中细胞肿大病毒属一些种类，如传染性脾肾坏死症病毒（Infection spleen and kidney necrosis virus, ISKNV）、真鲷虹彩病毒（Red sea bream iridovirus, RSIV）和脱鳞症病毒（Scale drop disease virus, SDDV）等。细胞肿大属虹彩病毒病临床症状有漫游、鳃贫血、肝色浅肿大和脾脏异常肿大等，但体表一般完好。该病毒对脾脏和肾脏等造血器官破坏严重，在组织病理学上，该属病毒可导致病鱼的脾肾出现大量嗜碱性直径约 15 ～ 20 μm 的异常肥大细胞。危害东南亚尖吻鲈的脱磷症病毒近两年也在珠江口养殖的黄鳍鲷上有检出，以体表脱磷、腹水和脾脏肿大为主要临床特征。

流行情况：该属虹彩病毒危害鲈形目、鲽形目、鳕形目、鲀形目等 4 目近百种海水、淡水鱼类，是我国养殖鱼类较为常见的病毒病，多流行于水温 22 ～ 32℃，感染品种有石斑鱼、篮子鱼、真鲷、大黄鱼、大菱鲆、鲻鱼、海鲈、黄鳍鲷、加州鲈、笋壳鱼和罗非鱼等。患病鱼的死亡率从30%（成鱼）到100%（幼苗）。

诊断方法：依据临床症状可初诊，组织印片吉姆萨染色或HE切片观察到异常的肥大细胞可基本确诊，还可通过细胞培养或分子学检测来确诊。

（二）蛙病毒属虹彩病毒病

病原与症状：由虹彩病毒科中蛙病毒属一些种类所导致，危害鱼类的常见有石斑鱼虹彩病毒（Singapore grouper iridovirus, SGIV）和大口黑鲈病毒（Largemouth bass ranavirus, LMBV）。该属病毒导致的临床症状与细胞肿大属稍有不同，以体表、下颚和鳃盖有出血性浅层溃疡斑为主要特征，肝脾肿大，但组织学上不出现肥大细胞，患病苗种期加州鲈肝上常有大小不一的浅色结节。

流行情况：石斑鱼虹彩病毒病在我国主要危害苗种期多种石斑鱼，俗称“红头红嘴”病，发病急，死亡率高，严重时会导致整池鱼苗全军覆没。而大口黑鲈病毒病对加州鲈大规模苗种及成鱼危害较大，可导致20%～70%死亡率，是加州鲈养殖最严重的病害，近几年在珠三角还蔓延感染到鳜鱼、笋壳鱼、生鱼、宝石鲈和澳洲鳕鱼等养殖品种上。

诊断方法：对体表有出血性溃疡斑，又无明显细菌和寄生虫感染的鲈形目鱼类，且符合病毒病发作特征，需注意是否为该属虹彩病毒病感染。确诊需通过细胞培养或分子学检测技术。

（三）淋巴囊肿病

病原与症状：病原为虹彩病毒科的淋巴囊肿病毒（Lymphocystis disease virus, LDV），病鱼体表皮肤、鳍、吻和眼球周边等处出现许多聚集的包囊状物，囊状物多呈灰白色、淡黄色或黑色，大小不一，病鱼游动缓慢，体色发黑，包囊脱落后会导致细菌继发感染。

流行情况：该病是慢性病，流行于水温10～28℃及高密度养殖池和网箱，感染率高达90%，但一般不引起大量死亡。主要危害海水鱼类的鲈形目、蝶形目和鲀形目的一些种类，如石斑鱼、军曹鱼、真鲷、牙鲆、大菱鲆、鰤鱼等，也有淡水鱼感染的报道。

诊断方法：从特异的外观症状可初诊，需注意与体表孢子虫类形成的包囊相区别。置囊状物压片镜检，可观察到肥大的囊肿状细胞。确诊可通过组织切片或电镜观察。

（四）病毒性神经坏死病

病原与症状：诺达病毒科中神经坏死病毒（Viral nervous necrosis, NNV）感染所致，该病毒主要侵染鱼类的脑和视网膜神经组织，患病鱼苗厌食，体弱发黑，趴底或涨鳔侧卧水面随水漂流，部分病鱼有异常螺旋状打转症状，解剖多见鳔充气涨大，脾淤血发黑。

流行情况：是我国热带和亚热带海水鱼苗种阶段最主要疫病，可感染大多数养殖品种，每年对石斑鱼、卵形鲳鲹和海鲈等有重要经济价值的苗种的生产造成巨大损失，死亡率可达 40% ～ 100%，偶见成鱼感染致死的病例。近年来，珠三角也有淡水鱼感染该病毒的报道，如鳜鱼、笋壳鱼和澳洲鳕鱼等。

诊断方法：根据临床症状和组织切片可初步诊断，确诊需细胞培养或分子学技术。

（五）弹状病毒病

病原与症状：常见为弹状病毒科中的鳜鱼弹状病毒（Siniperca chuatsi rhabdovirus, SCRV），患病鱼多见鳍条基部充血、腹水和内脏出血等症状，不同品种稍有差异，如加州鲈苗呈拖便、熟身、出血和水面打转等症状，生鱼苗期多见打转，但养成期以肠道充血发虹和脾脏肿大为主要特征。

流行情况：该病对我国加州鲈和生鱼苗种生产危害较大，可由亲鱼垂直传播或水体水平传播，流行水温 18 ～ 28℃，规格越小死亡率越高，严重可达 90% 以上，是加州鲈朝苗期最主要病害，每年导致大量损失。

诊断方法：从临床症状可初步诊断，确诊需通过细胞培养或分子学技术。

（六）锦鲤疱疹病毒病

病原与症状：病原有锦鲤疱疹病毒（Koi herpesvirus, KHV，又称 CyHV-3），金鱼造血器官坏死病毒（Cyprinid herpesvirus 2, CyHV-2）和鲤痘疮病毒（Cyprinid herpesvirus 2，CyHV-1），在我国以前两者较流行。锦鲤疱疹病毒感染的病鱼体表有苍白斑块和水疱，鳃分泌大量黏液并组织坏死，眼凹陷，病鱼 1 ～ 2 d 内很快死亡。而金鱼造血器官坏死病毒感染的养殖鲫鱼多离群独游，鳃鲜红，病鱼离水或放置干净水中，鳃有明显出血症状，部分鱼有腹水，内脏和鳔上有出血斑，俗称“鳃出血病”。

流行情况：锦鲤疱疹病毒目前只感染鲤和锦鲤，流行水温 22 ~ 28℃，对我国食用鲤鱼、观赏鱼、锦鲤有一定危害，该病发病突然，蔓延迅速。异育银鲫是“鳃出血病”最易感品种，近十年对江淮地区的异育鲫鱼养殖业造成毁灭性打击，在当地流行于 4—6 月和 8—10 月的鲫鱼主养池塘，发病适宜水温 15 ~ 28℃，呈现病症后 2 ~ 4 d 内就达到死亡高峰，死亡率 60% ~ 100%。

诊断方法：可通过临床症状初诊，锦鲤疱疹病毒病需与单纯细菌性烂鳃相区别，确诊可使用细胞培养和分子学技术。

（七）草鱼出血病

病原和症状：病原为草鱼呼肠孤病毒（Grass carp reovirus, GCRV），是由我国自行分离鉴定的第一株鱼类病毒。病鱼口腔、鳃盖和鳍条基部出血，表皮下肌肉点状或块状出血，肠道充血发红，肝脾充血或因失血而发白，养殖基层常根据症状分为“红肌肉”“红肠”和“红鳍红鳃盖”三类，但也常见几种症状并发，在高温期还极易继发细菌感染。

流行情况：该病流行于我国中部和南方草鱼主养区，流行水温 20℃以上，25 ~ 28℃是发病高峰，主要危害当年 5 ~ 20 cm 的草鱼种，死亡率一般为 30% ~ 80%，青鱼种与麦穗鱼亦可感染。

诊断与检测：可根据临床症状初诊，分子学技术检测时需注意不同地区存在不同基因型毒株。

（八）鲤春病毒血症

病原与症状：病原为鲤弹状病毒（Rhabdovirus carpio），亦称鲤春病毒血症病毒（Spring viraemia of carp virus,SVCV），患病鱼初期表现为病鱼行动迟缓，体色发黑，继而皮肤出血糜烂溃疡，病程后期病鱼出现突眼，全身浮肿、腹水和内脏多器官出血等症状。

流行情况：该病毒能感染多种鲤科鱼类，以鲤鱼对其最敏感，各年龄段均可感染，流行水温 10 ~ 15℃，超过 22℃就不再发病。

诊断与检测：可根据临床症状初诊，确诊可使用细胞培养和分子学技术。

二、细菌性疾病

（一）气单胞菌病

病原和症状：常见病原包括嗜水气单胞菌、维氏气单胞菌、温和气单胞菌、豚鼠气单胞菌、舒氏气单胞菌等。气单胞菌感染可导致鱼类出血症状，如体表充血、出血和溃疡，肌肉出血，肠壁和肝、肾、脾等内脏器官出血充血，病程常发展为败血症。

流行情况：由嗜水气单胞菌引起的细菌性出血性败血症曾在上世纪八九十年代导致我国淡水池塘多种养殖鱼类大量死亡，造成严重经济损失，现我国南方养殖区维氏气单胞菌流行超过嗜水气单胞菌，舒氏气单胞菌还常导致生鱼内脏出现结节。气单胞菌败血症主要流行水温 20 ～ 33℃，或高温过后的降温初期。水体养殖密度高、水质恶化及高温是主要暴发诱因，各龄鱼均可感染。

检测与诊断：根据临床症状可以初步诊断，确诊需进行细菌的分离鉴定。

（二）柱状细菌病

病原与症状：柱状黄杆菌是柱状病的病原，曾用名有鱼害粘球菌、柱状粘细菌、柱状嗜纤维菌和柱状屈挠杆菌等。柱状病在鱼苗种期传播迅速，主要损害鳃部，导致明显烂鳃、烂身、蛀鳍和烂尾，可造成大面积死亡。成鱼多呈亚急性或慢性感染。

流行情况：柱状黄杆菌分布广泛，是淡水鱼类烂身和烂鳃主要条件致病菌，可感染多种淡水鱼类，并常与气单胞菌等混合暴发，该菌的致病性与环境因素、菌株自身毒力及鱼体感染寄生虫或体表受损伤等密切相关，一般健康鱼体不易感染，环境压力和组织损失是柱状病发病重要诱因。

检测与诊断：取鳃和体表坏死组织镜检，如观察到特征性运动方式的长杆菌或形成的柱状聚集菌落可初步诊断，确诊需用特定培养基分离培养。

（三）爱德华氏菌病

病原与症状：常见有迟缓爱德华氏菌、杀鱼爱德华氏菌和鮰爱德华氏菌。前两者所感染病鱼多见离群独游，腹部膨大，鳍条基部、下颌、鳃盖、腹部等部位充血或出血。剖解腹腔内常含有大量腹水，肝脾肾肿大，肝上有出血点或出血斑，多数种类脾肾可见数量不一的脓疮斑或浅色结节。而鮰爱德华氏菌主要感染鲇形目鱼类，临床症状可分为肠道充血为主的急性败血症型，及从嗅球感染发展到脑组织，形成“一点红”的症状型。

流行情况：主要流行于夏、秋季节，其危害品种和流行区域广泛，以珠三角池塘养殖区和粤东福建海水养殖区受害尤为严重，牙鲆和大菱鲆对迟钝爱德华氏菌具有较高的敏感性，极易被侵染并引起大量死亡。

检测与诊断：可根据各种患鱼的症状，作出初步诊断。确诊应从可疑患鱼的病灶组织分离病原菌进行培养和鉴定（图 7–6）。

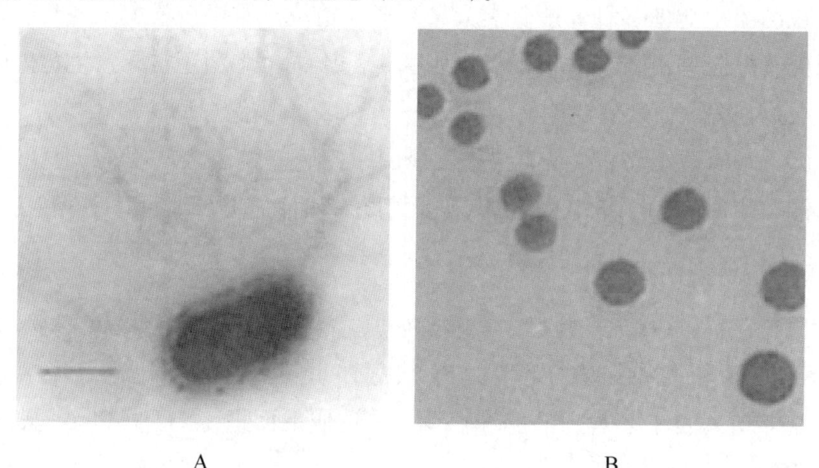

图7–6　迟缓爱德华氏菌电镜负染照片（A）及在DHL琼脂上产生的黑心菌落（B）

（四）弧菌病

病原与症状：病原主要有哈维弧菌、创伤弧菌、鳗弧菌、溶藻弧菌等，可感染多种海水鱼类。患病鱼症状随养殖品种、病原菌及感染条件而异，常见为体表皮肤溃疡，鳞片脱落，吻端、鳍膜腐烂，发展到败血症阶段时有腹水、脾肾肿大和肝上出血斑，多并发肠炎症状。慢性感染或菌株毒力弱时也可在脾肾脏上形成白色小结节。

流行情况：弧菌是条件致病菌，温水性鱼类弧菌病流行于水温 20 ～ 30℃，冷温性鱼类为 12 ～ 18℃时。养殖环境差、放养密度高、水温变化大，或体表寄生虫危害严重时易流行，对鱼苗阶段或拉网搬运后无及时消毒的池塘危害较大，可引起大量死亡。

检测与诊断：根据以上症状作初诊，确诊应进行细菌学分离培养（常用 TCBS 选择性培养基）和鉴定。

（五）美人鱼发光杆菌病/巴斯德杆菌病

病原与症状：病原为美人鱼发光杆菌杀鱼亚种（以前称为杀鱼巴斯德杆菌），在培养基上呈多态性。病鱼外观症状一般不明显，仅食欲减退，离群静止于网箱或池塘底部。解剖可见内脏脾肾肿大且有数量不等的白点，白点大小不一，形状不规则，近于球形，直径约 0.5 ～ 1 mm，是鱼体组织包裹菌落形成的肉芽肿。血液中也可形成该菌的菌落，导致微血管栓塞。

流行情况：主要危害鰤鱼、黑鲷、卵形鲳鲹、军曹鱼、鮸鱼、石斑鱼、牙鲆等，各年龄段的鱼均可被感染发病，但以幼鱼最为严重，春末和初秋是流行高峰。

检测与诊断：从肾、脾等内脏组织中观察到小白点，可做初步诊断，但应与诺卡氏菌形成的结节相区别。巴斯德杆菌不会在肌肉中形成干酪状坏死，且结节边缘不致密。确诊需分离培养和鉴定。

（六）链球菌病

病原与症状：主要病原为海豚链球菌、无乳链球菌和格氏乳球菌等。患病鱼游泳无力，并多见眼巩膜白浊、眼球突出及出血等；体表有出血、溃疡等症状；内脏广泛出血，胆囊和肾脏肿大，脾肿大明显，多伴有血性腹水。

流行情况：链球菌病主要危害罗非鱼、黄颡鱼、宝石鲈、鲻鱼、黄鳍鲷、卵形鲳鲹、篮子鱼、大黄鱼和大菱鲆等。该病多发于夏、秋等高温季节的池塘或网箱养殖区，水温降至 20℃以下时则较少流行。链球菌为典型的条件致病菌，在富营养化或养殖污染较为严重的水域，此菌能长期生存于水体和淤泥中，当养殖鱼体抵抗力降低时，易引发疾病。流行期可达数周甚至 2 ～ 3 个月，累积死亡可超过 50%。

检测与诊断：根据症状及流行情况进行初步判断。对组织印片进行革兰氏或吉姆萨染色镜检，如可见成对或链状排列的球菌即可确诊。病原种类鉴定需进行病原菌的分离纯化，依据生理生化特征或用分子学技术进行鉴定（图 7–7）。

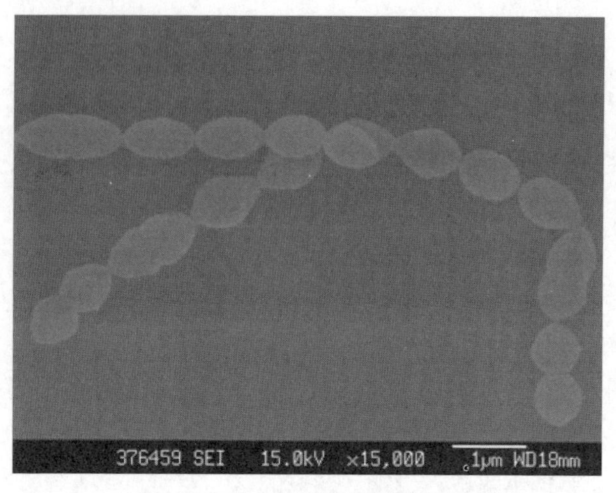

图7-7 链球菌形态（扫描电镜）

（七）诺卡氏菌病

病原与症状：病原为鰤鱼诺卡氏菌。病鱼漂游水面，体表多有出血斑，皮下脂肪组织和肌肉常可见化脓性或干酪状坏死灶，鳃丝可见大小不一、条絮状白色结节，肝、脾、肾等内脏器官出现大量白色结节。

流行情况：该病在我国危害品种和流行区域广泛，受感染的有鰤鱼、斜带髭鲷、篮子鱼、卵形鲳鲹、海鲈、大黄鱼和牙鲆等海水品种，及加州鲈、生鱼、宝石鲈和太阳鱼等淡水鱼类，可造成巨大经济损失。该病病情发展缓慢，流行季节长，全年都可检测到，累积死亡率可超过30%。华南养殖区发病高峰为9月至次年5月，水温为22 ～ 28℃时发病最为严重。

检测与诊断：取病灶脓汁制成涂片，革兰氏或吉姆萨染色，可见分支丝状菌可确诊，也可通过细菌学技术检测诊断。

三、真菌性疾病

水霉病病原与症状：该病由真菌类水霉科中许多种类寄生而引起，我国常见的有水霉属、绵霉属、丝囊霉属和网霉菌属等。感染早期肉眼观无异状，后期寄生处呈灰白色棉毛状，故俗称“白毛病”。鱼体受寄生刺激后分泌大量黏液，焦躁不安，游动迟缓，食欲减退，最后瘦弱而死。

流行情况：水霉在淡水水域中广泛存在，常见的水霉和绵霉流行水温13 ~ 18℃，对水产动物危害没有种属特异性，凡是受伤的体表和鳃丝均易被感染。生鱼对丝囊霉菌极为敏感，引起的流行性溃疡综合征常导致生鱼大量死亡。

检测与诊断：用肉眼观察，根据症状即可做出初步诊断，必要时可用显微镜检查进行确诊。如要鉴定水霉的种类，则必须进行人工培养，观察其藏卵器及雄器的形状大小及着生部位等（图 7-8 至图 7-10）。

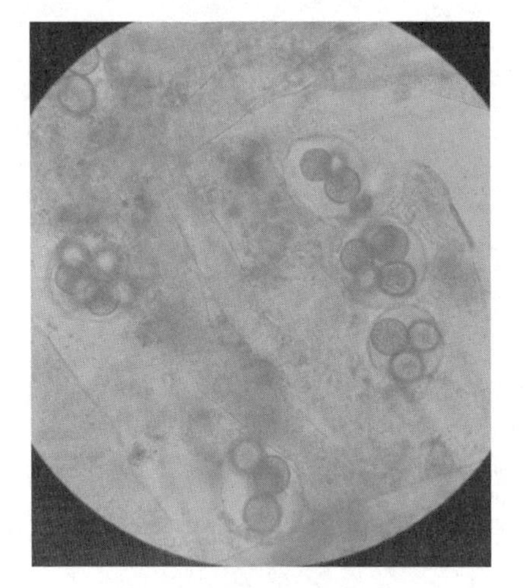

图7-8　水霉的球形藏卵器

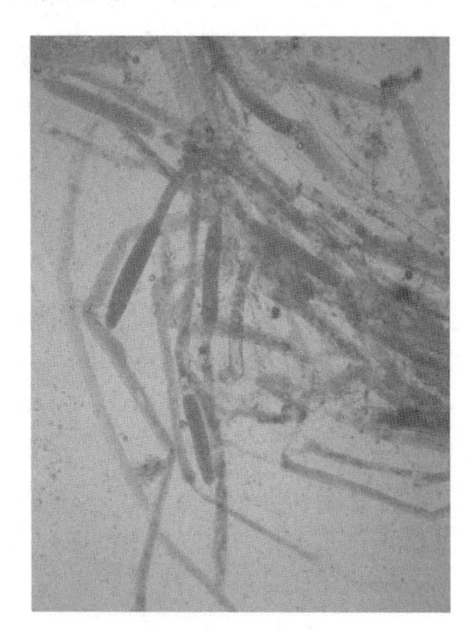

图7-9　水霉菌丝

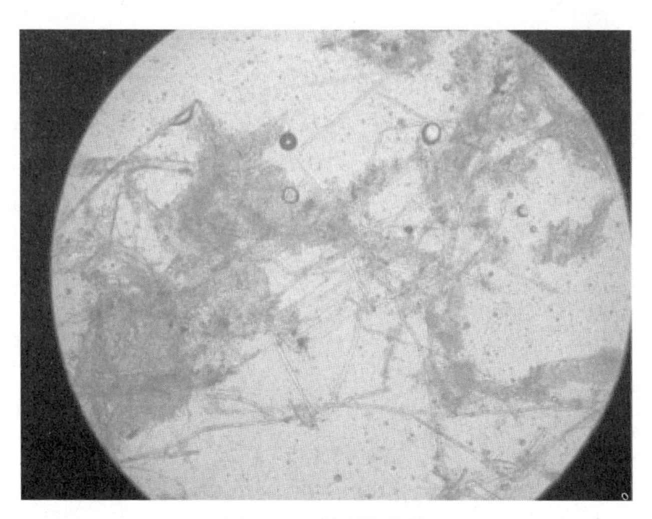

图7-10　丝囊菌菌丝

思考题：

1. 贝类病毒性感染的主要特征是什么？
2. 贝类细菌感染的组织病理特征有哪些？
3. 简述对虾白斑综合征的主要症状和养殖过程中的主要传播途径。
4. 在养殖虾蟹中发现的常见致病性细菌有哪些种类？
5. 简述鱼类 3 种虹彩病毒病的主要症状。
6. 简述 3 种鱼类主要的细菌病及其症状。

第八章

微生物在水产疾病防控中的应用

有益微生物亦称益生菌（probiotic）。益生菌的概念最早用来描述“一种微生物分泌的刺激另一种生物体生长的物质”。“益生菌”源于希腊语中“生命”的意思，是抗生素的反义词，Parker 将其定义为“有助于肠道微生物平衡的有机体和物质”。从那时起，对于益生菌概念的描述逐渐演变，它通常被用来表示对人类和动物有益的相关细菌。Fuller 将益生菌修订为“通过改善肠道微生物平衡对宿主动物有益的活微生物饲料补充剂”，强调使用活微生物作为益生菌。为了适应益生菌的免疫刺激作用，Naidu 等将益生菌的概念修改为“一种微生物饮食佐剂，通过调节黏膜和系统免疫以及改善肠道内的营养和微生物平衡，有益地影响宿主生理”。在水产养殖领域，Moriarty 将益生菌的定义扩大到微生物“水体添加剂”。Verschuere 提出了更广泛的应用，将该术语称为“通过改变与宿主相关的或周围的微生物群落，通过确保改善饲料的利用或提高其营养价值，通过增强宿主对疾病的反应，或通过改善其周围环境的质量，对宿主产生有益影响的活微生物添加剂”。Salminen 提出益生菌是指“对宿主的健康和福祉有有益影响的任何微生物细胞制剂或微生物细胞成分”，其中死亡细胞或微生物成分也包括在益生菌中。“益生菌”不但有一系列令人困惑的定义，而且随着不断出现新发现的益生菌，概念变得越发复杂。于是，联合国粮食及农业组织（FAO）整合了所有这些定义，指出益生菌是“活的微生物，当适量使用时，会给宿主带来健康益处”。然而，水产养殖中的益生菌可以是活的或死的制剂，包括微生物的细胞 / 胞外成分，作为饲料添加剂或添加到养殖水体中，通过改善抗病能力、生长和健康状况、免疫力、饲料利用 / 转化、微生物平衡和养殖水质为养殖物种提供好处。

第一节　有益微生物

一、有益微生物的种类

有益微生物被认为是减轻或解决水产疾病的非常有前景且可持续的一类微小生物。目前已有多项研究报道了一系列潜在有益微生物在水产养殖中的应用，包括真菌、细菌、噬菌体等。

（一）真菌

许多重要天然物质源于高等真菌。目前，由众多真菌（特别是菌菇类）生产的多糖因具有多种生物学特性而备受关注，例如：抗氧化、抗癌、抗菌、免疫刺激和降血糖活性等。许多高等担子菌类（例如：香菇、裂褶菌、采绒革盖菌、灵芝等）和酿酒酵母的子实体、菌丝体和肉汤培养物中含有多种生物活性多糖。真菌多糖可以增强水生生物的免疫反应、对病原的抵抗力和生长性能。真菌多糖主要以两种方式激活水生生物的先天免疫系统：①直接法：真菌多糖可以直接和巨噬细胞结合，激活先天免疫系统，促进细胞因子、白细胞介素等的分泌。②调节肠道菌群：真菌多糖可以促进肠道有益菌的生长，进而减少肠道病原菌的出现，改善宿主健康状态。

（二）细菌

大部分细菌被认为是有益的，不会对宿主健康造成任何危害，且会显示一些有益的生物活性。因此，特定的有益细菌可作为特定宿主物种的病源拮抗剂。研究表明，单一或多种益生菌联合使用可以增强鱼类的免疫反应，刺激鱼类机体吞噬作用、溶菌酶、补体和呼吸爆发的活性以及各种细胞因子的表达。此外，由益生菌分泌/合成的类细菌素抑制物（抗菌肽、蛋白复合物等）也能广谱性地抑制多种水产病原体，如副溶血弧菌、嗜水气单胞菌等。

（三）噬菌体

噬菌体是指以细菌、霉形体、螺旋体、放线菌和真菌等为宿主，侵袭其中并能引起细菌等裂解的病毒。作为治疗手段最早始于1929年。目前，噬菌体被广泛应用于诊断、预防和治疗多种细菌感染。与抗生素相比，裂解性噬菌体具有非常特异性地控制细菌病原体的潜力，而且不会对环境产生负面影响。许多研究已经证明了裂解性噬菌体具有控制鱼类和贝类中不同类型病原菌的潜力，这些噬菌体主要属于长尾噬菌体科、肌尾噬菌体科和短尾噬菌体科。然而，溶源性噬菌体具有将非毒性细菌菌株转化为毒性菌株的能力，这可能危害水产食品生产并威胁食品安全，因此基于噬菌体治疗的措施还未被批准大范围用于水产养殖。

二、有益微生物抑制水产养殖病原体的主要途径

有益微生物可以通过多种途经来抑制水产养殖病原体，主要途径有以下三种：竞争营养和空间、产生抑制性化合物和刺激宿主免疫。

（一）竞争空间与营养

许多病原菌需要附着在宿主胃肠道的黏膜层上才能导致疾病。能够定植肠道并黏附在上皮表面，进而干扰病原体黏附是筛选有益微生物的标准之一。有益微生物的一个重要作用机制是对黏附位点的竞争，也称为“竞争性排斥”。非致病性肠道微生物（例如：乳酸杆菌）能够与病原体竞争肠道表面的黏附位点，特别是在肠绒毛和肠细胞上。水产养殖过程中，在幼苗培育阶段施加有益微生物能够通过竞争排斥改善养殖环境，增强幼苗的抗逆性能。此外，有益微生物的附着可以是非特异性的，基于物理化学因素；或者是特异性的，基于肠道菌群的组成和上皮细胞中的受体分子等。

研究表明，铁离子对微生物的生长至关重要。部分微生物能够与病原菌竞争铁离子，进而起到抑菌作用。荧光假单胞菌能够通过竞争游离铁抑制杀鲑气单胞菌，从而避免鱼疖疮病的发生。Pybus等发现当额外添加铁盐时，这种抑制作用会被阻断，进一步证明这种抗病原菌作用是由铁离子竞争介导的。

（二）产生抑制性化合物

一些有益微生物可以产生抑制性化合物来抑制甚至杀死病原体，例如：细菌素、过氧化氢、铁载体、溶菌酶、蛋白酶等。水生生物肠道中、其体表或其养殖水体中存在产生抑制性化合物的有益微生物能够防止病原菌的增殖，甚至可以消除这些病原菌。细菌素是一种能够破坏细菌细胞膜完整性的小肽，不同细菌素的抑制强度可能不同，其中一些对多种细菌具有活性。Bindiya 等发现解淀粉芽孢杆菌 BTSS-3 能够产生一种特殊的细菌素，对鼠伤寒沙门氏菌、金黄色葡萄球菌、产气荚膜梭菌等在内的多种病原菌具有抑制效果。

此外，一些有益微生物会产生有机酸和挥发性脂肪酸（例如：乳酸、乙酸、丁酸和丙酸），这会导致胃肠道的 pH 值降低，从而阻止条件致病菌的生长。近年来，在一些细菌中发现了一种称为吲哚（s,3– 苯并吡咯）的化合物具有抗菌和抗真菌活性，对病原体具有较好的抑制效果。

（三）群体感应

除了竞争空间与营养和产生抑制性化合物外，一些有益微生物还可以通过调节信号转导，尤其是通过群体感应系统来调节病原体的生长和活性。群体感应是微生物细胞间通讯的一种机制，它根据种群密度调节基因表达，以协调群落活动，例如毒力因子的产生、生物膜的形成等。细菌中的群体感应系统通常分为三类：①革兰氏阴性菌中的 LuxI/LuxR 型群体感应；②革兰氏阳性菌中的寡肽双组分型群体感应；③革兰氏阴性和革兰氏阳性细菌中的 luxS 编码的自诱导剂 2（AI-2）型群体感应。

Tinh 等利用含有 N– 酰基高丝氨酸内酯（AHL，一类群体感应信号分子）的培养基从南美白对虾肠道中分离了几株能够降解 AHL 分子的细菌，这些细菌可以在体内进一步降解病原菌哈维氏弧菌产生的群体感应信号分子（例如：HAI-1），缓解由 AHL 介导的哈维氏弧菌的负面影响。此外，这些细菌还可以保护罗氏沼虾幼体免受哈维氏弧菌感染，从而提高其存活率和质量。从淡水鲑鱼养殖场中分离的几株革兰氏阴性菌株能够阻断群体感应系统，同时产生高丝氨酸内酯分子，进而抑制嗜水气单胞菌、鳗弧菌在内的多种病原菌，这表明它们除了直接降解群体感应分子外，还可能破坏群体感应信号，从而抑制相应的病原体。目前，关于群体感应的机制还需要进一步研究。

三、有益微生物在水产疾病防控中的应用

（一）在鱼类养殖中的应用

有益微生物能够刺激宿主免疫系统，包括促炎细胞因子对免疫细胞活性的刺激，增加白细胞的吞噬活性，增加抗体、酸性磷酸酶、溶菌酶、补体、IL-1、IL-6、IL-12、肿瘤坏死因子α、γ干扰素、IL-10、转化生长因子β和抗菌肽的含量。此外，有益微生物能够改善肠道微生物平衡，抑制病原体在消化道中的定植，增加消化道酶活性（淀粉酶、蛋白酶和脂肪酶）以及通过生产脂肪酸、维生素和对必需氨基酸提高宿主生长性能、改善免疫系统和增强对鱼虾常见病原体的抵抗力。对罗非鱼施用益生菌后，其溶菌酶活性、中性粒细胞迁移和杀菌活性均有所提高，最终提高了对迟缓爱德华氏菌感染的抗性

Harikrishnan 等发现益生菌（沙克乳酸杆菌 BK19）和中药（黄芩）联合使用能够改善牙鲆生长性能、血液生化成分和非特异性免疫性能，增强对副结核链球菌 *Streptococcus parauberis* 的抵抗力。Irianto 等报道称，饲喂革兰氏阳性和革兰氏阴性益生菌会刺激尼罗罗非鱼的细胞免疫，而不是体液免疫。在喂食益生菌期间，红细胞、巨噬细胞和淋巴细胞的数量增加，溶菌酶活性增强。饲喂含有单一或复合益生菌会影响尼罗罗非鱼的存活率，饲喂短小芽孢杆菌最高，其次是复合益生菌（厚芽孢杆菌、短小芽孢杆菌和弗氏柠檬酸杆菌），然后是弗氏柠檬酸杆菌。Pérez-Sánchez 等研究表明，植物乳杆菌能够增强肠道内细胞因子 IL-8 等基因的相对表达水平。Standen 等评估了酸乳片球菌对尼罗罗非鱼的益生作用，并提出益生菌治疗可能导致促炎细胞因子 TNF-α 基因表达上调。

（二）在虾类养殖中的应用

在虾类养殖中使用有益微生物能够改善虾类的先天免疫。多项研究表明，有益微生物产生的细胞成分，如抗凝血蛋白、凝集素、酚氧化酶、抗菌肽（防御素和趋化因子）、抗凋亡蛋白、自由基、细菌素、铁载体、溶菌酶、蛋白酶、过氧化氢、短杆菌素、多粘菌素和有机酸等能够提高虾类对弧菌病、白斑病和嗜水气单胞菌感染等常见疾病的抗性。另外，RNA 干扰实验证实，使用有益微生物能够提

高虾类对病毒性疾病的抵抗力。

有益微生物的使用效果由多种效应介导，这些效应包括益生菌本身、所用剂量、使用持续时间和途径以及频率等。从斑节对虾胃肠道中分离的芽孢杆菌 S11 被证明是有益的。在使用芽孢杆菌 S11 喂养斑节对虾 100 d 后，其生长性能、存活率等方面均得到明显提升，且持续浸泡哈维氏弧菌 10 d 后未出现死亡，抗病性能显著优于对照组（对照组死亡率为 74%）。此外，乳酸菌被证明能够抑制病原菌在虾肠黏膜的黏附。Sha 等发现戊糖乳杆菌 HC-2 和乳酸肠球菌 NRW-2 能黏附在虾肠黏液上，具有与病原体争夺黏液中黏附位点的潜力。随后，通过荧光成像技术证实了戊糖乳杆菌 HC-2 能够竞争性地排斥凡纳滨对虾肠道中的副溶血性弧菌。链霉菌属能够产生大量生物活性化合物（超过 7630 种），包括抗细菌剂、抗真菌剂、抗癌剂等，是水产养殖中潜在用作益生菌的良好候选者。从海洋沉积物中分离得到的链霉菌 N7 和 RL8 对致病性弧菌均有拮抗作用。Bernal 等还发现，这些菌株可能会黏附在宿主的肠道上，这使得它们除了能够产生抗菌剂外，还能够在体外竞争性地抑制弧菌。

（三）在贝类养殖中的应用

目前，主要的海水养殖贝类为：贻贝科（贻贝属、股贻贝属）、牡蛎科（巨蛎属、牡蛎属、囊牡蛎属）、帘蛤科（蛤仔属、硬壳蛤属）和扇贝科（盘海扇属、海扇属）。与鱼类和虾类养殖相似，疾病已经成为贝类养殖的主要限制性因素，但目前可用于预防和治疗的措施很少。由于海水养殖贝类主要为虑食性动物，因此更容易暴露并被大量微生物定殖，同样也更容易受到水体微生物群落变化的影响。研究表明，健康贝类血淋巴中的微生物群落能够抑制致病菌的生长。此外，有益微生物能够改善水体微生物群落，减少条件致病菌的增殖。

Nakamura 等将 *Aeromonas media* S21 与溶藻弧菌共培养，结果表明 *Aeromonas media* S21 能够抑制溶藻弧菌的生长。此外，*Aeromonas media* S21 能将感染溶藻弧菌的长牡蛎的死亡率从 91.6% 降至 53.1%。Prado 等从牡蛎养殖场分离获得具有广谱抑菌活性的 *Phaeobacter* sp. PP-154，并在海水中证明了其对多种贝类致病性弧菌具有抑制作用。Gibson 等发现中间气单胞菌 *Aeromonas media* A199 在体外能够对 89 株气单胞菌和弧菌具有较强的抑制作用，并能有效降低由塔氏弧菌感染造成的太平洋牡蛎的死亡。同时，对太平洋牡蛎进行 *A. media* A199 饲喂能够显著降低牡蛎体内塔氏弧菌的含量，但饲喂 4 天后仍无法在牡蛎体内检测到 *A. media* A199，这表明可能需要长期的饲喂才能维持这种保护作用。总的来说，益生菌被认为可以改善营养、带来一些切实的健康益处、降低发病率以及以环保方式生产水产品。因此，FAO 现在强调在水产养殖中使用益生菌作为改善水环境质量的一种手段。

第二节　疫苗

一切通过注射或黏膜途径接种，可以诱导机体产生针对特定致病原的特异性抗体或细胞免疫，从而使机体获得保护或消灭该致病原能力的生物制品，统称为疫苗。

1942 年，Duff 的口服免疫灭活杀鲑气单胞菌（*A. salmonicides*）研制成功，正式开启了鱼用疫苗的时代。20 世纪 70 年代开始，欧美国家积极开展了鱼用疫苗的研制。1975 年，美国疫苗有限公司获准生产全球第一个商业性鱼用疫苗。进入 21 世纪，渔用疫苗产业化高速发展，目前全球已经有超过 140 种疫苗获得生产许可。

我国的渔用疫苗发展相对滞后。20 世纪 60 年代末，珠江所研制出草鱼出血病组织浆灭活疫苗。1992 年，草鱼出血病细胞灭活疫苗获得我国第一个“国家新兽药证书”。2011 年初批准草鱼出血病活疫苗的生产使用，才正式开启了中国渔用疫苗产业化进程。目前，我国只有 8 个疫苗获得国家新兽药证书包括草鱼出血病活疫苗、草鱼出血病细胞灭活疫苗、鱼嗜水气单胞菌（*A. hydrophila*）败血症灭活疫苗、牙鲆溶藻弧菌（*V. alginolyticus*）—鳗弧菌（*V. anguillarum*）—迟缓爱德华氏菌（*Edwardsiella tarda*）病多联抗独特型抗体疫苗、大菱鲆迟缓爱德华氏菌活疫苗和大菱鲆鳗弧菌基因工程活疫苗。但近年来鱼用疫苗发展非常迅速，我国鱼用疫苗研究的发文数量已经位居世界第二。

一、疫苗的种类

疫苗根据其研制的方法可以分为传统疫苗和新型疫苗。传统疫苗主要包括：灭活疫苗、减毒活疫苗和亚单位疫苗。新型疫苗主要包括：菌蜕疫苗、基因工程亚单位疫苗、核酸疫苗、基因工程减毒疫苗、抗独特型抗体疫苗等。目前商用的鱼用疫苗多为传统疫苗。

（一）灭活疫苗

鱼用灭活疫苗（死疫苗，菌素等）是将病原微生物扩培，通过化学和物理等手段消除病原微生物的病原性，保留免疫原性，激活宿主产生免疫反应，从而实现增强免疫保护力的目的。鱼用灭活疫苗优点在于研制周期短，成本低廉，使用安全，易于保存，但其接种后不能在体内繁殖，因此需要接种剂量较大，免疫持续时间短，且需要加入适当的佐剂以增强免疫效果。此类疫苗包含多种组织浆灭活疫苗、弧菌灭活苗、嗜水气单胞菌疫苗、链球菌疫苗以及欧美国家鲑鳟鱼养殖中常用的冷水病疫苗、VHS 疫苗、PHV 疫苗等。

（二）活疫苗

减毒活疫苗的优点在于疫苗具有完整的抗原谱，具有繁殖活性。目前水产活疫苗中应用较多的是用致病性已大为减弱的病毒减毒株或变异的弱毒株制备的疫苗，称为弱毒疫苗，包括 VHSV 的 F25（21）抗热株苗、CCV 减毒疫苗、疖疮减毒疫苗、IHNV 减毒疫苗和草鱼出血症细胞培养的弱毒疫苗。弱毒疫苗接种后接近于自然感染，能够有效激发鱼体细胞免疫，并能在体内繁殖，因而疫苗用量少，免疫持续时间较长，且不必添加佐剂。但其不足之处主要是活疫苗在自然条件下安全性差，可能会导致病毒的转变而在生态环境中失去控制；同时，活疫苗贮存运输不方便，且保存期短。爱德华氏菌和鳗弧菌的减毒活疫苗，对斑马鱼相对保护力分别为 70% 和 90%；对大菱鲆联合免疫时，肝脏、肾脏和脾脏中的 MHC I 和 MHC II 的表达水平均显著性上调，抗原加工和呈递过程中 MHC I 和 MHC II 途径均被激活。维氏气单胞菌减毒活疫苗严重诱导斑马鱼血清产生抗体，接种后的斑马鱼能够抵抗毒性亲本株的强烈反应。

（三）亚单位疫苗

亚单位疫苗是指去除病原体中与激发机体保护性免疫无关甚至有害的成分，但保留有效免疫原成分制作的疫苗。亚单位疫苗成分清晰，安全性良好无需灭活、无致病性和无传染性等优点。目前，水产上研究较多的是建立在细菌外膜蛋白、脂多糖等保护性抗原免疫原性成分基础上的亚单位疫苗制备，但大部分还在试验阶段，没有商业化生产。如大肠杆菌表达传染性造血器官坏死病毒 G 蛋白亚单位疫苗免疫虹鳟能提高其免疫力，其表达呼肠弧病毒（GCRV、GCHV）的 VP5 亚单位疫苗可以提高草鱼的免疫力。亚单位疫苗以直接被合成或通过重组 DNA 技术生产，不含有病原的毒力因子，并且由基因工程菌表达，安全性好，生产简单易控；使用时通常需添加佐剂，或与载体偶联，以增强其免疫保护性。如编码维氏气单胞菌外膜蛋白（OmpA）和编码嗜水气单胞菌气溶素蛋白构建重组质粒 pET-28a-ompA-hly，用水包油包水构建抗原，OmpA-hly 抗原构建的 DNA 疫苗是一种合格的免疫候选载体株。

（四）基因工程疫苗

基因工程疫苗指应用重组 DNA 技术，将病原的保护性抗原基因在细菌、酵母或细胞等基因表达系统中体外表达，生产能诱导机体产生保护性免疫反应的病原蛋白质，再经过分离纯化而制备的疫苗。应用基因工程技术能制备不含感染性物质的亚单位疫苗、稳定的减毒疫苗以及多价疫苗，其兼具亚单位疫苗的安全性和活疫苗的免疫效力。目前，水产养殖上在研究应用的基因工程疫苗有 IHNV、IPNV、FRV、鳗鱼病毒和文蛤病毒等疫苗，其中传染性胰脏坏死病毒 VP2 重组亚单位疫苗是目前唯一商品化的鱼用重组蛋白疫苗。

（五）核酸疫苗

DNA 疫苗是将编码某种蛋白质抗原的重组真核表达载体直接注射到动物体内，被宿主细胞摄取后并转录和翻译表达抗原蛋白，诱导机体产生非特异性和特异性免疫应答，从而起到免疫保护作用的一种疫苗。DNA 疫苗有别于其他疫苗之处在于它利用载体持续表达抗原，而不是直接使用抗原。与传统疫苗相比，DNA 疫苗具有可诱导更全面的免疫反应、稳定性更高、生产成本低、易于大规模生产等优点，且既具有减毒疫苗的优点，又无返毒的危险，被看作是继传统疫苗及基因工程亚单位疫苗之后的第三代疫苗，已成为水产疫苗研究和开发的热点。目前 DNA 疫苗主要集中在鲑鳟鱼类 IHNV、VHSV、杆状病毒（SVCV）、鲤春病毒（SHRV）等传染性病毒病的防治上，而挪威已批准使用一种可注射的、用病毒蛋白 VP3 制作的抗 IPN 疫苗。维氏气单胞菌 Omp38 和 Omp48 的 DNA 疫苗免疫鲈鱼后，Omp38 和 Omp48 在鱼接种疫苗后血清抗体水平有所增加，再次感染相对保护力在 50% ~ 60% 之间。

（六）菌蜕疫苗

菌蜕疫苗是利用噬菌体 PhiX174 裂解基因 E 表达的 E 蛋白，在细胞膜上形成 1 ~ 2 个跨膜孔道，在渗透压的作用下使 G- 菌的胞质内含物由该孔道排出，形成“空影细胞”。E 蛋白介导细菌灭活的过程不会引起细菌表面结构的任何物理化学变化，其内、外膜结构保持良好。电镜结果显示，在跨膜通道周边的周质空间是封闭的，从而形成不含核酸、核糖体及其他组分的完整细菌空壳。细菌菌蜕兼顾了组合抗原免疫原性、佐剂效应、靶向性载体等作用，特别适合于黏膜免疫及口服免疫；由于缺乏内含物而更加安全；生产过程简单，适宜大规模生产。这些特性决定了细菌菌蜕是一种具有良好应用前景的候选疫苗及递送系统。

近年来，CRISPR/Cas9 构建新型疫苗已有研究，在畜牧兽医领域，通过 CRISPR/Cas9 技术制备伪狂犬病毒疫苗能够为其免疫保护效果评价提供支持。CRISPR/Cas9 编辑伪狂犬病毒基因组，短期内获得改良型的病毒株，再次靶向致弱后，疫苗候选株具备良好的免疫原性并能抵抗 10 倍半致死剂量的野生型病毒。在水产领域，对于疫苗开发新技术的实践较少。据吴淑勤统计：在全球已经注册的 52 种鱼用疫苗中，传统疫苗占总数的 63%。其中灭活疫苗占了 50%，减毒活疫苗占 8%，亚单位疫苗占总数的 5%。在我国已经注册的鱼用疫苗中，传统疫苗同样占据了三分之二。

疫苗按病原类型又可以分为：病毒性疫苗、细菌性疫苗以及混合病原疫苗。在国内外 58 种注册疫苗中，细菌性疫苗占据了 58%，其中嗜水气单胞菌疫苗、溶藻弧菌疫苗、鳗弧菌疫苗、迟缓爱德华氏菌疫苗、无乳链球菌疫苗以及哈维弧菌疫苗占了细菌性疫苗的多数。

疫苗按照免疫接种方式可分为：口服疫苗、浸泡疫苗和注射疫苗。口服疫苗由于鱼体消化道分泌物对抗原的破坏，效果较差。有人通过肛门插入法用灭活的弧菌菌苗接种红大麻哈鱼可以避免消化液的影响，获得了较好的免疫效果，但该方法只能用于实验室，不具备实操条件。浸泡疫苗作用于受免鱼体体表，能导致免疫应答，但进入量少，免疫效果弱。注射疫苗能有效地利用抗原，使其能均匀地分布在鱼体中，获得较理想的免疫效果。

二、免疫佐剂

佐剂是一种先于抗原或与抗原同时使用的物质，可增强非特异性免疫反应，用少量抗原即能达到理想的免疫效果，配比合适的疫苗佐剂可有效提高疫苗的保护力。佐剂能够调节抗原固有免疫原性的结构，并不引起机体产生免疫应答，可像 PAMP 一样发挥作用，触发先天性免疫应答，将疫苗组分识别为“威胁”，伴随抗原呈递细胞的激活和成熟，启动适应性免疫反应，加强特异性免疫应答强度，延迟免疫保护持续时间，减少疫苗副作用。理想的佐剂能够提高疫苗的有效性，无副作用，易于获取及普遍应用。

在鱼类疫苗学中，含油佐剂应用最为广泛，几乎所有鲑鱼都注射油佐剂疫苗。其他如β- 葡聚糖、壳聚糖、白介素、鞭毛蛋白等也可用作佐剂，其中β- 葡聚糖是鱼口服疫苗中目前使用最好的佐剂。根据疫苗佐剂在免疫应答中的作用，可将其分为两类，信号 I 型和信号 II 型。I 型在时间、位置和浓度上影响机体免疫应答，最终提高其免疫效率，如油佐剂、纳米 / 微米颗粒佐剂等。II 型在抗原识别过程中提供共刺激信号，为抗原提供适当的反应环境，从而提高免疫效能，如铝佐剂、Toll 样受体（TLR）配体等分子佐剂等。I 型和 II 型都是激活特异性 T 和 B 淋巴细胞所必需的，从而形成免疫系统的适应性免疫。

（一）佐剂的主要功能及作用机制

疫苗联合佐剂使用，表现为多方面优势，主要体现在以下 3 方面：①减少抗原剂量，降低疫苗成本；②减少免疫剂量，减轻疫苗刺激性，降低鱼体应激；③增强机体对抗原的免疫应答，延长保护时间等。

虽然佐剂早在 20 世纪 20 年代开始发现并研究使用，但免疫机制尚不清楚。佐剂可能通过以下 1 种或多种方式产生免疫应答：①在注射部位持续释放抗原（仓库效应）；②上调细胞因子和趋化因子；③在注射部位募集免疫相关细胞；④增加抗原摄取并表达于抗原递呈细胞；⑤促进 APC 活化与成熟；⑥激活炎症反应等。

（二）I型佐剂

1. 油佐剂

油佐剂由矿物油、乳化剂和稳定剂混合而成。根据油水比例、表面活性剂和乳化方式的不同，油佐剂疫苗一般包括油包水（W/O）、水包油（O/W）或双向佐剂（W/O/W）等形态。W/O 疫苗抗原释放缓慢，免疫保护持久，但黏稠，不易注射；O/W 疫苗较稀薄，扩散快，可产生短期高效免疫反应；最近研发的新型双相佐剂 W/O/W 介于两者之间，是一种很好的乳剂。鱼类疫苗主要用油包水乳剂，抗原在佐剂的作用下缓慢释放，由此诱导高效且持久免疫保护作用。Erkinharju 等比较了植物油及矿物油作为多联疫苗佐剂对海参斑（*Cyclopterus lumpus*）的副作用，认为腹腔注射含矿物油佐剂疫苗引起的副作用相对较小，同时又可刺激鱼体产生显著高于对照组的免疫反应。

弗氏佐剂是一种应用最为广泛的油包水佐剂，分为弗氏完全佐剂（complete freund's adjuvant，CFA）和弗氏不完全佐剂（incomplete freund's adjuvant，IFA）。CFA 注射后佐剂在动物体内作为呈递抗原的载体和贮存库，使抗原缓慢释放，通过 MyD88 途径持续刺激动物产生强烈的 Th1 和 Th17 反应，产生较高的免疫力，但 CFA 有较大副作用，容易引起过敏反应，因此很少在鱼类疫苗使用，一般只用于实验室研究；IFA 不含有分枝杆菌，可提高细胞吞噬功能，促进白细胞浸润和细胞因子的产生，产生持久的免疫保护，IFA 同样具有严重的毒性，作为食品的鱼类一般禁止使用。法国 SEPPIC 公司研发的 MONATINE 系列油乳佐剂易乳化、黏度小、稳定安全，且容易吸收，在渔用疫苗中使用广泛。Jaafa 等将 MontanideTM ISA 763 A VG 与鲁氏耶尔森菌疫苗混合乳化成佐剂疫苗，用于抗虹鳟鱼的肠炎红口病，结果显示，在高剂量的攻毒试验中，商业化疫苗保护率只有 40%，而佐剂疫苗组免疫保护率达到 97.5%（$P<0.01$）。

油乳佐剂形成仓库效应，缓慢释放抗原，造成鱼体长期处于抗原环境刺激中，虽然提高了抗体水平，但同时也伴有炎症反应相关的副作用。Mutoloki 等通过腹腔注射油乳佐剂疫苗，研究佐剂对大西洋鲑鱼的副作用，结果显示，注射油乳佐剂疫苗的鱼体存在可见损伤，其中 98.9%位于注射部位附近，如幽门盲囊和脾脏，78.3%位于鱼体尾部，而 56.9%表现出背前病变，如附近的横隔和食道，疫苗组鱼体增重缓慢，明显低于对照组。

2. 纳米/微米粒子佐剂

微粒作为一种新型递送载体，已广泛应用于医药和疫苗佐剂，其可在保护抗原完整性的情况下运送多肽、蛋白和 DNA 等多种物质至淋巴器官。微颗粒佐剂主要包括病毒小体、纳米颗粒、聚合物等，抗原通过共价结合或物理包埋的形式存在于颗粒内部，通过空隙扩散和颗粒降解不断释放抗原，降低抗原所需的剂量，提高抗原递呈细胞的处理和递呈效率，在储存过程中可获得更高的稳定性。

聚乳酸－羟基乙酸共聚物 [poly-（D,L-lactic-co-glycolic）-acid，PLGA] 纳米 / 微米粒子具有良好的生物相容性和可降解性，PLGA 颗粒可封装一种或多种抗原，抗原通过基质孔扩散及基质降解而从微球中释放出来，提高了抗原释放的可预测性。佐剂的生物降解速率可以通过改变聚合物组成和分子量来调节。另外，表面相关抗原的即时持续释放可能有助于快速反应及介导长期的免疫保护。PLGA 因具有优良的组织相容性、生物可降解性、无毒性的优点，获得了食品和药物管理局的批准，可用于人类食品中。纳米级（320 nm）和微米级（4 μm）PLGA 颗粒肌肉注射接种鱼体后都能在注射部位诱导促炎性免疫反应，微米级 PLGA 颗粒与油佐剂炎性病理变化相近，而纳米级 PLGA 颗粒在鱼体内分布类似于裸 pDNA 的分布，同时鱼体中抗病毒基因的表达明显上调。PLGA 封装疫苗也可通过浸浴对鱼进行免疫，能够显著上调 IgM、IgT、pIgR、MHC-Ⅰ、MHC-Ⅱ、IFN-γ 和 Caspase3 等免疫相关基因的表达，表明 PLGA 可作为一个新型的颗粒佐剂用于鱼类疫苗免疫。

（三）Ⅱ型佐剂

1. 铝盐

1932 年，铝盐佐剂第 1 次在人类疫苗中使用并取得显著效果，现已广泛用于人用疫苗，包括甲型肝炎疫苗、乙型肝炎疫苗、人乳头状瘤病毒疫苗、肺炎球菌疫苗等。在兽用疫苗中，铝盐佐剂广泛应用于细菌性疫苗、病毒性疫苗，并尝试用于寄生虫性疫苗。铝盐佐剂疫苗根据制备方法的不同，通常分为两种形式：一种是铝沉淀疫苗，主要是十二水合硫酸铝钾，与抗原形成沉淀；另一种是铝吸附疫苗，正磷酸铝或氢氧化铝凝胶从水溶液中吸附蛋白抗原形成佐剂疫苗，目前，生产中使用的大部分为铝吸附疫苗。铝盐佐剂具有强大的递呈效应，与可溶性蛋白相比，铝盐佐剂疫苗可增加抗原积累 100 倍，提高抗原递呈率 10 倍。同时，铝盐佐剂增强主要组织相容性复合物在树突状细胞表面的表达强度和持续时间，促进抗原递呈细胞内化抗原，从而产生适应性免疫应答。铝佐剂在用于鱼类疫苗的研究较少，Hoare 等研究了角鲨烯 / 氢氧化铝作为佐剂的嗜冷黄杆菌（*Flavobacterium psychrophilum*）灭活疫苗，免疫大西洋鲑进行攻毒，可显著提高受免鱼的 RPS，且角鲨烯 / 铝佐剂比传统的油佐剂安全，更易被鱼体代谢，引起的组织炎性反应较轻。

2. 皂苷

皂角苷是由多种野生植物、低等的海洋动物和细菌产生的天然甾体或萜类化合物，具有多种不同的生物和药理作用，其分子结构决定了其生物学活性，不同植物提取的皂苷生物学功能也存在差异。皂角苷具有免疫刺激作用，能刺激特异性抗体分泌、增强巨噬细胞的吞噬功能和细胞毒性 T 淋巴细胞（cytotoxic t-lymphocytes，CTL）对外源性抗原的反应。但皂角苷具有高毒性、不良的溶血作用和在水相中不稳定性等弊端，限制了其作为疫苗佐剂的应用。QS-21 是从皂树上高度纯化出来的皂角苷，具有较小的溶血活性，已被证明可引起强大的 Th1 型细胞因子（IL-2 和 IFNγ）和 IgG2a 同型抗体分泌。AS01 是包含 QS-21 和单磷酰脂质 A 的一种脂质体佐剂，可促进 CD4+T 细胞介导的免疫应答，多用于细胞内抗原和混合抗原，同时，QS-21 的溶血活性被脂质体内的胆固醇所抑制，提高了安全性。免疫刺激复合物（immune-stimulating complex，ISCOM）是由皂角苷、胆固醇、磷脂、抗原构成的球形笼状颗粒，同时具有抗原递呈作用和免疫刺激作用。由于皂角苷的安全剂量较低，因此，腹腔注射并不适合实际应用，而浸泡免疫报道较多。

3. β-葡聚糖

葡聚糖作为一种免疫增强剂，广泛应用于水产动物免疫中，主要是 β-1,3-D-葡聚糖，可通过刺激 dectin-1 参与的哺乳动物和鱼类非特异性免疫反应，显著提高鱼体细胞免疫应答和体液免疫应答。在鲤鱼嗜水气单胞菌疫苗的研究中发现，在免疫接种之前提前腹腔注射 β- 葡聚糖，可显著提高鱼体内白细胞数量，刺激巨噬细胞产生超氧阴离子，同时诱导鱼体产生更高的抗体效价，有助于迅速杀灭病原体,而免疫前浸浴或口服 β- 葡聚糖并不能增强免疫反应。作为一种可溶性佐剂，β- 葡聚糖在浸浴免疫中也显示出较好的效果。一项针对虹鳟鱼的研究结果显示，疫苗中添加 β- 葡聚糖可显著上调虹鳟鳃细胞中黏膜免疫相关基因。

4. 细胞因子

细胞因子是一类由免疫细胞和非特异性免疫细胞分泌的小分子蛋白，在促炎反应和免疫系统调节中发挥着重要作用。人类已经识别并测序了鱼类的许多细胞因子基因，但很少有关于细胞因子作为鱼类疫苗佐剂的研究，对许多细胞因子的免疫调节机制仍不明确。

在哺乳动物中，趋化因子已被广泛用作病毒疫苗的佐剂，因为它们不仅吸引更多的细胞参与炎症反应，还调节细胞的免疫功能。IL-8 为一种趋化性细胞因子，当鱼体发生感染或在细胞因子、肿瘤坏死因子刺激下，由巨噬细胞、单核细胞、上皮细胞等产生，IL-8 可趋化炎性细胞至抗原部位，并调节细胞间的免疫功能，进而引发适应性免疫反应。斑点叉尾鮰源 IL-8 原核表达载体可显著增强斑点叉尾鮰源海豚链球菌疫苗的免疫效力。pcIL-8 质粒与 DNA 疫苗混合注射鲶鱼，显示，混合疫苗可提高先天性免疫反应和特异性抗体水平，上调炎症反应、体液免疫和细胞免疫相关基因，提高免疫保护率，维持鲶鱼对海豚链球菌长时间保护。

另外,IFN 也是渔用疫苗佐剂的候选细胞因子。编码大西洋鲑Ⅰ型 IFN（IFNa、IFNb 和 IFNc）的质粒和编码传染性鲑鱼贫血症病毒（infectious salmon anemia virus，ISAV）HE 基因的 DNA 疫苗混合注射鲑鱼，相对于对照组，佐剂组在肌肉注射部位聚集了大量的 B 细胞和细胞毒性 T 细胞，显著提高了特异性血清抗体水平和鲑鱼的保护率，表明 IFN 具有佐剂效应。

5. TLR相关分子

硬骨鱼类的 TLR 数量可能是哺乳动物的近两倍。通常，那些在配 体结合后诱导 IL-12 产生的 TLR 倾向于 Th1 反应（TLR 3、4、5、7、8、9 和 11），此外，这些 TLR 的激活可能会诱导抗原交叉呈递，在某些条件下促进细胞毒性 T 细胞应答，与 TLR 3、4、7 和 9 结合的配体也可能通过干扰素调节因子诱导Ⅰ型 IFN 反应。此类分子佐剂主要有 Poly I : C、鞭毛蛋白、CpG 等。

Poly I : C，是 TLR3 激动剂。聚肌苷酸聚胞苷酸（Poly I : C）是一种双链多核糖核苷酸，能够模仿病毒感染，因此被广泛用于包括鱼类在内的多个物种中诱导 I 型干扰素（IFN），也是一种免疫增强剂。IFN 在病毒感染的早期防御中起主要作用，Poly I : C 与 TLR3 结合，随后激活细胞内信号传导后，诱导非特异性抗病毒状态产生。Kim 等对褐牙鲆病毒性出血性败血病（VHS）疫苗的研究发现，预先注射了 Poly I : C 可显著提高疫苗的保护效果及相对存活率。Thim 等以 Salmonid alphavirus（SAV）为抗原，分别以两种 TLR 配体、CpG 基序和 Poly I : C 及表达 VHSV 糖蛋白的 DNA 质粒载体作为佐剂，免疫大西洋鲑，结果显示 CpG/Poly I : C 能够同时提高鱼体先天性免疫和适应性免疫，可作为病毒类疫苗佐剂的研究方向。

单磷酰脂质 A（monophosphoryl lipid A，MPLA），是 TLR4 激动剂。MPLA 是革兰阴性细菌脂多糖（lipopolysaccharide，LPS）的疏水基团，具有 LPS 的免疫特性，可激活抗原递呈细胞上的 TLR4 受体，诱导炎性细胞因子释放，并引起 IL-12 和 IFNγ 的分泌，从而促进 Th1 型免疫应答。在临床应用中，MPLA 多与脂质体或乳剂等联合使用。

鞭毛蛋白，是 TLR5 激动剂。鞭毛蛋白为革兰氏阴性菌鞭毛的结构蛋白，可通过 TLR5 信号传导诱导 Th1 和 Th2 的免疫反应，促进细胞因子产生。在研究褐牙鲆迟缓爱德华氏菌疫苗中发现，编码迟缓爱德华氏菌 Eta6 蛋白融合该菌鞭毛蛋白 Flic 框架的嵌合体 DNA 疫苗免疫保护效果最好。虽然迟缓爱德华氏菌鞭毛蛋白 Flic 本身诱导较低的免疫保护，但可作为分子佐剂增强由迟缓爱德华氏菌 Eta6 诱导的特异性免疫应答，产生特异性抗体，刺激先天性和适应性免疫反应相关基因的表达。以大菱鲆为研究对象，筛选了 13 种不同的迟缓爱德华氏菌灭活疫苗佐剂，其中以鞭毛蛋白 FlgD 为佐剂的疫苗组获得良好的免疫保护效果，相对免疫保护率达到 70%，鱼体内抗体水平在免疫第 3 周达到最大值，免疫相关基因等均上调表达。

CpG，是 TLR9 激动剂。CpG 基序是指由非甲基化的胞嘧啶 – 鸟嘌呤核苷酸组成的具有免疫调节作用的一段寡核苷酸序列，与合成寡脱氧核苷酸（ODN）可触发免疫刺激级联反应，诱导分泌多种细胞因子，诱导多种免疫细胞（如 B 和 T 淋巴细胞、NK 细胞、单核细胞、巨噬细胞及树突状细胞）的成熟、分化和增殖，还可诱导细胞凋亡。因此，CpG-DNA 序列具有免疫佐剂特性，可辅助刺激机体产生特异性及非特异性免疫应答，增强疫苗的免疫原性。CpG 基序被表达 TLR9 的细胞识别为危险信号，CpGODNs 用作佐剂能够加速和增强免疫反应。

（四）中草药佐剂

许多中药（蜂胶、人参、当归及芦荟等）的主要活性成分为多糖，常见的如黄芪多糖、枸杞多糖、香菇多糖、银耳多糖等，具有很好的免疫调节作用，能够增强单核细胞吞噬功能以及 T、B 细胞的免疫功能。在甲醛灭活哈维弧菌疫苗中，分别以黄芪多糖和蒲公英多糖为佐剂，结果显示接种蒲公英多糖配合疫苗组的相对免疫保护率为 82.46%，黄芪多糖配合疫苗保护率为 78.95%，灭活疫苗的保护率为 73.68%，两种多糖作为免疫佐剂均能够提升哈维氏弧菌灭活疫苗对牙鲆的保护效果。Chu 将添加蜂胶的福尔马林灭活的嗜水气单胞菌疫苗注射银鲫后，与注射不添加任何佐剂菌体疫苗的银鲫相比，可显著提高前者的血清抗体滴度、白细胞吞噬活力以及获得较好的相对免疫保护率。郝贵杰等研究表明，将温和气单胞菌灭活疫苗与蜂胶混合注射中华鳖后，发现其可显著提高机体的血清抗体效价，并可使中华鳖获得较高的免疫保护率。中草药佐剂在安全性方面具有一定优势，但目前研究基础十分薄弱，其作用机理仍不明确，作为佐剂的效用还需要更多的实验数据来支持。

三、水产疫苗的接种策略

（一）免疫途径

注射免疫接种：能有效地利用抗原，使其能均匀地分布在鱼体中，获得较理想的免疫效果。口服免疫接种：由于鱼体消化道分泌物对抗原的破坏，效果较差。有人通过肛门插入法用灭活的弧菌菌苗接种红大麻哈鱼获得了较好的免疫效果。浸泡和喷雾免疫接种：均作用于受免鱼体体表，能导致免疫应答，但进入量少。

（二）免疫剂量

适量的抗原是诱导免疫反应的重要因素。在一定的范围内，抗原剂量愈大，免疫应答愈强，剂量过小或过大都可能引起受免动物产生免疫耐受。抗原在体内滞留时间停留时间长，接触淋巴系统广泛者免疫效应强。抗原在体内分布和消失的快慢决定于抗原的性质、免疫途径等多种因素。

（三）接种程序

根据传染病的流行季节和动物（鱼群）的免疫状态，结合当地的具体情况，制订出预防接种计划，即免疫程序（immunologic procedure）。可依据动物的年龄、疾病流行季节等制定。为了获得再次免疫效应，两次免疫的间隔不宜少于 10 d，短间隔连续免疫实际上只是起到大剂量初次免疫的效应。如希望获得回忆应答免疫效应，则间隔应在 1 ~ 3 个月以上。

（四）佐剂

本身不具有免疫原性，但是与抗原合并使用是能增强抗原的免疫原性。

第三节　微生物水质处理技术

在水产养殖过程中，尾水的产生是不可避免的。控制水产养殖水质最直接的方法是降低放养密度和频繁换水。然而，水产养殖业由于利润低、成本高，这两种方法的应用受到了限制。水产养殖尾水具有污染物种类复杂、浓度较低以及水量大等特点。水产养殖尾水中的污染物主要有氨氮、硝酸盐、亚硝酸盐、磷酸盐、抗生素及病原菌等。由于目前主流的高密度养殖模式通常需要投入大量人工饲料来保证水产品的生长和产量。然而有研究表明，这些人工饲料有 10% ~ 40% 转化成为残饵，仅有少部分能被养殖对象摄食并用于其生长发育。例如，人工投喂的饲料中仅有 20% 被养殖的真鲷（*Pagrus major*）吸收，而被虹鳟（*Oncorhynchus mykiss*）吸收的 N 和 P 也只占饲料的 24.7% 和 30%，剩余的大部分则被残留在养殖水体或随着养殖尾水被排入外界环境中，严重影响水产品质量安全以及生态环境质量。在海水养殖业中，投放的饲料中能被吸收利用的 N 和 P 比例，鱼类分别为 36% 和 33%；贝类为 33% 和 22%；虾类最低，仅有 25% 和 10%。在虾类养殖中，饲料输入量占养殖水体氮素总输入的 90%，而饲料中氮的利用率仅为 13.88% ~ 20.67%，其余的氮元素则以残饵或粪便形式进入养殖水体中。在养殖过程中，残饵和粪便会释放出无机态的 N、P 到养殖水体中，而其余固态的残饵和粪便则会以沉淀的形式形成水底沉积物。即便停止养殖活动，水底沉积物仍会持续向生态环境释放 N、P 等营养元素长达数年甚至数十年，这让水底沉积物成为水产养殖水体中不可忽视的污染源。

一、脱氮细菌水质处理技术

近年来，利用微生物和水处理设备的循环水产养殖系统（RAS）已经成为一种流行的水产养殖水质维护方式。集约化循环水产养殖系统依赖于生物滤池来维持系统中低营养盐浓度的水质。而提高 RAS 的反硝化脱氮性能是克服养殖水质维护瓶颈的关键。生物脱氮是生物滤池设施中的关键生化过程。传统的生物脱氮工艺基本上是基于厌氧氨氧化（ANAMMOX）、限氧自养硝化－反硝化（OLAND）、短程硝化和反硝化（SNAD）以及亚硝酸盐完全自养脱氮（CAND）等机理建立起来的。传统的方法包括许多步骤，而且去除废水中的营养物质的成本很高。厌氧－缺氧－好氧（A^2O）工艺是最常用的生物脱氮除磷（BNR）方法，它需要至少三个串联的生物反应器（如厌氧、缺氧和好氧），其工作条件截然不同且复杂。传统的生物脱氮技术有许多缺点：①自养硝化细菌生长缓慢，除非增加投资和运行成本，否则很难达到较高的生物量浓度；②硝化细菌对 pH、溶氧、温度等环境因素非常敏感；③在高氨氮和有机物负荷下，自养菌的抗冲击能力差；④硝化和反硝化反应对有机物、溶解氧等因素的要求不同，其功能微生物巨大的生态位差别，使硝化和反硝化反应通常需要在两个独立的反应器中进行等。

1983 年，Robertson 等首次从废水中发现了异养硝化－好氧反硝化细菌 *Paracoccus pantotrophus*，并提出了异养硝化－好氧反硝化（HN-AD）的概念。此后，研究者开展了大量 HN-AD 菌的分离鉴定工作，截止到目前，约有 20 个属近 100 多种 HN-AD 细菌从环境中被分离出来，如门多萨假单胞菌（*Pseudomonas mendocina*），蜡样芽孢杆菌（*Bacillus cereus*）、粪产碱菌（*Alcaligenes faecalis*）、不动杆菌属（*Acinetobacter* sp.）等。这类细菌在好氧条件下，可以快速将氨氮、硝态氮和亚硝态氮转化为含氮气体，且氨氮代谢过程中几乎没有硝态氮和亚硝态氮的积累。较传统脱氮微生物，HN-AD 菌具有脱氮速率快、世代周期短等优势，在实际废水处理中可以简化工艺流程，缩短水力停留时间，降低运行能耗。异养硝化－好氧反硝化（HN-AD）脱氮作为一种新型的微生物脱氮技术，不但能够成功克服不同需氧量引起的硝化反硝化不相容问题，与自养生物相比，异养生物还拥有对有机底物更好的利用、更高的耐氧性和脱氮率等优势，近年来生物脱氮工艺受到广泛关注。

（一）活性污泥法

活性污泥法是以活性污泥为主体的废水生物处理的主要方法。活性污泥法是向废水中连续通入空气，经一定时间后因好氧性微生物繁殖而形成的污泥状絮凝物。其上栖息着以菌胶团为主的微生物群，具有很强的吸附与氧化有机物的能力。利用活性污泥的生物凝聚、吸附和氧化作用，以分解去除污水中的有机污染物。然后使污泥与水分离，大部分污泥再回流到曝气池，多余部分则排出活性污泥系统。

如图 8-1 所示，活性污泥法主要由曝气池、二沉池、回流系统、剩余污泥排放系统和供氧系统五部分组成。污水和回流的活性污泥一起进入曝气池形成混合液。从空气压缩机站送来的压缩空气，通过铺设在曝气池底部的空气扩散装置，以细小气泡的形式进入污水中，目的是增加污水中的溶解氧含量，还使混合液处于剧烈搅动的状态，呈悬浮状态。溶解氧、活性污泥与污水互相混合、充分接触，使活性污泥反应得以正常进行。经过活性污泥净化作用后的混合液进入二次沉淀池，混合液中悬浮的活性污泥和其他固体物质在这里沉淀下来与水分离，澄清后的污水作为处理水排出系统。经过沉淀浓缩的污泥从沉淀池底部排出，其中大部分作为接种污泥回流至曝气池，以保证曝气池内的悬浮固体浓度和微生物浓度；增殖的微生物从系统中排出，称为“剩余污泥”。事实上，污染物很大程度上从污水中转移到了这些剩余污泥中。

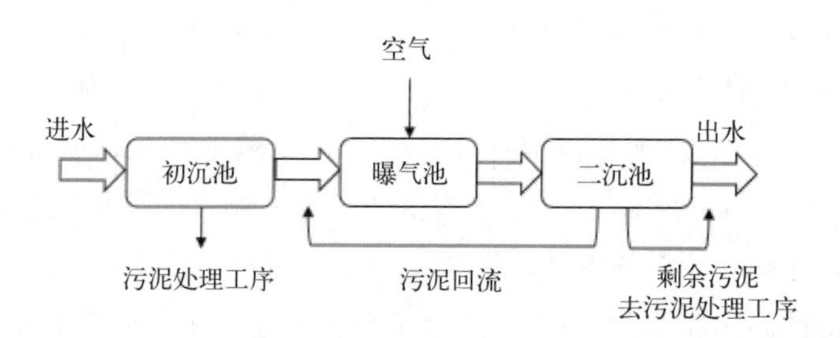

图8-1　活性污泥法工艺流程图

（二）A²O及其改良工艺

A²O 工艺也称 A/A/O 工艺，即厌氧 / 缺氧 / 好氧工艺（Anaerobic/Anoxic/Oxic），工艺流程如图 8-2 所示，该工艺是将厌氧 – 缺氧 – 好氧三种环境串联并交替反应，使氨化作用、硝化作用和反硝化作用在同一污泥系统中，同时利用脱氮细菌和聚磷菌，达到同步脱氮除磷的效果。

厌氧 / 缺氧 / 缺氧 / 好氧活性污泥法（MUCT 工艺），是由南非开普敦大学提出的一种能够提高除磷脱氮效率的变形工艺，该系统在 A/A/O 工艺基础上，改变为厌氧 – 缺氧 – 缺氧 – 好氧的流程，并改变内回流，一方面将好氧区回流至后置缺氧区，另一方面将前置缺氧区回流至厌氧区，使两段回流相互独立。这种变形工艺有效提高了系统脱氮除磷的效率，但因为增加内回流，系统能耗增大。

目前，传统生物脱氮工艺技术虽然已经非常成熟，但仍存在一系列问题，因此演变出很多在传统工艺基础上的变形工艺，如两段式 A/O 工艺、多段进水多级 A/O 工艺、多级厌氧 / 缺氧 / 好氧活性污泥法（Multilevel Anaerobic/Anoxic/Oxic，MAAO）、序批式活性污泥法（Sequencing Batch Reactor，SBR）等。传统生物脱氮技术是目前国内外采用最多的污水处理方法，研究前景十分广阔，但随着社会的发展，仍有很大的进步空间。针对不同的水质情况，研究不同的生物脱氮工艺，优化控制条件，降低成本，达到经济和效益双目标，是目前发展研究的方向。

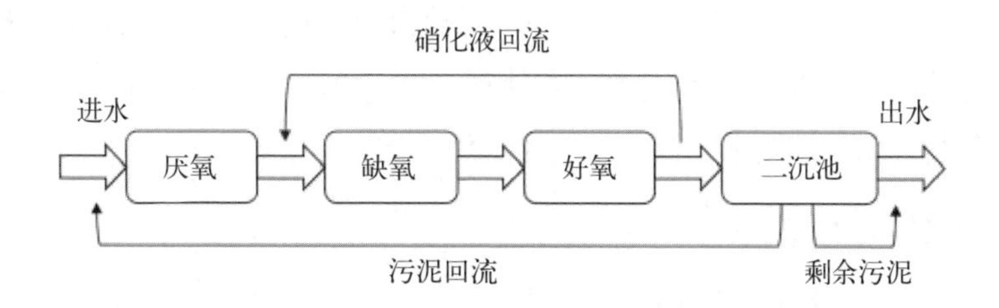

图8-2　A^2O工艺流程图

（三）序批式活性污泥法

序批式活性污泥法（SBR）是一种按间歇曝气方式来运行的活性污泥污水处理技术。它的主要特征是在运行上的有序和间歇操作，SBR 技术的核心是 SBR 反应池，该池集均化、初沉、生物降解、二沉等功能于一池，无污泥回流系统。尤其适用于间歇排放和流量变化较大的场合。SBR 工艺最初于 1914 年由美国学者发明，该工艺可分为进水、曝气、沉淀、滗水和闲置等 5 个阶段。SBR 工艺利用时间上的更替来实现传统活性污泥法的脱氮效果，该工艺相对比于其他工艺简单、剩余污泥处置麻烦少、节约投资、占地少、运行费用低、耐有机负荷和毒物负荷冲击，运行方式灵活，由于是静止沉淀，因此出水效果好、厌（缺）氧和好氧过程交替发生、泥龄短、活性高，有很好的脱氮除磷效果。且有通过氧化还原电位实时控制 SBR 反应进程，进一步提高了对氮磷的去除效果、节约了能源和投资。

（四）氧化沟工艺

氧化沟工艺（OD）又名氧化渠工艺，它是活性污泥法的一种变型。因其构筑物呈封闭的环形沟渠而得名。因为污水和活性污泥在曝气渠道中不断循环流动，因此有人称其为“循环曝气池”“无终端曝气池”。氧化沟一般由沟体、曝气设备、进出水装置、导流和混合设备组成，沟体的平面形状一般呈环形，也可以是长方形、“L”形、圆形或其他形状，沟端面形状多为矩形和梯形。氧化沟利用连续环式反应池（CLR）作生物反应池，混合液在该反应池中一条闭合曝气渠道进行连续循环，氧化沟通常在延时曝气条件下使用。氧化沟使用一种带方向控制的曝气和搅动装置，向反应池中的物质传递水平速度，从而使被搅动的液体在闭合式渠道中循环。氧化沟法由于具有较长的水力停留时间，较低的有机负荷和较长的污泥龄。与其他污水生物处理方法相比，氧化沟具有处理流程简单，操作管理方便；出水水质好，工艺可靠性强；基建投资省，运行费用低等特点。

（五）SHARON工艺

SHARON 工艺是一种短程脱氮工艺（Single reactor for High activity Ammonia Removal Over Nitrite），在同一个反应器内，先在有氧的条件下，利用氮氧化细菌将氨氮氧化成亚硝酸盐；然后在缺氧条件下，以有机物为电子供体，将亚硝酸盐反硝化，生成氮气。SHARON 工艺典型特征为：①通过调控反应器内部的主要环境条件，如温度、溶解氧、pH 等，使内部的氨氧化细菌生长速率大于亚硝酸盐氧化细菌，进而将反应物质状态控制在 NO_2^- 阶段；②工艺将短程硝化反应和短程反硝化反应置于同一反应器内，且反应器内不留存活性污泥，简化反应器和反应流程；③习惯上认为大部分硝化反应产物为酸性，反硝化反应为碱性，因处于同一反应器内存在酸碱中和作用，所以 SHARON 工艺只需稍加调控即可；④相比传统生物脱氮技术，该工艺可减少供氧量 25% 和外加碳源 40%。

（六）Anammox工艺

Anammox 工艺即厌氧氨氧化工艺，是指在厌氧或缺氧条件下，厌氧氨氧化菌（AAOB）以 NO_2^- 为电子受体，以 NH_4^+ 为电子供体，将 NH_4^+ 直接氧化为 N 的过程。厌氧氨氧化工艺是 1990 年荷兰 Delft 技术大学 Kluyver 生物技术实验室开发的。该工艺突破了传统生物脱氮工艺中的基本理论概念。因为 Anammox 工艺主要依靠 AAOB 进行反应，AAOB 对环境条件控制的要求也非常严格，因此存在许多影响厌氧氨氧化污泥活性的因素，如底物浓度、pH 值和温度等。Jetten 和 Van de Graaf 等研究表明，好氧氨氧化菌在厌氧氨氧化过程中所起的作用不大，在厌氧条件下它们最大的氨氧化速率仅为 2 mol/(min · mg 蛋白质)；而厌氧氨氧化菌的最大氨氧化速率可达 55 nmol/(min · mg 蛋白质)，但是这种厌氧氨氧化细菌的比生长速率非常低，仅为 0.003 h^{-1}，即其倍增时间为 11 d。厌氧氨氧化细菌的产率也很低，为 11 gVSS/gNH_4^+。因此，一般认为 ANAMMOX 工艺的污泥龄越长越好。

（七）SHARON-ANAMMOX工艺

SHARON-ANAMMOX 工 艺，即 SHARON 和 ANAMMOX 的组合工艺。该工艺是目前应用最为广泛的厌氧氨氧化工艺，原理是将亚硝化和厌氧氨氧化反应在两个反应器内独立运行，第一步是利用 SHARO 工艺，通过控制温度、溶解氧、pH、水力停留时间等因素，使内部的氨氧化细菌生长速率大于亚硝酸盐氧化细菌，使氨氧化菌为主体菌，将反应物质状态控制在 NO_2^- 阶段。第二步是利用 ANAMMOX 工艺，水体中的 NH_4^+ 与 NO_2^- 在 AAOB 作用下生成氮气，达到生物脱氮作用。

（八）OLAND工艺

OLAND 工艺(限制自养硝化反硝化工艺)是 2005 年由比利时根特大学开发的。该工艺是在生物转盘反应器的基础上进行的，反应器表面由氨氧化细菌与 AAOB 构成，氨氧化菌位于表层，AAOB 位于底层。表层的氨氧化菌利用空气或水中的 DO，通过反应将 NH_4^+ 转化为 NO_2^-，同时底层环境变为厌氧状态，AAOB 利用扩散的 NH_4^+ 和 NO_2^- 为反应物，到达生物脱氮的目的。

（九）CANON工艺

CANON 工艺是由荷兰代尔夫特理工大学以 Sharon-Anammox 工艺为基础，发展的全新工艺。利用亚硝化和厌氧氨氧化工艺的发展基础，在单个反应器内，通过曝气等手段控制 DO 实现亚硝酸和厌氧氨氧化的过程。在曝气条件下，絮状污泥表面 DO 充足，表层的 AOB 数量多且种类丰富，将 NH_4^+ 转化为 NO_2^-，同时表面 DO 消耗殆尽，形成污泥内部厌氧环境，为 AAOB 提供良好的生长环境，并利用原水中的 NH_4^+ 和 NO_2^- 为原料进行厌氧氨氧化，实现生物脱氮。

二、藻类水质处理技术

藻类是水中营养物质的主要吸收者，细菌、真菌等微生物是水中有机物的主要分解者，从进化早期开始，藻类和菌类一直共存。微藻可以有效地吸收富营养化水体中的营养物质，是一种很好的废水修复方法。其中，藻菌共生在处理污水领域的应用得到学者们的重视。传统的处理污水工艺如 A^2O 工艺、SBR 工艺等，有步骤多、成本高的缺点，而在藻菌共生处理污水的体系中可以实现在单个反应器中同时去除氮、磷及有机物，且藻菌共生相较于单独的藻或菌处理污水，有效率高，温室气体排放少，可同步实现生物质生产等优点。

旋转式藻类生物膜（RAB）系统是为了在薄膜上培养微藻而开发的，被认为是提高土地利用效率和简化回收过程的潜在技术。旋转式藻类生物膜是由微藻生物膜、驱动单元和带有废水的开放式池塘组成的系统。由于生物膜垂直建立在露天池塘上，理论上 RAB 系统比标准的跑道池塘系统具有更高的土地利用效率和生物量生产率。此外，与传统的回收方法，如离心法和化学絮凝法相比，用刮刀收集附着在薄膜上的生物质更经济、更环保。在实际应用中，为了构建具有高生物量密度的生物膜，以前的研究比较了几种膜材料，发现棉花是构建生物膜的良好材料，其生物量为 16.20 g/m^2。除了实验室的研究，中试规模的 RAB 系统在废水处理和生物质产量方面也表现良好。在中试 RAB 系统中，总溶解磷和总溶解氮的去除率每天分别为 2.1 g/m^2 和 14.1 g/m^2，生物量生产力每天可达到 31 g/m^2。RAB 系统的另一个优点是回收过程不依赖任何化学品，回收的生物质具有很高的水产养殖使用安全水平。从营养物质回收和生物质再利用的角度来看，RAB 系统是一种很有前途的水产养殖废水修复和资源循环利用技术。

三、藻类与细菌的协同作用

Oswald 等于 1957 年注意到污水处理过程中藻类－细菌的相互作用，而藻类－细菌系统的概念由 Nambiar 等于 1981 年在研究污水脱氮的论文中正式提出，随后，藻类－细菌共生被应用于污水中多种污染物如重金属、有机物等的去除。在实际水产养殖过程中，为了控制总成本，基于微藻的尾水修复通常采用开放式系统。在某些情况下，废水中的细菌和微藻可能会形成协同作用的联合体，它们在养分回收方面的表现比单个微生物系统要好得多。首先，微藻和细菌分泌的某些物质有助于形成协同关系，细菌释放的维生素对微藻生长有益。此外，微藻的一些中间代谢产物可以部分释放到胞外环境中，从而为细菌的生长提供有机碳。其次，细菌代谢可能会加速水产养殖废水中固体有机物的分解，并为微藻生长提供更多可消化的营养。人们还发现，微生物释放的脂肪酶和蛋白酶等胞外酶对可消化营养素的产量至关重要。第三，微藻（产 O_2）和细菌（产 CO_2）之间的气体交换有利于生物质生产和废水处理。由于微藻光合作用积累了废水中的溶解氧，在水产养殖废水中创造了一个有氧环境，促进了硝化细菌、枯草芽孢杆菌和酵母菌等有益细菌的繁殖。因此，经过微藻处理后，含有有益微生物的废物再用于水产养殖可能会对水生动物的健康产生积极影响。要建立种间合作，必须缓解微藻和细菌在养分利用上的竞争。有科学家研究了接种浓度和接种比例对废水中微藻生长的影响，发现当接种浓度为 0.1 g/L 时，生物量最大。此外，可以使用物理或化学灭菌方法来控制废水中的细菌，调整接种比例。在水产养殖中，节约型细菌控制技术的开发在微藻养殖尾水修复上具有很大的应用空间。

藻菌共生处理污水的工艺具有低碳、经济、环保的优势，符合目前碳中和的国家政策，是未来发展中同时实现养殖尾水高效处理和资源回收的潜在选择。目前，菌藻联合处理污水工艺主要集中在实验室研究，但关于其实际大规模应用的报道较少，因其实际应用仍面临一些挑战，包括：藻种菌种的选育、藻菌共生大规模培养的长期稳定性、实际污水中其他生物（如浮游动物）的干扰、不同类型污水成分的影响、生物反应器配置的优化设计及成本、生物质的进一步处理与资源回收等。

第四节　微生物耐药

一、水产养殖中抗生素滥用而产生的细菌耐药问题

渔业是我国农业的重要组成部分。近些年来，随着我国水产养殖业的快速发展，尤其是水产养殖业的快速发展。我国已经连续多年成为世界上水产养殖第一大国。水产品在确保国内外优质蛋白供应，改善国民饮食结构方面发挥着巨大的作用。然而由于养殖密度的不断增加，养殖品种的增多，水产养殖过程中细菌性疾病频繁发生。据不完全统计，我国水产养殖每年因为细菌性病害而造成的直接损伤高达百亿元。为了控制水产养殖细菌性疾病造成的经济损失，因缺乏足够的理论知识基础及可参考的用药规范资料，水产养殖者在养殖过程中存在不规范使用抗生素类药物的现象。随着抗菌药物在水产养殖中不断应用以及用量的逐渐增

加，水产致病菌对抗生素类药物逐渐产生了耐药性。近些年来，在我国不同的地区以及不同的养殖种类上均有发现耐药性细菌。常见的如诺氟沙星、盐酸诺氟沙星、盐酸多西环素、盐酸土霉素、盐酸环丙沙星、恩诺沙星、氟苯尼考、红霉素、磺胺嘧啶、磺胺间甲氧嘧啶等渔药。更为严重的是，在单一药物耐药性的不断积累和刺激诱导下，部分水产致病菌甚至产生了多重耐药性，即对多种抗菌药物同时具有抗性。耐药性的出现不仅导致水产养殖过程中很多重要疾病的防治难度越来越大，使养殖风险不断提高，而且大大增加了从业者的养殖成本。与此同时，随着养殖环境的不断恶化，很多重大疾病将很可能面临无药可用的境地。可见，针对水产养殖动物致病菌耐药性开展监测工作，构建科学的检测技术方法及监督管理体系，是水产养殖领域合理用药的前提基础，对推动水产养殖环境的生态文明建设具有重要的意义。

二、耐药菌监测的开展情况及进展

早在上世纪 80 年代，国外就已经开始了有关水生细菌耐药性的研究。日本、欧洲以及东南亚等国家在当地主要鱼类致病菌如嗜水气单胞菌、杀鲑气单胞菌、迟缓爱德华氏菌、鳗弧菌、假单胞菌等中发现耐药菌株较为普遍，且存在严重的多重耐药性。而我国有关于水产动物疾病致病菌的研究相对于国外来说起步较晚，并且我国早期有关水产养殖动物致病菌耐药性分析也仅仅以区域性致病菌对常见药物的敏感性分析为主，其目的是为了筛选防治用的敏感药物，并没有建立完整的耐药性监测系统，严重制约了水产养殖病害防治技术的发展。近些年来，随着人们生活水平的提高，人们对于水产品的质量安全提出了更高的要求。水产养殖致病菌耐药性的问题也逐渐得到了渔业行政主管部门的高度重视。2015 年农业部渔业渔政管理局立项开展水产养殖动物致病菌耐药性监测工作，之后的几年之中普查省份进一步扩大。开展耐药性检测的养殖品种主要包括鲤鱼、鲫鱼、草鱼、金鱼、罗非鱼、鳗鲡、大菱鲆、大黄鱼、中华鳖等多种水产动物。采集的菌种涵盖了主要的水产致病菌如单胞菌属的菌株、弧菌、假单胞菌、爱德华菌、不动杆菌、链球菌等。测试的抗生素主要为水产养殖中常用的渔药以及国内外允许使用的抗生素种类。在这短短几年之内进行药敏测试试验高达 4 万次以上，得到了大量数据，并编制了《水产养殖用药指南》等技术资料，用于指导养殖业在养殖过程中的科学用药。推动各地区逐步实现精准用药、减量用药减缓各地耐药性菌株的发展速度从而提升水产品的质量。

三、细菌耐药性检测方法

现在我国对耐药性菌株进行实验室诊断主要采用常规药敏试验、快速药敏检测系统、辅以显色剂的药敏试验、电化学方法以及分子生物学技术。

（一）常规药敏实验

1. 纸片扩散法

纸片扩散法（Kirby-Bauer，K-B 法）是最常用药敏性实验方法，该实验方法主要是利用待测药物在带菌平板上呈梯度扩散的原理，以药敏纸片为中心，依次向外形成抗生素浓度梯度。越靠近药敏纸片药物浓度越高，反之，距离药敏纸片越远，药物浓度越低。在菌株不能承受的药物浓度范围之内，菌株不能生长，所以会在带菌平板上形成透明的抑菌圈。然后测量不同抗菌药物形成的抑菌圈的大小，以 CLSI（Clinical And Laboratory Standards Institute）制定的“抗微生物药物敏感性试验执行标准”来判断菌株对于该种抗生素的敏感性大小。扩散法具有操作简便、成本低廉等优点，但培养时间较长，通常为 16 ～ 18 h 以上，且实验结果容易受多种因素的影响，如 pH 值以及平板厚度等，所以必须严格按照 CLSI 的操作章程进行操作，同时使用质控菌株作为平行对照。

2. 稀释法

稀释法主要是把菌种接种在一系列含有二倍稀释浓度抗生素的平板上，然后用肉眼观察含有不同浓度抗生素平板上菌株的生长情况。肉眼观察到无明显菌株生长的平板上所含的药物浓度为最小的抑菌浓度（Minimum inhibitory concentration，MIC）。MIC 的值越小说明菌株对于该种抗生素越敏感，反之，耐受这种抗生素的能力就越强，耐药性也就越强。稀释法可以同时检测多种细菌，对抗生素的选择也比较自由。但是，该实验方法也需要耗费大量的时间，需要培养 16 ～ 20 h，同时需要将试验菌株与质控菌株设置平行对照实验，以减少实验的误差。

3. Etest法

Etest 法把扩散法与稀释法的优点进行了结合。E 试条的一面含有抗菌药物另一面标记有药物浓度的刻度，把E试条含有抗菌药物的一面贴在带菌平板上，培养一段时间之后，根据抑菌圈与E试条相交的刻度读取菌株的MIC值。该实验方法很好地保留了扩散法的优点，同时又减少了读数时产生的误差。

以上三种不同的药敏试纸实验方法都是基于细菌的生长原理，所以均需要经过16 ~ 20 h左右的培养时间，获取实验结果的时间较长。

（二）快速药敏检测系统

目前常用的药敏检测系统有：德国西门子的Microscan WalkAwa系统、法国梅里埃的Vitek系统和美国BD公司的Phoenix系列自动化仪器。这三种检测系统集了标准浓度细菌悬液的配制、接种、培养、菌株生长情况测定及报告MIC值5个步骤于一体，在药敏实验报告的分析以及传递方面大大减少了人力的消耗，并且，与药敏实验相比具有简便快捷、准确性高等一系列的优点，但所需的仪器庞大且成本高，难以做到便携。

（三）辅以显色剂的药敏试验方法

耐药性细菌在含有抗菌药物的平板上仍然可以正常生长并产生相应的代谢产物如ATP、水解酶以及氧化还原酶，这些细菌代谢产物能够直接或者间接的还原显色剂，通过肉眼观察显色剂的颜色变化可以判断细菌的生长状况。这种基于颜色变化来判断细菌耐药性的方法不仅可以通过肉眼直接进行定性观察，还可利用分光光度计进行定量检测，具有简单快捷的优点，并且可以大大缩短检测时间。

（四）电化学方法

该实验方法主要是基于细菌的呼吸作用。细菌的呼吸作用消耗氧气产生二氧化碳以及能量的过程主要依靠呼吸链的电子传递。细菌与抗菌药物作用一段时间之后，加入氧化还原探针。氧化还原的探针介入电子呼吸链，之后细菌进行呼吸作用产生的电化学变化可以用电化学的方法快速而准确的检测到，用计时电量法测定电信号。根据电信号的变化情况来判断细菌的耐药性。该实验方法具有快速、灵敏、低能耗和低成本的优点，在开发快速便携的药敏试验方法方面具有广阔前景。

（五）分子生物学技术

分子生物学技术对细菌的耐药性进行检测主要是从基因层面对于耐药性基因进行检测。分子生物学技术包括：PCR 技术、基因芯片法、全基因组测序等。

1. PCR技术

PCR 技术是一种可以快速扩增目的基因的分子生物学技术。与以上的实验方法相比，PCR 技术具有耗时少、操作简便等优点，可以满足大批量样品同时检测的要求。同时，该实验方法不需要分离培养细菌即可检测水产品中细菌是否具有耐药性基因，大大简化了实验步骤并降低了外界因素对于实验结果的影响。PCR 技术主要分为普通 PCR 以及实时荧光定量 PCR。普通 PCR 主要是由变性、退火以及延伸三个步骤组成，通过 20 ～ 40 个循环使目的基因大量的延伸，通过判定耐药性基因的有无来判断细菌的耐药性。PCR 技术主要有单重 PCR、多重 PCR、套式 PCR、反转录 PCR 等多种方法。

实时荧光定量 PCR 是在普通 PCR 的基础之上，向 PCR 反应体系中加入了荧光染料或者探针。通过荧光信号实时反应 PCR 产物的扩增量。这种实验方法可以在极短的时间内检测分离株在抗菌药物的存在情况下细菌基因组 DNA 拷贝数的变化情况，从而区分耐药性菌株与敏感性菌株。常用的实时荧光定量 PCR 的方法有 SYBR Green Ⅰ法和 TaqMan 探针法。SYBR Green Ⅰ是一种荧光染料可以与 DNA 结合之后发出荧光，荧光信号的强度与 PCR 产物的增加完全同步。但是该实验方法的特异性不如 TaqMan 探针法好。TaqMan 探针只与 DNA 模板结合，它的 3’ 端带荧光淬灭基团，5’ 端带荧光报告基团，只有在扩增目的基因时，才会发出荧光。该实验方法的特异性较强但是价格昂贵，不适合大量样本分析。

2. 基因芯片技术

基因芯片技术鉴定细菌的耐药性主要是通过将大量的已知序列的核酸探针分子固定到固相支持物上，通过核酸分子之间的特异性杂交配对未知的核酸序列进行测定的方法。从上世纪 90 年代开始，国外就有利用基因芯片技术鉴定细菌的报道。现在基因芯片技术已经广泛应用于细菌耐药性基因的鉴定。这种实验方法十分适合检测有明确的耐药机制或同一机制的多种变体的细菌的耐药性并同时具有可以一次检测多种耐药基因。具有快速、灵敏度高和特异性好的优点，但在检测新的或不典型的耐药基因时存在局限性，且价格昂贵。

3. 全基因组测序

全基因组测序的方法是对于未知基因组序列的物种进行个体的基因组测序。随着 DNA 基因组测序技术的进步，人们可以快速完成某个细菌基因组的测序。再加之生物信息学分析工具的快速发展，可以全面快速的对于基因组测序结果包含的信息进行分析和收集。从而确定细菌体内是否含有抗药性基因以及抗药性基因的种类。

利用分子生物学技术进行细菌耐药性的检测与药敏实验的方法相比具有操作简单以及耗时短的优点，并减少了外界因素造成的实验误差。

四、水产养殖过程中过量使用抗生素带来的副作用

在水产养殖过程中滥用抗生素不但会造成细菌耐药性问题，而且提高了养殖难度，增加了养殖成本，伴随而来的环境污染以及对人类健康的影响也十分严重。

（一）污染水环境

水是水生动物生存的环境介质，在水体当中存在大量的有益微生物。抗生素被水生生物排出后变为次生代谢产物进入水体，这些次生代谢产物具有难降解、难去除、高残留、高危害的特点，会造成水环境的污染。

（二）破坏微生态平衡

在水生生物体内的肠道当中含有丰度的微生物群落，这些微生物群落对于生物体的生长发育、新陈代谢起着关键的作用。抗生素在杀死鱼体中的病原菌的同时，对生物的有益微生物也造成了严重的损伤，进而造成生物体内的微生态失衡，引发新的疾病。

（三）危害人类健康

大多数抗生素进入水产动物体内之后会被排出，仍有少量会保留在动物的体内。有研究报道表明，在不同的鱼体内以及鱼体的不同组织之中均发现了抗菌药物的残留，并以鱼的血液、肌肉以及肝脏内最多。鱼类身体中的肌肉组织是消费者食用最多的地方，长期食用含有药物残留的水产品会导致人体肠道菌群的耐药性增加，最终造成人体使用抗生素的疗效下降，危害人体的健康。

五、如何控制水产养殖抗细菌药物耐药性风险

（一）规范使用抗生素

在保证治疗效果的基础之上，尽量减少抗生素药物的使用。应多用绿色生物药物如噬菌体、酶制剂、微生物制剂等，也可对水生生物进行特异性免疫，通过对生物体注射疫苗的方式来提高生物体自身的免疫力，减少患病的风险。

（二）科学用药，对症下药

不同细菌引发的疾病所选用的抗菌药物也不同，养殖者不可以根据自己的经验盲目选择药物。如果条件允许，应对细菌进行分离，开展药敏试验，然后再确定用药种类以及用量。既可以避免药物的浪费造成环境的污染又可以提高药物的治疗效果。

（三）轮换交替用药，正确联合使用抗菌药物

针对特定的病原菌使用不同的抗生素，并且按照治疗周期进行改变，从而达到避免耐药性菌株的产生以及提高治疗效果的目的。

（四）采用生物修复技术，加强健康养殖技术研究

生物修复又称之为生物改良，主要是利用微生物实现生物修复，最大程度上转化水体中的饵料、动物排泄物、其他有毒有害物质等，进一步加强健康养殖技术研究，如养殖过程科学使用益生菌等微生物制剂，减少环境污染，构建出良好的水体水质状态，有利于提升养殖生物的抗病力及其品质。

（五）提高养殖户的用药技能

加强基层水产养殖户的抗生素知识更新，坚持通过药敏实验来确定敏感性的抗菌药物，从而使养殖户有针对性的使用药物。减少广谱抗生素的使用。加强科普宣传，转变养殖户的养殖理念，不应该把产量以及养殖品种的健康寄托在药物的使用上，应该注重改善饲养条件、提高养殖管理水平。

（六）研发细菌耐药抵抗剂以及抗生素替代品

研究细菌耐药抵抗剂，寻找能提高抗菌效能、消除或预防细菌耐药性的物质，进一步研发抗生素的替代品如中草药制剂、益生素等。

思考题：

1. 简述有益微生物抑制水产病原菌的主要途径。
2. 简述水产疫苗的主要种类及特点。
3. 简述水产疫苗佐剂的类型。
4. 微生物水质处理技术有几种，其原理是什么？
5. 简述细菌耐药性的检测方法以及它们的优缺点。
6. 简述预防或降低水生细菌耐药性的主要措施。

参考文献

敖敬群, 陈新华 . 2012. 鱼类模式识别受体的研究进展 [J]. 生命科学, 24(9):1049-1054.

毕文姿, 周铁丽 . 2018. 细菌致病性、耐药现状及耐药机制的研究进展 [J]. 浙江医学, 40(20):2203-2206, 2219.

柴静茹, 王荻, 卢彤岩, 等 . 2020. 嗜冷黄杆菌及细菌性冷水病的研究进展 [J]. 大连海洋大学学报, 35(5):755-761.

陈昌福, 周鑫军 . 2021. 浅谈 21 世纪人类面临的危机与应对微生物耐药问题 [J] . 当代水产, 46(1):76-79.

陈东兴, 杨超, 华雪铭, 等 . 2013. 3 种虾类养殖池塘污染强度及氮磷营养物质收支研究 [J]. 河南农业科学, 42(8): 132-136.

陈松林, 秦启伟 . 2011. 鱼细胞培养理论与技术 [M]. 北京：科学出版社 .

陈孝煊, 李思思, 周成, 等 . 2019. 鱼类树突状细胞研究进展 [J]. 水产学报, 43(1):54-61.

陈增华, 牛焕付, 杨发达 . 2019. 新编医学检验技术与临床应用 [M]. 河南 : 河南大学出版社 .

邓国成, 谢骏, 李胜杰, 等 . 2009. 大口黑鲈病毒性溃疡病病原的分离和鉴定 [J]. 水产学报, 33(5):871-877.

邓永强, 汪开毓 . 2016. 鱼类无乳链球菌病的研究进展 [J]. 中国畜牧兽医, 43(09):2490-2495.

丁祝进, 崔虎军, 谷昭天 . 2021. 鱼类趋化因子家族的研究进展 [J]. 中国水产科学, 28(9): 1227-1237.

胡梦红 . 2006. 水产养殖造成的水体氮磷污染 [J] . 齐鲁渔业, 23(11): 22-24.

姜红烨, 黄艳, 余新炳 . 2015. 鱼的黏膜免疫研究进展 [J]. 热带医学杂志, 15(8):1150-1153.

黎源倩 . 2017. 中华医学百科全书 : 卫生检验学 [M]. 北京 : 中国协和医科大学出版社 .

李绍戊, 卢彤岩 . 2012. 菌蜕系统作为新型渔用疫苗体系的研究进展 [J]. 生物技术通报, (11):43-48

李树国 . 2005. 内陆水产养殖的水域污染及其防治对策 [J]. 水产科学, 24(3), 34-35.

李依琳, 张义兵 . 2020. 鱼类和哺乳类 RLR 介导的抗病毒免疫反应的泛素化修饰调控 [J]. 水生生物学报, 44(5):976-988.

李振, 陈玉林 . 2004. 水产养殖中水体污染的营养控制措施 [J]. 广东饲料, 13(2): 41-43.

刘敏, 潘俊丽, 张士璀 . 2010. 鱼类吞噬细胞和吞噬作用的研究进展 [J]. 鲁东大学学报（自然科学版）, 26(2):167- 172,182.

刘世旭, 王庆, 方珍珍, 等 . 2018. 水产动物口服疫苗的研究进展 [J]. 生物技术通报,

34(6):30-37.

刘毅，韩金祥．2002. 16S rRNA 基因在脑脊液细菌鉴定中的应用 [J]. 临床检验杂志，20(4): 245-246.

龙雯，陈存社．2006. 16S rRNA 测序在细菌鉴定中的应用 [J]．北京工商大学学报（自然科学版），24(5):10-12.

尚信池，尹玉伟，程义，等．2020. 鲤春病毒血症病毒研究进展 [J]. 中国兽医杂志，56(06): 61-64.

汪小冬，金生振，赵鑫，等．2021. 硬骨鱼免疫相关 microRNA 研究进展 [J]. 水产学报，45(8): 1430-1437.

王崇明，王秀华，艾海新，等．2004. 栉孔扇贝大规模死亡致病病原的研究 [J]. 水产学报，28(5):547-553.

王江勇，王瑞旋，苏友禄，等．2013. 方斑东风螺"急性死亡症"的病原病理研究 [J]. 南方水产科学，9(5):93-99

王璐瑶，李宁求，张鹏，等．2018. 渔用疫苗灭活剂研究进展 [M]. 中国生物制品学杂志，31(12):1402-1408.

王瑞旋，冯娟，耿玉静，等．2010. 水产细菌耐药性的最新研究概况 [J]．海洋环境科学，29(5):770-776.

王瑞旋，耿玉静，王江勇，等．2012. 水产致病菌耐药基因的研究 [J]. 海洋环境科学，31(3):323-328.

王忠良，王蓓，鲁义善，等．2015. 水产疫苗研究开发现状与趋势分析 [J]. 生物技术通报，31(6):55-59.

吴淑勤，陶家发，巩华，等．2014. 渔用疫苗发展现状及趋势 [J]. 中国渔业质量与标准，4(1): 1-13.

吴愉萍，徐建明，汪海珍，等．2006. Sherlock MIS 系统应用于土壤细菌鉴定的研究 [J]. 土壤学报，43(4):642-647.

肖克宇，陈昌福．2019. 水产微生物学（第二版）[M]. 北京：中国农业出版社，268-330.

黄瑞，林旭吟．2016. 水产微生物 [M]. 北京：化学工业出版社．

谢海侠，聂品．2003. 鱼类胸腺研究进展 [J]. 水产学报，27(1): 90-96.

谢华亮，王庆，王林川．2019. 渔用疫苗佐剂的研究进展 [M]. 中国生物制品学杂志，32(4):476-481.

谢天恩，胡志红．2002. 普通病毒学 [M]. 北京：科学出版社．

叶剑敏，王玉红，丁明媚，等．2015. 硬骨鱼 IgM 结构和功能及其体液免疫应答 [J]. 华南师范大学学报（自然科学版）, 47(5):1-8.

战文斌 . 2011. 水产动物病害学（第二版）[M]. 北京：中国农业出版社 , 90-156.

张可欣 , 李忠海 , 任佳丽 . 2018. 食源性细菌耐药性检测方法的研究进展 [J]. 食品与机械 , 34(2):181-184.

张奇亚 , 桂建芳 . 2008. 水生病毒学 [M]. 北京：高等教育出版社 , 85-164.

赵贤亮 , 陈鹤 , 孔祥会 . 2018. 代谢组学技术在水产动物疾病研究中的应用 [J]. 中国生物化学与分子生物学报 , 34(9): 942-948.

祝雅辰 , 张杰 , 赵贤 , 等 . 2019. 鱼类 Toll 样受体对病毒的识别、响应及信号传导 [J]. 水产科学 , 38(1):135-144.

世界动物卫生组织 . 2016. OIE 水生动物诊断试验手册(第 6 版)[M]. 农业部兽医局译 . 北京 : 中国农业出版社 .

Camile L, Michel S. 2015. 细菌致病机制——分子与细胞水平研究 [M]. 刘永生译 . 北京：中国业科学技术出版社 .

R.E. 布坎南 , 等 . 1984. 伯杰细菌鉴定手册（第八版）[M]. 北京 : 科学出版社 .

AKINBOWALE O L, Peng H, Barton M D. 2006. Antimicrobial resistance in bacteria isolated from aquaculture sources in Australia [J]. Journal of Applied Microbiology, 100: 1103-1113.

BAI C M, GAO W H, WANG C, et al., 2016. Identification and characterization of ostreid herpesvirus 1 associated with massive mortalities of Scapharca broughtonii broodstocks in China [J]. Diseases of Aquatic Organisms, 118(1):65-75.

BAI C M, MORGA B, ROSANI U, et al., 2019. Long-range PCR and high-throughput sequencing of Ostreid herpesvirus 1 indicate high genetic diversity and complex evolution process [J]. Virology, 526:81-90.

BAI C M, WANG Q C, MORGA B, et al., 2017. Experimental infection of adult Scapharca broughtonii with Ostreid herpesvirus SB strain[J]. Journal of Invertebrate Pathology, 143:79-82.

BONDAD-REANTASO M G, SUBASINGHE R P, ARTHUR J R, et al., 2005. Disease and health management in Asian aquaculture[J]. Veterinary Parasitology, 132(3-4), 249-272.

BOUWMAN L, BEUSEN A, GLIBERT P M, et al., 2013. Mariculture: significant and expanding cause of coastal nutrient enrichment[J]. Environmental Research Letters, 8(4): 925-932.

CHINCHAR V G, HICK P, INCE I A, et al., 2017. ICTV Virus Taxonomy Profile: Iridoviridae[J]. Journal of General Virology, 98(5): 890-891.

CHRISTENSON L B, SIMS R C, 2012. Rotating algal biofilm reactor and spool harvester for wastewater treatment with biofuels by-products[J]. Biotechnology and bioengineering, 109(7): 1674-1684.

CHRISTOPHER J. BURRELL, COLIN R. 2016. Howard and Frederick A.Murphy. Fenner and White's Medical Virology, 4th Edition[M]. Academic Press, 1-583.

CHRISTOPHER QUINCE, ALAN W WALKER, JARED T SIMPSON, et al., 2017. Corrigendum: Shotgun metagenomics, from sampling to analysis[J]. Nature Biotechnology, 35(12):833-844.

CUI YY, YE LT, WU L, et al., 2018. Seasonal occurrence of Perkinsus spp. and tissue distribution of P. olseni in clam（Soletellina acuta）from coastal waters of Wuchuan County, southern China[J]. Aquaculture, 492:300-305.

Deng Y Q, Xu H D, Su Y L, et al., 2019. Horizontal gene transfer contributes to virulence and antibiotic resistance of Vibrio harveyi 345 based on complete genome sequence analysis[J]. BMC Genomics, 20: 761.

EI-RHMAN A, KHATTAB Y, SHALABY A. 2009. Micrococcus luteus and Pseudomonas species as probiotics for promoting the growth performance and health of Nile tilapia, Oreochromis niloticus[J]. Fish & Shellfish Immunology, 27(2): 175-180.

ERIC A. FRANZOSA, LAUREN J. MCIVER, GHOLAMALI RAHNAVARD, et al., 2018. Species-level functional profiling of metagenomes and metatranscriptomes[J]. Nature Methods, 15: 962-968.

BURRELL C J, HOWARD C R, MURPHY F A. 2016. Fenner and White's Medical Virology,4th Edition[M]. New York: Academic Press.

FULLER R. 1989. Probiotic in man and animals[J]. Journal of Applied Microbiology, 66(5):365-378.

GOBELI S, GOLDSCHMIDT-CLERMONT E, FREY J, et al., 2009. Pseudomonas chlororaphis strain JF3835 reduces mortality of juvenile perch, Perca fluviatilis L., caused by Aeromonas sobria[J]. Journal of fish diseases, 32(7), 597-602.

GROSS M, HENRY W, MICHAEL C, et al., 2013. Development of a rotating algal biofilm growth system for attached microalgae growth with in situ biomass harvest[J]. Bioresource technology, 150: 195-201.

GROSS M, WEN Z. 2014. Yearlong evaluation of performance and durability of a pilot-scale revolving algal biofilm（RAB）cultivation system[J]. Bioresource technology, 171: 50-58.

GUO C, HUANG XY, YANG MJ, et al., 2014. GC/MS-based metabolomics approach to identify biomarkers differentiating survivals from death in crucian carps infected by Edwardsiella tarda[J]. Fish & Shellfish Immunology, 39(2): 215–222.

GUO C J, WU Y Y, YANG L S, et al., 2012. Infectious spleen and kidney necrosis virus（a fish iridovirus）enters Mandarin fish fry cells via caveola-dependent endocytosis [J]. Journal of Virology, 86(5): 2621-2631.

HE Y, WANG R, LIVIU G, et al., 2017. An integrated algal-bacterial system for the bioconversion of wheat bran and treatment of rural domestic effluent[J]. Journal of cleaner production, 165: 458-467.

HERRERA L M, GARCIA-LAVINA C X, MARIZCURRENA J J, et al., 2017. Hydrolytic enzyme-producing microbes in the Antarctic oligochaete Grania sp.（Annelida）[J]. Polar Biology, 40: 947-953.

HU S, HUIMING S, WEN H, et al., 2022. Nitrogen removal characteristics and potential application of the heterotrophic nitrifying-aerobic denitrifying bacteria Pseudomonas mendocina S16 and Enterobacter cloacae DS'5 isolated from aquaculture wastewater ponds[J]. Bioresource Technology, 345:1-10.

HU Z, HOUWELING D, DOLD, P. 2012. Biological nutrient removal in municipal wastewater treatment: new directions in sustainability[J]. Journal of Environmental Engineering, 138(3), 307-317.

JIE ZHANG, XIANGHUI KON, CHUANJIANG ZHOU, et al., 2014. Toll-like receptor recognition of bacteria in fish: Ligand specificity and signal pathways[J]. Fish & Shellfish Immunology, 41(2): 380-388.

JING L, YONG Z. 2018. Morphological and functional characterization of clam Ruditapes philippinarum haemocytes[J]. Fish and Shellfish Immunology, 82: 136–146.

KESARCODI-WATSON A, MINER P, NICOLAS J-L, et al., 2012. Protective effect of four potential probiotics against pathogen-challenge of the larvae of three bivalves: Pacific oyster（Crassostrea gigas）, flat oyster（Ostrea edulis）and scallop（Pecten maximus）[J]. Aquaculture, 344: 29-34.

KIM D-H, AUSTIN B. 2006. Innate immune responses in rainbow trout（Oncorhynchus mykiss, Walbaum）induced by probiotics[J]. Fish & shellfish immunology, 21(5): 513-524.

KIM J-H. KANG Y J, KIM K I, et al., 2019. Toxic effects of nitrogenous compounds（ammonia, nitrite, and nitrate）on acute toxicity and antioxidant responses of juvenile olive flounder, Paralichthys olivaceus[J]. Environmental toxicology and pharmacology, 67: 73-78.

KUAI L, VERSTRAETE W. 1998. Ammonium removal by the oxygen-limited autotrophic nitrification-denitrification system[J]. Applied and environmental microbiology, 64(11): 4500-4506.

LAMBRIS J D, RICKLIN D, GEISBRECHT B V. 2008. Complement evasion by human pathogens[J]. Nature Reviews Microbiology, 6(2):132-142.

LI J, TAN B, MAI K, et al., 2010. Immune responses and resistance against Vibrio parahaemolyticus induced by probiotic bacterium Arthrobacter XE-7 in Pacific white shrimp, Litopenaeus vannamei [J]. Journal of the World Aquaculture Society, 39(4): 477-489.

LILLY D M, STILLWELL R H. 1965. Probiotics: growth-promoting factors produced by microorganisms [J]. Science, 147(3659): 747-748.

MA X, ZHOU W, FU Z, et al., 2014. Effect of wastewater-borne bacteria on algal growth and nutrients removal in wastewater-based algae cultivation system[J]. Bioresource technology, 167: 8-13.

MICHAŁ S, BEATA T-D, WIESŁAW D. 2021. Immunological memory in teleost fish[J]. Fish and Shellfish Immunology, 115: 95-103.

MORIARTY D. 1998. Control of luminous Vibrio species in penaeid aquaculture ponds[J]. Aquaculture, 164: 351-358.

MUKHERJEE A, DUTTA D, BANERJEE S, et al., 2016. Potential probiotics from Indian major carp, Cirrhinus mrigala. Characterization, pathogen inhibitory activity, partial characterization of bacteriocin and production of exoenzymes [J]. Research in veterinary science, 108: 76-84.

MURRAY A G, PEELER E J. 2005. A framework for understanding the potential for emerging diseases in aquaculture [J]. Preventive Veterinary Medicine, 67: 223-235.

NADIM J AJAMI, MATTHEW C WONG, MATTHEW C ROSS, et al., 2018. Maximal viral information recovery from sequence data using VirMAP[J]. Nature Communications, 9:1-9.

NAIDU A, BIDLACK W, CLEMENS R. 1999. Probiotic spectra of lactic acid bacteria（LAB）[J]. Critical reviews in food science and nutrition, 39(1): 13-126.

NGUYEN A N, DISCONZI E, GUILLAUME M. CHARRIÈRE, et al., 2018. csrB gene duplication drives the evolution of redundant regulatory pathways controlling expression of the major toxic secreted metalloproteases in Vibrio tasmaniensis LGP32[J]. mSphere, 3(6): 00582-18.

PAN X, WU T, SONG Z, et al., 2008. Immune responses and enhanced disease resistance in Chinese drum, Miichthys miiuy（Basilewsky）, after oral administration of live or dead cells of Clostridium butyrium CB2[J]. Journal of fish diseases, 31(9), 679-686.

PARKER R. 1974. Probiotics, the other half of the antibiotic story[J]. Anim Nutr Health, 29: 4-8.

PENG Y, ZHU G. 2006. Biological nitrogen removal with nitrification and denitrification via nitrite pathway[J]. Applied microbiology and biotechnology, 73: 15-26.

PRASAD L, BAGHEL D S, KUMAR V. 2003. Role and prospects of probiotics use in aquaculture[J]. Aquacult, 4: 247-251.

PREETHA R, JAYAPRAKASH N, SINGH I B. 2007. Synechocystis MCCB 114 and 115 as putative probionts for Penaeus monodon post-larvae[J]. Diseases of Aquatic Organisms, 74(3): 243-247.

QIU L, CHEN M M, WAN X Y, et al., 2017. Characterization of a new member of Iridoviridae, Shrimp hemocyte iridescent virus（SHIV）, found in white leg shrimp（Litopenaeus vannamei）[J]. Rep, 7(1):1-13.

ROUX F L, BINESSE J, SAULNIER D, et al., 2006. Construction of a Vibrio splendidus mutant lacking the metalloprotease gene vsm by use of a novel counterselectable suicide vector[J]. Applied and Environmental Microbiology, 73(3): 777-784.

RUIXUAN W, TUO Y, XIAOJING L, et al., 2018. Isolation and characterisation of Vibrio harveyi as etiological agent of foot pustule disease in the abalone Haliotis discus hannai Ino 1953[J]. Indian Journal of Fisheries, 65(1): 79-85.

RURANGWA E, VERDEGEM M C. 2015. Microorganisms in recirculating aquaculture systems and their management[J]. Reviews in aquaculture, 7(2): 117-130.

SALMINEN S, OUWEHAND A, BENNO Y, et al., 1999. Probiotics: how should they be defined?[J]. Trends in food science & technology, 10: 107-110.

SCHOCK TB, DUKE J, GOODSON A, et al., 2013. Evaluation of Pacific white shrimp（Litopenaeus vannamei）health during a superintensive aquaculture growout using NMR-based metabolomics[J]. PLoS One, 8(3): e59521.

SHAN NAN C, PENG FEI Z, AND PIN N. 2017. Retinoic acid-inducible gene I（RIG-I）-like receptors（RLRs）in fish: current knowledge and future perspectives[J]. Immunology, 151(1): 16–25.

SHARIFUZZAMAN S M, AUSTIN B. 2017. Probiotics for Disease Control in Aquaculture[M]. Diagnosis and Control of Diseases of Fish and Shellfish, 189-222

SHENG X, ZHONG Y, ZENG J, et al., 2020. Lymphocystis Disease Virus（Iridoviridae）Enters Flounder（Paralichthys olivaceus）Gill Cells via a Caveolae-Mediated Endocytosis

Mechanism Facilitated by Viral Receptors[J]. International Journal of Molecular Sciences, 21(13): 1-26.

SLIEKERS A O, DERWORT N, GOMEZ J C, et al., 2002. Completely autotrophic nitrogen removal over nitrite in one single reactor[J]. Water research, 36: 2475-2482.

SON V M, CHANG C-C, WU M-C, et al., 2009. Dietary administration of the probiotic, Lactobacillus plantarum, enhanced the growth, innate immune responses, and disease resistance of the grouper Epinephelus coioides[J]. Fish & Shellfish Immunology, 26: 691-698.

STROUS M, VAN GERVEN E, ZHENG P, et al., 1997. Ammonium removal from concentrated waste streams with the anaerobic ammonium oxidation（anammox）process in different reactor configurations[J]. Water Research,31(8): 1955-1962.

SUMAIRA BILAL, ANGELA ETAYO, IVAR HORDVIK. 2021. Immunoglobulins in teleosts[J]. Immunogenetics, 73: 65–77.

UWE F, ERLING OLAF KOPPANG, TERUYUKI N. 2013. Teleost T and NK cell immunity[J]. Fish Shellfish Immunology, 35: 197-206.

VAL M E, SKOVGAARD O, DUCOS-GALAND M, et al., 2012. Genome engineering in Vibrio cholerae: a feasible approach to address biological issues[J]. Plos Genetics, 8(1): e1002472.

VERSCHUERE L, ROMBAUT G, SORGELOOS P, et al., 2000. Probiotic bacteria as biological control agents in aquaculture[J]. Microbiology and molecular biology reviews, 64: 655-671.

YOUNES B. 2019. Immunity in mussels: An overview of molecular components and mechanisms with a focus on the functional defenses[J]. Fish and Shellfish Immunology, 89: 158-169.

ZHANG L, GAO Z, YU L, et al., 2018. Nucleotide-binding and oligomerization domain (NOD)-like receptors in teleost fish: Current knowledge and future perspectives[J]. Journal of Fish Diseases, 41(9):1317-1330.

ZHANG W W, JIA K T, JIA P, et al., 2020. Marine medaka heat shock protein 90ab1 is a receptor for red-spotted grouper nervous necrosis virus and promotes virus internalization through clathrin-mediated endocytosis[J]. Plos Pathogens, 16(7):1-21.

ZHANG Y Q, DENG Y Q, FENG J, et al., 2021. CqsA inhibits the virulence of Vibrio harveyi to the pearl gentian grouper (♀Epinephelus fuscoguttatus × ♂Epinephelus lanceolatus)[J]. Aquaculture, 535: 736346.

ZHANG Y Q, DENG Y Q, FENG J, et al., 2021. Functional characterization of VscCD, an important component of the type secretion system of Vibrio harveyi[J]. Microbial Pathogenesis, 157: 104965.